Jahrbuch für Friedens- und Konfliktforschung V/1976

Jahrbuch für Friedens- und Konfliktforschung

Herausgegeben vom Vorstand der Arbeitsgemeinschaft für Friedens- und Konfliktforschung e.V.

Band V / 1976

Hans-Jürgen Benedict
Lothar Brock
Theodor Ebert
Egbert Jahn
Christiane Rajewsky
Reiner Steinweg
Kurt P. Tudyka

Westdeutscher Verlag

Rüstung und Militär in der Bundesrepublik Deutschland

Mit Beiträgen von
Ulrich Albrecht, Hans-Jürgen Benedict, Wilfried von Bredow, Theodor Ebert, Paulus Engelhardt, Klaus Horn, Mary Kaldor, Otwin Massing, Lutz Mez, Volker Möhle, Christian Rabe, Reiner Steinweg, Kurt P. Tudyka.

Redaktion: Lothar Brock, Egbert Jahn, Christiane Rajewsky, Reiner Steinweg

Westdeutscher Verlag

Gedruckt mit Unterstützung der
Deutschen Gesellschaft für Friedens- und Konfliktforschung (DGFK)

Umschlaggestaltung: Tegtmeier + Grube
Satz: K. Grüßner, Krefeld
Druck und Buchbinderei: Lengericher Handelsdruckerei, Lengerich

ISBN 978-3-531-11374-6 ISBN 978-3-322-86202-0 (eBook)
DOI 10.1007/978-3-322-86202-0

Inhalt

Lothar Brock, Egbert Jahn, Christiane Rajewsky, Reiner Steinweg

Einleitung

Im fünften Jahrbuch der Arbeitsgemeinschaft für Friedens- und Konfliktforschung (AFK) werden Arbeiten publiziert, die beim 5. wissenschaftlichen Kolloquium der AFK „Rüstung und Militär in der BRD" diskutiert wurden. Zwei Monate nach diesem Kolloquium wurde die Friedensforschung in zeitlichem Zusammenhang mit der Ehrung Gustav Heinemanns durch die Deutsche Gesellschaft für Friedens- und Konfliktforschung in einer dem Ablauf und der Methode nach denkwürdigen Kampagne zum ersten Mal ernsthaft pauschal angegriffen. Die Ergebnisse und Methoden der Friedensforschung wurden dabei nicht wissenschaftlich, sondern politisch in Frage gestellt, d.h. es wurde gefordert, ihr den ohnehin nicht sehr weit geöffneten Geldhahn abzudrehen. Diese Kampagne wurde im Laufe des Jahres 1975 fortgesetzt. Da eine öffentliche Auseinandersetzung dieses Ausmaßes notwendig zu immer neuen Anfragen nach den Fakten, der Substanz der Vorwürfe und den Hintergründen führt, schien es sinnvoll, den Beiträgen zum eigentlichen Thema dieses Bandes eine Dokumentation und Würdigung dieser Kampagne von *Klaus Horn* und *Reiner Steinweg* voranzustellen. Darin werden die Methoden und Mechanismen der moralischen Diffamierung der Friedensforschung auf der Basis verzerrt oder falsch wiedergegebener Fakten untersucht und Schlußfolgerungen für das Verhalten der Friedensforscher untereinander gezogen, die in jedem Fall vermeiden sollten, aus Angst vor der Kritik von außen auf die wissenschaftliche Selbstkritik zu verzichten.

Die Wahl des Themas „Rüstung und Militär in der BRD" für Kolloquium und Jahrbuch beruhte auf mehreren Gründen. Frühere Kolloquien der AFK galten weitgehend dem Bereich *internationaler* Probleme, – so das erste Kolloquium um 1970 „Bedrohungsvorstellungen als Faktor der internationalen Politik", das dritte 1972 „Perspektiven der Kooperation zwischen kapitalistischen und sozialistischen Ländern", das vierte 1973 „Friedensforschung und Politik am Beispiel der Entwicklungspolitik". Auch beim zweiten Kolloquium 1971 standen unter dem Generalthema „Friedensforschung und politische Praxis" in der Hauptsache Fragen der internationalen Beziehungen zur Diskussion. Es lag also nahe, der Anregung einiger Mitglieder der AFK zu folgen und ein Problem der *innergesellschaftlichen* Entwicklung der BRD aufzugreifen. Dabei versteht es sich beinahe von selbst, daß die Wahl zuerst auf „Rüstung und Militär" fällt, weil dieses Thema nach wie vor das für Friedensforschung zentrale ist. Hinzu kommt, daß die Rüstungspolitik einiger NATO-Staaten in Bewegung geraten ist. Kürzungen des Militäretats wurden unter dem Eindruck nicht nur der ökonomischen Krise, sondern auch der fundierten Kritik der Rüstungspolitik in der Öffentlichkeit möglich – nicht so allerdings in der

Bundesrepublik, wie die Sparvorschläge des Bundeskabinetts für das Haushaltsjahr 1976 gezeigt haben.[1]

Auf die Frage, wie die Friedensforschung in Zukunft konkret zum allgemeinen Rüstungsabbau beitragen kann, sind die Aufsätze im *ersten Teil* des vorliegenden Bandes bezogen. Sie sind, wie auch die Aufsätze der beiden anderen Teile, unter Berücksichtigung der Diskussionsergebnisse des Kolloquiums bearbeitet worden.

Ulrich Albrecht arbeitet einige schwache Punkte der Friedensforschung heraus und kritisiert dabei insbesondere, daß sie bislang kaum als „konkrete Rüstungsminderungsforschung" betrieben worden sei. Zwar habe die Übernahme und Weiterentwicklung des Paradigmas vom militärisch-industriellen Komplex dazu beigetragen, akademischen Sachverstand und Forschungsinteressen für Fragen der Rüstungspolitik zu mobilisieren. Im gegenwärtigen Stadium der Wissenschaftsentwicklung gäbe dieses Paradigma jedoch mehr Gelegenheit, sich aus der Rüstungsminderungsforschung zurückzuziehen als praktikable Einstiege in sie zu finden. Eine solche Rüstungsminderungsforschung wird nicht zuletzt benötigt, um den in der Rüstungsproduktion Beschäftigten (also den von dieser Produktion unmittelbar Abhängigen) Antwort auf ihre Fragen nach alternativen Existenzmöglichkeiten geben zu können. Solche Antworten erweisen sich gerade im Hinblick auf die Handlungsmöglichkeiten der Regierung in einer Zeit allgemeiner Gefährdung von Arbeitsplätzen als besonders wichtig. Statt weiter die Frage zu diskutieren, ob es in der Bundesrepublik einen – wie auch immer definierten – militärisch-industriellen Komplex gibt oder nicht, sollten Albrecht zufolge jetzt konkrete Aufgaben der Rüstungsminderung nach (vorgegebenen) gesellschaftlichen Prioritäten bearbeitet werden. Ein solcher Schritt impliziert die Abkehr von einer Forschungspraxis, die – je nach Einstellung der Forscher – durch optimistische oder pessimistische *a priori*-Annahmen hinsichtlich der Frage bestimmt ist, ob und wie Rüstungsproduktion in zivile Produktion umgewandelt („konvertiert") werden kann. An die Stelle von allgemeinen Annahmen dieser Art sollten empirisch gewonnene Einsichten in die tatsächlichen Zusammenhänge von Rüstung und wirtschaftlicher Entwicklung treten.

Die Teilnehmer des Kolloquiums konnten sich davon überzeugen, daß immerhin bereits Ansätze zu der von Albrecht geforderten empirischen Arbeit in der Bundesrepublik vorhanden sind. So legte *Carola Bielfeldt* von der Hessischen Stiftung Friedens- und Konfliktsforschung die ersten Ergebnisse einer input-output-Analyse über die gesamtwirtschaftlichen Auswirkungen der Rüstungsnachfrage und die branchenspezifische Rüstungsabhängigkeit in der BRD vor, die inzwischen abgeschlossen ist. Die Analyse orientiert sich an den Fragestellungen:

---

1 Der Vorstand der AFK hat aus diesem Anlaß im September 1975 eine Resolution verabschiedet. Darin wird darauf aufmerksam gemacht, daß die nötigen Einsparungen um 5 Mrd. DM im Bundeshaushalt 1976 zur Hälfte dem Verteidigungsetat entnommen werden könnten, wenn man gegenüber den Pressionen der permanent ihre Produkte überteuernden Rüstungsindustrie standhaft wäre, – zumal entsprechende Unternehmen in ihren Geschäftsberichten trotz der allgemeinen Krise überproportionale Gewinne ausweisen. Der Text der Resolution, die an die zuständigen Ministerien gerichtet und der Presse übergeben wurde, kann beim Geschäftsführer der AFK angefordert werden: Dieter S. Lutz, Institut für Politikwissenschaft der Universität Tübingen, 74 Tübingen, Brunnenstr. 30.

1. Auf welche Wirtschaftszweige konzentriert sich die Nachfrage nach militärischen Gütern; welchen Anteil an der Gesamtproduktion der betreffenden Branche macht die Rüstungsproduktion aus?

2. Gibt es Anzeichen für Versuche des BRD-Staatsapparates, die Rüstungsausgaben antizyklisch zur Konjunktursteuerung einzusetzen, bzw. bei strukturellen Krisen gezielt die betroffenen Branchen durch Rüstungsaufträge zu fördern?

Vorläufiges Ergebnis der bisherigen Berechnungen ist die Feststellung, daß es außer bei der Luftfahrtindustrie keine massiven branchenspezifischen Abhängigkeiten von Rüstungsaufträgen bzw. von der Rüstungsproduktion gibt. Jedoch muß gerade in der Luftfahrtindustrie die staatliche Tätigkeit mehr den sog. follow-on-Erfordernissen, also der Notwendigkeit, einmal geschaffene Kapazitäten auszulasten, als den konjunkturellen Auswirkungen folgen. Bei der Mehrzahl der Branchen sind aufgrund der geringen Rüstungsabhängigkeit konjunkturelle Stabilisierungsversuche mit Hilfe von zusätzlichen Rüstungsausgaben nicht zwingend.

Der Diskussionsbeitrag von *Kurt P. Tudyka* nimmt Albrechts Kritik des Paradigmas vom militärisch-industriellen Komplex auf – jedoch mit einer ganz anderen Stoßrichtung. Tudyka lehnt das Paradigma ab, weil sich damit die These von einer besonderen Gesetzmäßigkeit der Rüstungsproduktion gegenüber der *allgemeinen* wirtschaftlichen Entwicklung im Kapitalismus verbinde, also die These, daß der Rüstungssektor einen Wirtschaftssektor *sui generis* darstelle. Tudykas zentrale Annahme lautet dagegen, „daß die Rüstungsindustrie keinen besonderen Sektor darstellt, sondern sich innerhalb der allgemeinen kapitalistischen Produktion bewegt", daß sie sich also weder hinsichtlich der Kapitalkonzentration noch im Verhältnis zu ihrem Auftraggeber wesensmäßig von anderen Sektoren des kapitalistischen (Welt-)Wirtschaftssystems unterscheidet.

Diese in dem vorliegenden Beitrag empirisch nicht weiter belegte These führte während des Kolloquiums zu engagierten Debatten vor allem über das Verhältnis von Staat und Rüstungswirtschaft. Von verschiedenen Seiten wurde die Notwendigkeit unterstrichen, die im Vergleich zu anderen Wirtschaftssektoren *besonderen* Durchsetzungschancen der Rüstungswirtschaft in der Politik, wie sie zumindest für die USA nachweisbar seien, in die Überlegungen zur Konversionsproblematik einzubeziehen. Ferner wurde auf die Doppelrolle des Staates als Instanz der Surplus-Absorption im Rüstungssektor auf der einen Seite und der Bestandserhaltung des Gesamtsystems auf der anderen Seite hingewiesen. Eine Modifizierung der These Tudykas nahm *Manfred G. Schmidt* vor. Er stellte eine längere, für einen anderen Kontext geschriebene Arbeit über Rüstungspolitik als krisenhafte Staatsinterventionspolitik am Beispiel der Bundesrepublik zur Diskussion.[2] Danach gibt es im Rüstungssektor zwar keine Aufhebung der Eigengesetzlichkeit kapitalistischer Produktion, jedoch begründet die besondere Rolle des Staats gegenüber dem Rüstungssektor auch Besonderheiten dieses Sektors gegenüber allen anderen Wirtschaftssektoren.

---

2 Manfred G. Schmidt, Staatsinterventionspolitik im Militär- und Rüstungssektor der Bundesrepublik, in: *Leviathan* 3/1975.

Jenseits der Feststellung Tudykas, daß das Kapital immer schon „a-national" und damit, in neuerer Terminologie, auch „trans-national" gewesen sei, ist für die Rüstungsproduktion festzuhalten, daß sie auch durch ihre internationale Bedeutung von anderen Wirtschaftssektoren abgehoben ist. Es ist diese internationale Bedeutung, die einen zentralen Bestimmungsfaktor staatlicher Rüstungspolitik bildet. Das Verhältnis dieses Faktors zu den Interessen der einzelnen Rüstungsindustrien wird von *Mary Kaldor* untersucht. Sie stellt die zunehmende Koordination und Koproduktion im Rüstungssektor der westeuropäischen Staaten auf bi- und multi-lateraler Ebene dar. Dabei distanziert sie sich zwar nicht, wie Albrecht und Tudyka es fordern, vom Begriff des militärisch-industriellen Komplexes, wohl aber von seiner pauschalen Anwendung: Kaldor zeigt, daß zwar die Interessen und Kapazitäten der einzelnen Rüstungsindustrien für den konkreten Verlauf der Entwicklung auf internationaler Ebene ausschlaggebend zu sein scheinen, daß aber von einer einfachen Vorherrschaft der Firmeninteressen gegenüber strategischen Überlegungen „des" Staates nicht die Rede sein kann. Eine einseitige Instrumentalisierung der Staatsapparate durch die Rüstungsindustrien findet laut Kaldor nicht statt. Was die ins Spiel kommenden strategischen Interessen anbelangt, so deutet Kaldor an, daß hier die innerkapitalistische Konkurrenz gegenüber den USA als Bestimmungsfaktor westeuropäischer Entscheidungen in Rüstungsfragen die gleiche Bedeutung erhalten könnte (oder sogar schon hat) wie die Systemkonkurrenz gegenüber der Sowjetunion sie heute (noch) besitzt. Ein weiteres Ergebnis der Untersuchung besteht darin, daß die internationale Kooperation im europäischen Rüstungssektor nicht etwa kostensparend war, wie angenommen werden konnte, sondern zum Teil (u.a. durch die Verdoppelung von Anlagen) kostensteigernd. Damit ist eine der „Bruchstellen" im Verhältnis Staat/Rüstungsindustrie bezeichnet, auf die Manfred Schmidt als mögliche Ansatzpunkte für eine konkrete und effektive Kritik der Rüstungspolitik in der BRD verwiesen hatte.

Mit welchen Schwierigkeiten der Versuch zu rechnen hat, solche Bruchstellen für die Entfaltung konkreter wissenschaftlicher Aktivitäten zugunsten einer Rüstungsminderung zu nutzen, zeigt der Beitrag von *Hans-Jürgen Benedict*. Benedict berichtet über ein Projekt Bochumer Friedensforscher, das im Modell schon beim IV. Kolloquium der AFK vorgestellt wurde. Darin ging es um die Untersuchung von Möglichkeiten, Waffengeschäfte mit der Dritten Welt zu unterbinden und sich dabei der Unterstützung der in der Rüstungsproduktion Beschäftigten zu versichern. Bei dem Versuch, das 1973 vorgestellte Modell zu realisieren, stellte sich eine unerwartet große Zahl von Problemen ein. Sie ergaben sich nicht aus der Aufgabe, eine plausible Kritik der Rüstung zu entfalten, sondern aus der Schwierigkeit, Projektmitarbeiter und kooperationsbereite gesellschaftliche Gruppen mit einigermaßen ausgeprägten und belastungsfähigen Interessen an Rüstungsfragen zu finden. Die Suche nach den Gründen für die von der Bochumer Projektgruppe festgestellte „Untermotivation" der Öffentlichkeit, sich mit Rüstungsfragen intensiv zu befassen, bestätigt in gewisser Hinsicht die von Albrecht formulierte Kritik an der bisherigen Forschungspraxis. Die Friedensforschung hat sich bislang offensichtlich allzusehr darauf verlassen, daß der Sinn ihrer Rüstungskritik von selbst einsichtig ist. Sie hat dabei übersehen, daß die allgemeine Einsicht in den Wahnsinn des Wettrüstens und der weltweiten Militarisierung noch nicht ausreicht, konkrete Rüstungsminderungsprogramme plausibel zu machen und für sie eine breite Unterstützung zu finden. – Im Anschluß an den Aufsatz wird ein Memorandum wiedergegeben, das u.a. aufgrund der Erfahrungen mit dem beschriebenen Projekt an den Rat der Evangelischen Kirche Deutschlands gerichtet wurde.

Im *zweiten Teil* des Jahrbuchs wird aus verschiedenen Blickwinkeln die politische Bedeutung des Militärs in der BRD betrachtet.

Das Stichwort „innere Sicherheit" ist in den letzten Jahren, nachdem die „zivile Gewalt" (civil violence), also die nichtmilitärische Gewaltanwendung, in der Bundesrepublik wie in anderen hochentwickelten kapitalistischen Gesellschaften rapide zugenommen hat, zum Schlüsselbegriff des Selbstverständnisses unseres Staates geworden. *Wilfried von Bredow* setzt sich mit der Konzeption und den Maßnahmen der Bundesregierung zum Ausbau dieser inneren Sicherheit auseinander. Er kommt u.a. zu dem Ergebnis, daß das politische und soziale Leben in der Bundesrepublik zunehmend aus der Perspektive des Ausnahmefalles betrachtet wird, wobei das Programm der inneren Sicherheit sich nicht nur gegen die manifest gewordene zivile Gewalt richtet, sondern gegen alles, was den herrschaftlichen status quo in Frage stellt. Eine gewisse Irritation der Staatsgewalt durch ihre innergesellschaftlichen Integrationsschwierigkeiten scheint die Verabschiedung der Gesetze zur Reform der inneren Sicherheit beschleunigt zu haben. V. Bredow interpretiert sie als Ausdruck der von Fachleuten der unterschiedlichsten Couleur für die kommenden Jahre vorausgesagten Schwierigkeiten bei der Sicherung der Massenloyalität gegenüber der bestehenden Staatsform.

Im Hinblick auf die vermehrten Möglichkeiten des Einsatzes bewaffneter Einheiten in der Bundesrepublik, die im Beitrag v. Bredows so beunruhigend deutlich werden, und in Erfahrung des Untergangs der Regierung Allende in Chile weist *Theodor Ebert* darauf hin, daß es in den innerhalb der Bundesrepublik diskutierten Konzepten zur Entwicklung einer sozialistischen Gesellschaft eine Lücke gibt: Operationalisierte Vorstellungen über die Verteidigung von gesellschaftlichen Entwicklungsprozessen gegen staatliches Eingreifen mit bewaffneten Einheiten fehlen so gut wie vollständig. Ebert führt aus, daß es eine Aufgabe der Friedensforschung sein müsse, diese „wehrpolitische Lücke" in den strategischen Überlegungen zu antikapitalistischen Strukturreformen zu schließen. Die Friedensforschung kann dabei auf die Arbeiten über die soziale Verteidigung zurückgreifen, wie sie u.a. Ebert selbst vorgelegt hat. Sein Nachtrag „Die zivile Linke zwischen Konterreform und Stadtguerilla" ist aus Anlaß der Entführung des Berliner CDU-Vorsitzenden Peter Lorenz durch die „Bewegung 2. Juni" geschrieben und versucht, erste Hinweise auf die Strategien zu geben, die die gewaltfreie Linke für diesen Zweifrontenkampf entwickeln muß.

Von einem ähnlichen Ansatz aus wie Ebert stellt *Lutz Mez* die Begründung und den Ablauf des Putsches in Chile sowie die Reaktionen der bundesdeutschen Parteien hierauf als politisches Lehrstück für die heutige Sozialismus-Diskussion in der

Bundesrepublik und in Westeuropa dar. Eine Alternative zur bewaffneten Revolution oder zum parlamentarischen Reformismus sieht auch er in der Weiterentwicklung des Konzepts der sozialen Verteidigung.

Schließlich wurde während des Kolloquiums im Zusammenhang der Diskussion über die innere Sicherheit und die zivile Gewalt auch über die Entwicklung, Funktion und Organisation der Polizei diskutiert. *Gerhard Haupt* und *Wolf Dieter Narr* stellten in einem umfangreichen Papier die vorläufigen Fragestellungen, Hypothesen und erste materiale Ansätze eines Forschungsprojektes zu diesem Thema dar, das mit Unterstützung der Berghof Stiftung der Konfliktforschung in Berlin durchgeführt wird. Es ist beabsichtigt, der Struktur alltäglicher innerer Gewalt, die vornehmlich durch den Polizeiapparat repräsentiert wird, im Längsschnitt der geschichtlichen Entwicklung und im Querschnitt durch verschiedene Länder auf die Spur zu kommen. Das Ergebnis dieser Untersuchung wird voraussichtlich Ende 1976 vorliegen.

Den politischen Wandel, dem der Gewissensbegriff des Art. 3 des Grundgesetzes unterlag, zeichnet *Paulus Engelhardt* nach. Er stellt dar, wie schon in den Debatten des Parlamentarischen Rates die Ächtung des Krieges und das Verhältnis von allgemeiner Wehrpflicht und Kriegsdienstverweigerung umstritten war. Die Einführung des Grundrechtes auf Kriegsdienstverweigerung in die Verfassung der Bundesrepublik war ursprünglich, als Reaktion auf die Erfahrungen des Zweiten Weltkriegs und mit dem Nationalsozialismus, *politisch* motiviert. Diese Motivation wurde spätestens seit dem Koreakrieg und der verstärkten Diskussion um die Wiederaufrüstung durch Versuche verdrängt, das Grundrecht auf Kriegsdienstverweigerung in ein Ausnahmerecht umzuinterpretieren, das nur für Personen mit psycho-pathologischem Charakter und „verirrtem Gewissen" bzw. von vornherein für eine sektiererische Minderheit zugeschnitten sei. Aus der Darstellung der Etappen, die die Rechtsprechung zur Gewissensprüfung und zur verfassungsrechtlichen Stellung von Art. 4 Abs. 3 sowie die theologische Reflektion über das Gewissen durchlaufen haben, ergibt sich die allgemeine Tendenz zur politischen Wirkungslosigkeit einer fundamentalen Grundgesetzbestimmung. — Eine umfangreiche Dokumentation von MdL Prof. *Ernst Küchenhoff* über gegenwärtige Tendenzen bei der Behandlung der Kriegsdienstverweigerer in der Bundesrepublik konnte leider nicht in das Jahrbuch aufgenommen werden. Diese Dokumentation unterstreicht voll die von Paulus Engelhardt aufgezeigte Tendenz zur Individualisierung und Entpolitisierung der Inanspruchnahme des Grundrechts auf Kriegsdienstverweigerung am Beispiel des Verbots der Kriegsdienstverweigerer-Beratung in einer Reihe von Fällen seit 1973.

Der *dritte Teil* des Jahrbuchs handelt von den bildungspolitischen und gesellschaftlichen Voraussetzungen und Folgen der Gründung von Bundeswehrhochschulen. *Otwin Massing* geht von der Prämisse aus, daß die Existenz der Bundeswehr von keiner relevanten politischen Kraft bestritten wird und auf absehbare Zeit nicht in Frage gestellt werden kann. Bei unbefragt akzeptierter Ziel- und Zwecksetzung stellt sich für die Militärverwaltung in erster Linie das Problem der technischen und personellen Effizienz-Optimierung unter der Bedingung der Konkurrenz zu zivilen Berufen. Massing dagegen betrachtet die Hochschulgründung u.a. unter dem Aspekt einer möglichen Verstärkung der demokratischen politischen Kontrolle über den militärischen Auftrag der Bundeswehr. Er sieht darin eine Möglichkeit, die Absonderung der Bundeswehr als Staat im Staate zu verhindern. Die Durchlässigkeit von zivilem und militärischem Bildungssystem erscheint ihm als eine Chance, die Abkapselung des Militärs mit bloß traditionalistisch-militärischen Ideologien zu vermeiden.

In der Diskussion standen sich die beiden Thesen einer möglichen „Zivilisierung" oder „Vergesellschaftung" des Militärs sowie einer „Militarisierung" der zivilen Gesellschaft in Folge der erwähnten Durchlässigkeit von militärischem und zivilem Bildungswesen, demzufolge auch von beruflichen Laufbahnen, gegenüber. Massing verkennt nicht, daß die Bundeswehrhochschulen finanziell und organisatorisch in vielfacher Hinsicht privilegiert sind und als bedenkliche Muster für eine weitere Aufsplitterung und Privatisierung von Aufgaben der Universitäten dienen könnten – von der Aushöhlung der Kulturhoheit der Länder ganz zu schweigen.

Sieht Massing dennoch zumindest eine Chance der zivilen, politischen Kontrolle über Ideologie, Zielbestimmungen und Verhalten des Militärs, so sehen *Volker Möble* und *Christian Rabe* die Errichtung der Bundeswehrhochschulen im Rahmen einer generellen Militarisierung der westdeutschen Gesellschaft und einer entsprechenden Disziplinierung des allgemeinen (Hochschul-)Bildungswesens: Die spezifischen Formen, den Unterricht zu straffen, den Lehrplan ausschließlich nach Nützlichkeitsgesichtspunkten auszurichten, die freie (Lern-)Zeit zu verringern sowie die direkte finanzielle Abhängigkeit der Studenten von Lernerfolgen in den Bundeswehrhochschulen werten die Autoren als Signale und Wegbereiter einer allgemeinen technokratischen Einschränkung und Nutzung des Bildungswesens.

Die Beiträge wurden 1975 abgeschlossen. Der Deutschen Gesellschaft für Friedens- und Konfliktforschung (DGFK) und der Bundeszentrale für politische Bildung sei an dieser Stelle für die Förderung des 5. wissenschaftlichen Kolloquiums gedankt.

Klaus Horn, Reiner Steinweg

Politische Angriffe auf die Friedensforschung

– Fakten, Hintergründe, Schlußfolgerungen –

1

Pünktlich zur Verleihung der Würde eines Ehrenvorsitzenden des Kuratoriums der „Deutschen Gesellschaft für Friedens- und Konfliktforschung" (DGFK) an *Gustav Heinemann* am 5.12.1974 erschienen gleichzeitig in verschiedenen Zeitungen Artikel mit massiven Vorwürfen gegenüber der Friedensforschung im allgemeinen und der Förderungspraxis der DGFK im besonderen.[1] Am 4.12. folgte ein ausführlicher Aufsatz des CDU-Bundestagsabgeordneten *Anton Pfeifer* im „Deutschland Union Dienst der CDU/CSU Fraktion",[2] der die Vorwürfe teilweise wiederholte. In den „CSU-Presse-Mitteilungen" der CSU-Landesgruppe im Bundestag vom 5.12.1974 gab dann der Abgeordnete *Dr. Walter Althammer*, Haushaltsexperte der CSU-Landesgruppe, dieser Kampagne[3] ihre vorläufige Spitze. Die Erklärung hatte folgenden Wortlaut:

> „Es ist milde gesagt, unverständlich, daß der frühere Bundespräsident Heinemann sich dazu hergibt, den Mißbrauch von Steuergeldern zu sozialistischen Aktivitäten der Gesellschaft für Friedens- und Konfliktforschung, die auf den Umsturz unserer Gesellschaftsordnung gerichtet sind, zu decken.

---

1 Es erschienen u.a. folgende Artikel:
- 26.11.74 *Passauer Neue Presse:* „Friedensforscher verschwenden Steuergelder. – Heinemanns Paradestück droht zum Fiasko zu werden"
- 27.11.74 *Die Rheinpfalz:* „Statt wissenschaftlicher Arbeit nur 10.000 DM teurer Reisebericht"
- 2.12.74 *Die Welt:* „Viel Geld für marxistische ‚Denkanstöße'" (E. v. Loewenstern)
- 3.12.74 *Südwest-Presse*, Ulm: „Vergeudete Bonn Millionen durch Forschungsaufträge?" (S. v. Beöczy)
- 3.12.74 *Südwest-Presse*, Ulm: „Geld für Makulatur" (S. v. Beöczy)
- 3.12.74 *Südwest-Presse*, Ulm: „10.000 DM für ein paar Notizen. Bonns Friedensforscher verdienen sich goldene Nasen. Millionenausgaben ungeklärt" (S. v. Beöczy)
- 3.12.74 *Neue Württembergische Zeitung*, Göppingen: „Geld für Makulatur" (S. v. Beöczy)
- 3.12.74 *Stuttgarter Nachrichten:* „Mängel bei Finanzgebaren und Vergabepraxis. Friedensforschung gerät unter Beschuß" (S. v. Beöczy)
- 4.12.74 *Rhein-Neckar-Zeitung*, Heidelberg: „Für 10.000 DM ein Reisebericht. Fragwürdige Praxis bei Vergabe von Aufträgen der Friedensforschung. Mittel verschleudert" (G.R. Seele)
- 5.12.74 *Die Welt:* „CDU/CSU kritisiert ‚Friedensforschung'"
- 5.12.74 *Frankfurter Neue Presse:* „CDU/CSU sieht Verschwendung. Finanzprüfung bei Friedensforschern verlangt"
- 5.12.74 *Mannheimer Morgen:* „Union fordert Sonderprüfung bei Friedensforschern"
- 5.12.74 *Ludwigsburger Kreiszeitung:* „Friedensforschung im Zwielicht. CDU/CSU fordert ‚Sonderprüfung'"
- 5.12.74 *Fränkisches Volksblatt*, Würzburg: „ ‚Sonderprüfung' bei Friedensforschern. Falsch angelegte Förderungspolitik. Linksradikale Tendenzen gefunden"

Die Gesellschaft für Friedens- und Konfliktforschung hat seit ihrer Gründung für Gutachten und Studien 10,2 Millionen DM ausgegeben. Hinzu kommen noch einmal fast 25 Prozent Verwaltungskosten in der Geschäftsstelle. Viele geförderten Projekte werden eindeutig nur von Gegnern unserer Gesellschaftsordnung bearbeitet.

Zum Beispiel heißt es in einem Bericht aus dem Otto-Suhr-Institut der Freien Universität Berlin über die im Rahmen der Gesellschaft für Friedensforschung geförderten Forschungsprojekte: „So zählte die Frage nach den Inhalten und Bedingungen einer Systemtransformation spätkapitalistischer Gesellschaften zu den übergreifenden Gesichtspunkten" (Quelle: FU-Pressedienst „Wissenschaft", Nr. 7/72, S. 25). Im gleichen Forschungsinstitut werden ausführliche Untersuchungen über Untergrundorganisationen durchgeführt. Die verschiedenen Organisationsformen der Untergrundarbeit werden unter dem Motto ‚Friedensforschung' untersucht.

Der deutsche Steuerzahler ist gerade angesichts der Verbrechen der Baader-Meinhof-Bande für alle gegen unsere freiheitliche Ordnung gerichteten Aktivitäten besonders hellhörig."

Dies alles war jedoch nur das gut auskomponierte Vorspiel für die Forderung, die 14 Tage später der Abgeordnete Dr. Stavenhagen (CDU) im *Haushaltsausschuß* des Bundestages stellte: Der Bundeszuschuß in Höhe von 2,7 Mill. DM für die DGFK

5.12.74 *Berliner Morgenpost:* „Skandalöser Umgang mit Steuergeldern" (dazu in einem Kasten ein Kommentar unter dem Titel „Mißbrauch", der mit den Worten beginnt: „Man hatte sie schon vergessen, Gustav Heinemanns ‚Friedensforscher', und das ist das Beste, was es über sie zu sagen gibt. ...")

Weitere Zeitungsmeldungen und Artikel zum gleichen Thema erschienen *nach* dem 5.12.1974 in folgenden Zeitungen: *Fuldaer Zeitung:* „Für ‚Sonderprüfung' bei Friedensforschern" (6.12.74); *Welt am Sonntag:* „Verpulvert" (8.12.74); *Aachener Volkszeitung:* „Auf der Spur von Friede und Haß" (10.12.1974); ein Kommentar von Winfried *Martini* („Die einzige sinnvolle Friedensforschung (ist) die Sowjetologie ... im übrigen hat noch jeder Generalstab ... Friedens- und Konfliktforschung getrieben, jeder Auslandsnachrichtendienst auch.") – Noch besser als Martini wußte die *Deutsche Wochenzeitung* der NPD, was Friedenspolitik (und damit -forschung) ist: „Statt sozialistische Ideologien zu verbreiten, sind volksbewußte Erziehung und Anerkennung nationaler Selbstbestimmung die besten Maßnahmen einer Friedenspolitik." Hinter der Friedensforschung stehen für die Deutsche Wochenzeitung „nur die Leninschen Thesen vom Frieden." Die DGFK hat folglich „Steuermittel für linksradikale Propaganda ausgegeben" – und dabei angeblich 784.000 DM veruntreut (3.1.1975).

Auch die *Frankfurter Rundschau* berichtete am 6.12.74 über die Vorwürfe von Anton Pfeifer, setzte aber die Überschrift ‚Nur linksradikale Thesen' in Anführungszeichen. Im *Generalanzeiger Bonn,* in der *Frankfurter Rundschau,* der *Pforzheimer Zeitung* und der *Neuen Rheinischen Zeitung* wurde zwischen dem 6. und 14.12.74 relativ neutral über die Ehrung Heinemanns durch die DGFK berichtet.

2 Der Artikel von *Pfeifer* wurde am gleichen Tag im *„Pressedienst"* der CDU/CSU-Fraktion im Deutschen Bundestag übernommen (4.12.1974). Anton Pfeifer ist Vorsitzender des Arbeitskreises für Bildung, Wissenschaft und Technologie der CDU/CSU-Bundestagsfraktion. Zur Auseinandersetzung mit seinen Vorwürfen s. unten.

3 Indiz dafür, daß es sich um eine organisierte Kampagne handelte, ist 1. die zeitliche Abstimmung auf die Verleihung der Würde des Ehrenvorsitzenden des Kuratoriums der DGFK an Gustav Heinemann, 2. das gleichzeitige Erscheinen der tendenziell gleichen Artikel noch *vor* der offiziellen Verlautbarung von Anton Pfeifer in zahlreichen Zeitungen und 3. die Tatsache, daß der Referent für Forschung und Technologie der CDU/CSU-Bundestagsfraktion, *Dr. Werner Gries,* bereits am 5.12.74 mit einem Leserbrief zum Artikel vom 3.12. in den *Stuttgarter Nachrichten* herauskam. Weitere Leserbriefe von Werner Gries zum gleichen Thema erschienen am 14.12. in der *Rhein-Neckar-Zeitung* („Gesellschaft für Friedensforschung überflüssig"), am 4.1.1975 in der *Schwäbischen Donauzeitung* („Ausgaben durchforsten") und am 8.1. im *Generalanzeiger Bonn* („Keine pluralistische Friedensforschung", vgl. Anm. 7). *Rhein-Neckar-Zeitung:* „Friedensforschung und Goldmacherei" (Prof. F. *Münch,* Heidelberg), 14.12.74 *Rhein-Neckar-Zeitung:* „Friedensforschung überholt" (Max *König,* Speyer), 18.1.1975 *Schwäbische Zeitung:* „Geld wieder eintreiben" (Eva *Störmer,* Tübingen) und „Lumpige Notizen" (R. *Nietzschmann,* Tübingen).

solle um 1 Million zu Gunsten der „Stiftung Deutsches Krebsforschungszentrum" in Heidelberg gekürzt werden, weil die DGFK nicht in der Lage gewesen sei, die ihr zur Verfügung gestellten Mittel sachgemäß zu verwalten, ihre Arbeit international ohne Echo und im übrigen auch ohne praktische Folgen geblieben sei. Dies wurde wiederum von der Presse breit aufgegriffen.[4] Im Oktober 1975 forderte die hessische CDU die Landesregierung in Wiesbaden auf, die Mittel für „linkslastige Renommierprojekte" zu streichen, zu denen ausdrücklich die „Hessische Stiftung Friedens- und Konfliktforschung" gezählt wurde, das einzige größere Friedensforschungsinstitut in der Bundesrepublik.[5] Die hessische Landesregierung hat diesem Drängen indessen nicht nachgegeben: Die Mittel der HSFK wurden nicht gekürzt. In einer Feier zum fünfjährigen Bestehen der Stiftung sagte Ministerpräsident Osswald ausdrücklich seine weitere Unterstützung zu.

Die *Grundtendenz* der Vorwürfe ist klar und geht mit hinreichender Deutlichkeit schon aus einigen Artikel-Überschriften in den Zeitungen hervor (s. Anm. 1): Eine Forschung soll zum Schweigen gebracht werden, die sich u.a. darum bemüht, die wissenschaftlichen Grundlagen für die Fortführung und Vertiefung der Ende der 60er Jahre von der sozialliberalen Koalition begonnenen Entspannungspolitik zu liefern. Es geht also gar nicht in erster Linie um die Beseitigung eines „linken Findelkindes" („Bayernkurier" vom 21.12.1974), sondern um die Bekämpfung dieser Politik. Dieser Zusammenhang wird in einer Presseerklärung des Bundestagsabgeordneten *Erwin Horn* zur Forderung der CDU auf Streichung der Mittel für die Hessische Stiftung Friedens- und Konfliktforschung deutlich beim Namen genannt:

> Die Landesregierung solle die Forderung der CDU zurückweisen und im Gegenteil, die Stiftung weiterhin ideell und finanziell in ihren Bemühungen unterstützen, wissenschaftliche Beiträge für die Friedenspolitik zu erarbeiten und Modelle zur Friedenssicherung zu erstellen. Horn sagte, daß die wissenschaftliche Arbeit der hessischen Stiftung erheblich zum Verständnis der Friedens- und Entspannungspolitik beigetragen habe. Zugleich seien neue Wege für die aktive Friedenspolitik eröffnet worden.

---

4 Die CDU/CSU-Forderung wurde u.a. in folgenden Zeitungen am 21.12.74 referiert: *Frankfurter Allgemeine Zeitung, Neue Osnabrücker Zeitung, Rheinische Post.* – Die *Frankfurter Rundschau* brachte ebenfalls die Gegendarstellung durch die Hessische Stiftung Friedens- und Konfliktsforschung und durch einen entsprechenden für die Friedensforschung positiven Kommentar („Dorn im Auge"), ebenfalls am 21.12.74. Der *„Bayern-Kurier"* nahm die Gelegenheit wahr, um noch einmal in einem ausführlichen Artikel eine volle Breitseite auf die Friedensforschung abzugeben („Friedensforschung. Millionen für ein linkes Findelkind vergeudet" von Karl Friedrich *Grosse*, 21.12.1974). Ein negativer Kommentar erschien ebenfalls in der *Aachener Volkszeitung* vom 24.12.74. Hier wurde bereits die Entgegnung der DGFK mitverarbeitet. Tenor: „Oder hat schon einmal einer vernommen, daß die Friedensforscher einen Konfliktstoff aus der sozialistischen Hälfte dieser Welt aufgegriffen hätten?" („Friedensforscher" von Karl Plum). Zu dieser Frage siehe u.a. die Forschungsberichte Nr. 5, Nr. 6 und Nr. 10 der „Hessischen Stiftung Friedens- und Konfliktsforschung" sowie den Aufsatz von David *Holloway* in: Friedensanalysen 2, Frankfurt/M. 1976, S. 86–106.

5 „Sparvorschläge der Hessischen CDU. ‚Linkslastige, geldfressende Renommierprojekte einstellen' ", *Frankfurter Allgemeine Zeitung*, 26.9.1975; „CDU: Projekte streichen. Milde unterbreitet Vorschläge zur Sanierung", *Frankfurter Rundschau*, 26.9.1975. Der Oppositionsführer Gottfried Milde forderte gleichzeitig die Auflösung des „Bildungstechnologischen Zentrums" in Wiesbaden und des Instituts „Wohnen und Umwelt" in Darmstadt. – Die Fortsetzung der Kampagne auch gegenüber der DGFK kündigt sich in einem Artikel von Giselher *Schmidt* im *Rheinischen Merkur* vom 31.10.1975 an: „Frieden, den ich meine. Die ‚Gesellschaft für Friedensforschung' – eine Spielwiese für Systemüberwinder."

Die Forderung der CDU, die Arbeit der Stiftung durch Streichung der Mittel praktisch lahmzulegen, nannte der Abgeordnete „einen skandalösen Rückfall in die Zeiten des Kalten Krieges". „Die hessische CDU versucht bewußt, alle friedenspolitischen Aktivitäten zu sabotieren und weiterhin eine Politik der Konfrontation herbeizuführen", sagte Horn.[6]

Im Rahmen dieser Gesamtstrategie wurden *im einzelnen* folgende Vorwürfe erhoben:

1. Verschleuderung von Steuergeldern
   a) Forschungsprojekte seien nicht abgeschlossen worden oder hätten nicht das geplante Ergebnis erbracht. Die Ausfallquote der von der DGFK geförderten Projekte betrage 25 %.
   b) Die Projekte bzw. einzelne Friedensforscher seien mit zu hohen Summen bedacht worden.
   c) Es sei bei der Finanzierung von Tagungen zu aufwendig mit der Erstattung von Reise- und Aufenthaltskosten verfahren worden (ausdrücklich genannt wurden die Kolloquien der AFK, bei denen, horibile dictu, auch *Studenten* in den Genuß von Tagegeldern gekommen seien).
   d) Die Abrechnung der Projekte lasse zu wünschen übrig: zu mehr als der Hälfte der Projekte liege eine ordnungsgemäße Abrechnung noch nicht vor. Der Bundesrechnungshof habe das Finanzgebaren der DGFK beanstandet.
   e) Die finanzielle Ausstattung der DGFK-Verwaltung sei zu üppig.

2. Thematische Abweichung/Linkslastigkeit
   a) Es seien ausschließlich linke Projekte gefördert worden; andere als marxistische Wissenschaftler hätten bei der DGFK keine Chance.[7]
   b) Es seien Projekte gefördert worden, die mit der Erforschung der Grundlagen und Voraussetzungen für einen dauerhaften Frieden nichts zu tun hätten. Genannt wurden außer Projekten von Prof. Theodor Ebert (indirekt in der Attacke von Althammer, siehe Anm. 20), die Projekte von Prof. Kurt Tudyka „über transnationale Konzerne und Interessenvertretung der Lohnabhängigen" und von Prof. Hans Nicklas über die „Erarbeitung der theoretischen Grundlagen für die Entwicklung von Strategien und didaktischen Modellen zum Abbau oder zur Veränderung von Aggressionsverhalten bei Kindern des Vor- und Grundschulalters" sowie das Projekt „Gruppenperzeption und Gruppenattitüden" des „Katholischen Arbeitskreises für Entwicklung und Frieden" (wobei in der Berichterstattung verschwiegen wurde, daß es sich um die der katholischen Kirche nahestehende „Wissenschaftliche Kommission des katholischen Arbeitskreises für Entwicklung und Frieden" unter Vorsitz von Prof. Boeckle handelt).

---

6 *Frankfurter Rundschau* vom 15.10.1975: „Skandalöser Rückfall. MdB Horn setzt sich für Hessische Stiftung ein."

7 Leserbrief von *Werner Gries* im Generalanzeiger Bonn vom 8.1.1975: „Berücksichtigt man nunmehr noch die Qualität der geförderten Projekte, so kann man aus den bisher vorliegenden Ergebnissen nur schließen, daß überwiegend Forscher aus marxistischen und sozialistischen Kreisen gefördert werden und daß auch keine anderen einen Zugang zu den Förderungsmitteln im Normalfall erreichen." Pikante Note: Werner Gries hatte selbst am 27.11.72 schriftlich einen Förderungsantrag an die DGFK in Höhe von 33.500 DM angekündigt. Er wurde von der Förderungskommission der DGFK ermuntert, diesen Antrag einzureichen – was aber nie geschah.

c) Die geförderten Tagungen und Seminare hätten „kaum Bezug zur Forschung" gehabt (Anton Pfeifer).

3. Fehlendes internationales Echo, fehlender Praxisbezug. Diese Argumente tauchen erst zusätzlich im Zusammenhang mit der Forderung nach Mittelkürzung im Haushaltsausschuß auf, siehe oben.[8]

Der Vorstand (Karlheinz Koppe), der Vorsitzende des Kuratoriums (Prof. Ernst Otto Czempiel) und die Förderungskommission der DGFK sowie einzelne „betroffene" Forschergruppen und Institutionen haben diese Behauptungen wiederholt in Leserbriefen, Gegendarstellungen und Presseerklärungen richtigzustellen versucht,[9] die allerdings nur zum Teil von der Presse aufgenommen wurden[10] (dazu siehe unten). Zur *Quelle* der verzerrt an die Presse weitergegebenen Informationen führte Karlheinz Koppe aus:

---

8 Den Vorwurf der Vermeidung „praxisnäherer Fragen" erhob auch *Der Spiegel* Nr. 13 vom 24.3.1975.

9 Die DGFK schickte richtigstellende Briefe an *Die Rheinpfalz* (29.11.), *Die Welt* (4.12.), *Die Südwestpresse* (4.12.) sowie eine Gegendarstellung an die *Rhein-Neckar-Zeitung* (22.12.). Zur Antwort der DGFK an Walter Althammer s. Anm. Nr. 20. Die DGFK gab ferner eine zusammenfassende Darstellung der Kritik („Die DGFK im Blickpunkt der Öffentlichkeit", eine Dokumentation, 3.2.1975). In dieser Dokumentation sind auch die angeführten Briefe der DGFK, sowie die Stellungnahmen des Kuratoriums der DGFK, der DGFK-Brief an Walter Althammer und eine Erklärung der DGFK zum Antrag des CDU-Abgeordneten Stavenhagen enthalten sowie eine Erklärung der Leiter der *Tübinger Friedensforschungsprojekte* vom 3.12.1974 und eine Pressemitteilung der *Hessischen Stiftung Friedens- und Konfliktsforschung* vom 20.12.1974. Nicht veröffentlicht wurde eine später von der *Associated Press* angeforderte, fünfseitige Erklärung zur Friedensforschung von *Dieter Senghaas* vom 9.2.1975.

10 28.11.74 *Bonner Rundschau:* „Die Ost-West-Beziehungen werden intensiv erforscht. Gesellschaft für Friedens- und Konfliktforschung in Godesberg" (noch keine Bezugnahme auf die Kampagne).

7.12.74 *Reutlinger General-Anzeiger:* „Gegen ‚unberechtigte Kritik'. Tübinger Friedensforscher wehren sich – Gelder sinnvoll eingesetzt."

12.12.74 *Süddeutsche Zeitung:* „Friedensforschung kommt wieder ins Gerede. Auf eine offene interne Bestandsaufnahme folgt eine heftige Attacke der Unionsparteien" (Christian Potyka)

24.12.74 *Frankfurter Allgemeine Zeitung:* „Friedensforscher kritisieren die CDU" (eine Kurzmeldung von 24 Zeilen; ähnlich kurz im *General-Anzeiger Bonn* vom gleichen Tag und in der *Süddeutschen Zeitung* vom 27.12.74)

23.12.74 *Evangelischer Pressedienst* (epd): „Kritik an Friedensforschung bedauert. Kuratoriumsmitglieder: CDU/CSU hat Förderungspolitik mitbestimmt"

15. 1.75 *General-Anzeiger, Bonn:* „Das Grundgesetz wird ausnahmslos bejaht" (Leserbrief von Karlheinz Koppe, betreffend den in Anm. 3 erwähnten Leserbrief von Werner Gries in der gleichen Zeitung).

21. 1.75 *Schwäbische Zeitung:* „Gegendarstellung" (von Ekkehart Krippendorff).

Im *Parlamentarisch Politischen Pressedienst* erschien am 17.12.74 ein Interview mit *MdB Georg Schlaga* (SPD) unter der Überschrift „Friedens- und Konfliktforschung ist notwendig." Ein Interview mit *Carl Friedrich von Weizsäcker* unter der Überschrift „Hat der Frieden noch eine Chance?" erschien am 27.12. im *Münchner Merkur*. Am 10.1.1975 wurde ein für die Friedensforschung positiver Kommentar von *Peter Körfgen* im *NDR/WDR I* und *Südwestfunk II* im Rahmen der Sendung „Kritische Chronik – Aus Politik und Kultur" verlesen.

Zur Jahreswende setzte sich *Christian Potyka* in zwei ausführlichen Artikeln mit der Situation der deutschen Friedensforschung und den Angriffen auf sie kritisch-solidarisch auseinander (*Süddeutsche Zeitung* vom 21./22. und 28./29.12.74, „Provokation Friedens-

„Der Ausschuß für Forschung und Technologie hatte im Oktober über das Ressortministerium eine Aufstellung aller bisher bewilligten Projekte angefordert. Die Aufstellung mußte binnen zehn Tagen erarbeitet werden. Sie bestand in einer Liste von 103 Projekten im Umfang von fast 100 Seiten und einer ergänzenden Liste von 25 Projekten, die bisher abgeschlossen und von einem unabhängigen Wissenschaftler im Auftrage der Förderungskommission der DGFK selbst einer kritischen Würdigung unterzogen wurden. Es leuchtet ein, daß allein schon wegen der Kürze der Zeit, in der diese Liste für den Ausschuß erstellt werden mußte, wie auch im Hinblick auf das umfangreiche Material von über 100 Projekten, die Darstellung in vielerlei Hinsicht verkürzt sein mußte. Die CDU-Fraktion hat auf Grundlage dieses Materials ihrerseits eine Zusammenfassung der 103 (aufgrund unterschiedlicher Zählweise 109) Projekte auf nur 8 Seiten vorgenommen und von den 25 Einzeldarstellungen lediglich 9 übernommen."[11]

In den von einigen Mitgliedern der CDU/CSU inspirierten Presseberichten und -Erklärungen wurde fast durchgehend verschwiegen, daß ihre Grundlage ein – auch offen selbstkritischer – Bericht der DGFK selber war. Stattdessen wurde der Eindruck erweckt, als handele es sich um „Entdeckungen" irgendeiner Kontrollinstanz. Verschwiegen wurde auch, daß in diesem Bericht die von der Presse aufgegriffenen negativen Einschätzungen einzelner Projekte die Ausnahme darstellten.

In Zusammenfassung der Erklärungen seitens der Friedensforschung (s. Anm. 9) läßt sich zu den Vorwürfen folgendes feststellen:

Zu 1: a) Die angebliche Ausfallquote von 25 % kommt zustande, wenn man der Berechnung ausschließlich die wenigen Projekte aus der verständlicherweise schwierigen Anfangsphase der DGFK zu Grunde legt und wenn man dabei nach der *Anzahl* der Projekte verfährt und nicht nach der *Summe* der dafür aufgewendeten Förderungsmittel. Bezieht man die gescheiterten und nicht abgeschlossenen Projekte auf die Gesamtzahl der von der DGFK bis zum Dezember 1974 geförderten Projekte, so ergibt sich ein Verhältnis, das günstiger als bei manchen anderen Forschungsrichtungen sein dürfte: Von 103 bewilligten Projekten wurden nur fünf abgebrochen oder blieben ohne Ergebnis; diese fünf beanspruchten lediglich 1,75 % der bis Ende 1974 verausgabten und 0,3 % der insgesamt bis dahin durch die DGFK bewilligten Förderungsmittel (vgl. Anm. 19). Die nichtabgeschlossenen Projekte erbrachten in den von der DGFK geförderten Abschnitten durchaus nennenswerte, publizierbare Zwischenergebnisse. In dem einzigen größeren Fall war der Abbruch weder von den Forschern noch von der DGFK verschuldet; er wurde notwendig, weil die von der Untersuchung betroffenen Behörden die Einsicht in die Dokumente verweigerten.[12] b) Die Summe von rund 10 Mill. DM bewilligter Förderungsmittel war 1974 nicht, wie behauptet, bereits ausgegeben. Sie verteilt sich auf die Jahre 1971 bis 1977. Rund 5 Mill. DM waren mit Vorbehalt für die Jahre 1975–1977 bewilligt. Die Auszahlung erfolgt vierteljährlich und ist an Zwischenberichte gebunden.

forschung"). Prof. Heinz Eduard *Tödt*, der auch Gelegenheit erhielt, die Position der Friedensforschung im Fernsehen kurz darzustellen (am 15.12.), präsentierte seinen Standpunkt ebenfalls in ausführlicher Form in den ***Evangelischen Kommentaren*** („Unentbehrliche Illusionen über den Frieden. Zur Diskussion um die Friedensforschung in der Bundesrepublik", II/1975, S. 83–86).

11 Dokumentation der DGFK: „Die DGFK im Blickpunkt der Öffentlichkeit", 3.2.1975, S. 2.

12 Es handelte sich um ein an der Universität Saarbrücken durchgeführtes Projekt „Krisenverhalten moderner Bürokratien". Die grundlegenden Arbeiten wurden abgeschlossen und publiziert (Mitteilung der DGFK).

In 90 % der Fälle wurden die Mittel nicht an Einzelforscher, sondern an Gruppen und Institutionen vergeben und über Universitätskassen nach allgemein gültigen Verwendungsrichtlinien abgerechnet. c) Bei der Finanzierung von Tagungen wurde streng nach den Maßstäben des Bundesreisekostengesetzes verfahren. d) Von einer nicht ordnungsgemäßen oder nicht pünktlichen Abrechnung seitens der Forscher kann kaum die Rede sein: Von den 1,16 Mill. DM für die ersten 25 abgeschlossenen Projekte, auf die die Kritiker sich beziehen, waren bis November 1974 lediglich 90.000 DM noch nicht abgerechnet. Die Abrechnung auch über diesen Restbetrag lag wenig später vor. Eine Beanstandung durch den Bundesrechnungshof hatte nicht stattgefunden.[13] e) Angesichts des erheblichen Verwaltungsaufwandes, der mit der Betreuung von über 100 Forschungsprojekten und allen damit zusammenhängenden Aufgaben verbunden ist, muß die finanzielle Ausstattung der DGFK-Verwaltung eher als gering bezeichnet werden. Sie ist inzwischen noch weiter reduziert worden.

Zu 2: a) Dem Kuratorium der DGFK gehörten von Anfang an Vertreter aller im Bundestag vertretenen Parteien an. Weder die vom Kuratorium verabschiedeten Richtlinien für die Forschungsförderung noch die Förderungspraxis selbst ist bis zum Dezember 1974 von den Vertretern der Parteien im Kuratorium beanstandet worden. Konzeption und Praxis sind betont *pluralistisch*. Sie erfassen die verschiedensten Forschungsansätze und -richtungen; so, um nur einige Beispiele zu nennen, die strategische Forschung, wie sie u.a. am Internationalen Institut für Strategische Studien in London betrieben wird; das Studium der auswärtigen Beziehungen am Institut der Deutschen Gesellschaft für Auswärtige Politik mit den noch von Prof. Karl Carstens (dem gegenwärtigen Vorsitzenden der CDU/CSU-Fraktion im Bundestag) eingebrachten Projekten; und so auch jene von politischem und moralischem Engagement getragene „Kritische Friedensforschung", die versucht, die gesellschaftlichen Ursachen des Unfriedens zu analysieren. – Die von der Presse vielfach als Aufhänger für die Kritik benutzte, zu jener Zeit leider ergebnislose Japan-Reise von Prof. Kindermann (München) wurde im Zusammenhang eines Projekts unternommen, das seinem Ansatz nach eher den Vorstellungen der Kritiker als denen von angeblich geförderten „marxistischen" Wissenschaftlern entsprechen dürfte (Das Projekt ist inzwischen korrekt abgeschlossen). b) Die von der DGFK geförderten Projekte sind nach *internationalem* Verständnis der Friedensforschung zuzurechnen. Die Kritik zeigt, daß die Entwicklung der internationalen Friedensforschung in den letzten Jahren hierzulande noch nicht zur Kenntnis genommen wurde. (Vgl. dazu den Aufsatz von Egbert *Jahn*: „Entwicklung und Schwerpunkte der Friedensforschung in Nordamerika und Westeuropa", in: Friedensanalysen 1, Frankfurt/M. 1975, S. 15–34). c) Die *Verbreitung* der Ergebnisse der Friedensforschung gehört zu den ausdrücklichen Aufgaben der DGFK. Abgesehen davon, daß es sich z.T. um mehrtägige wissenschaftliche Kolloquien mit einer großen Anzahl von Experten handelte, entspricht

13 Der Bundesrechnungshof hatte die DGFK routinemäßig im November 1974 geprüft: Alle Beanstandungen konnten ausgeräumt werden: Auf der Abschlußbesprechung am 15.10.1975 blieb ein einziger Punkt offen: Der Ankauf eines Kassetten-Videorekorders, der in Projekten eingesetzt werden soll. Es wurde einvernehmlich beschlossen, das Gerät dem zuständigen Ministerium zum Einsatz in wissenschaftlichen Projekten zur Verfügung zu stellen (Mitteilung der DGFK).

die Förderung einiger von Anton Pfeifer so genannter „Ausbildungsseminare" also den Aufgaben der DGFK.

Zu 3: Auch bezüglich des internationalen Echos der deutschen Friedensforschung wirkt sich aus, daß diese Forschung den Kritikern überhaupt nicht bekannt ist. Die enge Zusammenarbeit insbesondere mit der skandinavischen, englischen und holländischen Friedensforschung, die eine Reihe von in der BRD entwickelten Ansätzen aufgegriffen hat, ist kaum zu übersehen, ebensowenig die starke praktische Komponente insbesondere jener Reihe von konkreten Statements und Vorschlägen zur Abrüstungspolitik, die aus der internationalen Kooperation der Friedensforscher hervorgegangen sind.[14]

2

Die Argumente der oben dargestellten Kampagne sind im Kern bereits in Friedrich Tenbrucks Weihnachts-Leitartikel „Friede durch Friedensforschung? Ein Heilsglaube unserer Zeit" in der Frankfurter Allgemeinen Zeitung vom 22.12.1973 enthalten.[15] Die sich anschließende, Tenbruck zustimmende Leserbrief-Diskussion und Äußerungen in politisch benachbarten Zeitungen um die Jahreswende 1973/74 weisen den Weg: Friedensforschung wird als zumindest uneffektiv (wenn nicht gefährlich) angesehen; die dafür veranschlagten Mittel sollen „wirksamer" eingesetzt werden.[16]

Mit einem verdünnten religionssoziologischen Aufmacher versuchte Tenbruck, die in seinen Augen mit enormem Aufwand arbeitende Friedensforschung, insbesondere „die sogenannte kritische Friedensforschung, die das weite Feld beherrscht", zu entlarven: „Diese Friedensforschung hat falsche Luft. Als Wissenschaft gestelzt kommt sie daher, während sie doch ein Heilsglaube ist." Sie der Utopie zu zeihen, ist Tenbruck zu harmlos; nein, das Grundübel ist vielmehr der in seinen Augen eitle Glaube „an die Selbsterlösung der Menschheit", der auch in der Friedensforschung fortwese. Der „normale Verstand" sperre sich dem; „Standarderöffnungen" in solchen Büchern „riechen" Tenbruck zufolge „nach dem billigen Jakob"; die Friedensforscher verbreiteten „Irrlehren über die einfachsten Tatsächlichkeiten"

14 Vgl. u.a.: Is Europe to demilitarize?, in: *Instant Research on Peace and Violence* 4/1972, S. 181–244; dass., erweitert in: *Johan Galtung* und *Dieter Senghaas* (Hg.), Kann Europa abrüsten? Friedenspolitische Optionen für die siebziger Jahre, München 1973; *Disarmament Study Group of the International Peace Research Association*, Between Peace and War: The Quest for Disarmament; dass. deutsch unter dem Titel „Zwischen Frieden und Krieg: Die Forderung nach Abrüstung" in: Friedensanalysen 2, Frankfurt/M. 1976, S. 13–53.

15 Die Argumentation Tenbrucks wurde kürzlich mit vielen Zitaten ausdrücklich nochmal aufgenommen von Helmut Schelsky in einem ebenfalls „Friedensforschung – ein Heilsglaube unserer Zeit" überschriebenen Kapitel, in: Helmut *Schelsky*, Die Arbeit tun die anderen, Opladen 1975 S. 290–297.

16 Zustimmende Leserbriefe zum Aufsatz von Tenbruck schrieben Winfried *Baßmann* (7.1.74), Prof. Dr.-Ing. Hans *Schmidt* (11.1.74), Prof. Dr. theol. Georg *Muschalek* (4.2.74). In diesen Zusammenhang gehören auch Erwähnungen der Friedensforschung innerhalb allgemeinerer Artikel, so am 28.12.73 in der FAZ (Günther *Gillessen*) und in der FAZ vom 31.12.73 (Johannes *Groß*). – Der Aufsatz von Tenbruck wurde in der FAZ in Leserbriefen von Pfarrer Dr. Gunther *Backhaus* (4.1.74) und Prof. Dr. Ernst-Otto *Czempiel* (18.1.74) kritisiert.

In den gleichen Zeitraum fällt ein Artikel von Markus *Etting* im *Bayern-Kurier*: „Nach Moskaus Wunsch und Wille. Die Frankfurter Stiftung und ihre Arbeit" (1.12.73).

– weil es in der Friedensforschung nicht nur ums Verhindern von Kriegen geht, was in Tenbrucks Augen eine anständige Aufgabe wäre. Die „Magie jedes Primitivstammes ist ein Wunder an intellektueller Leistung, verglichen mit den Wunderbeschwörungen" der Friedensforscher. Jede Konzession, die Tenbruck machen muß, um nicht ganz unglaubwürdig zu werden, wendet sich ins Gegenteil:

> „Natürlich gibt es noch eine Masse von braven Banalitäten quer durch die Schulen und Lager, und wie sollte das anders sein, wenn Geld zur Verfügung steht? Die Mühlen, die doch nur Stroh dreschen, klappern heute in vielen Fächern und nicht nur in der Friedensforschung sehr laut. Aber der größte Teil ist Glaube und Verkündigung, im wissenschaftlichen Gewand drapiert und gelegentlich auch mit Beredsamkeit, Scharfsinn und Brillianz dieses Genres vorgetragen, so von den Häuptern der deutschen kritischen Friedensforschung, wo alles mit der Sauce von Anmaßung und Scharfmacherei gewürzt wird. Leerformeln, Diffamierung, Evidenzbehauptung, Suggestion – sagen die wenigsten Kritiker dazu."

Daß Friedensforschung sich als politische Wissenschaft versteht, deren Ergebnisse u.a. auch Politikern helfen sollen, hält Tenbruck für eine Anmaßung. Der Leser des ausnahmsweise über *zwei* FAZ-Seiten laufenden Beitrags sah sich dann allerdings von der Alternativ-Vorstellung des *Soziologen* Tenbruck doch etwas überrascht: den von dem norwegischen Friedensforscher Johan Galtung eingeführten Begriff der „strukturellen" (also nicht unmittelbar von Personen, sondern durch gesellschaftliche Verhältnisse ausgeübten) Gewalt hält er für eine schlichte Mystifikation – obgleich er selbst als ein Modell das Mädchen nennt, das nur die Zwergschule besucht in einer Gesellschaft, die bessere Ausbildungsmöglichkeiten hätte bereitstellen können. Tenbruck meint, daß der reale Unfrieden (den er nicht ableugnet) nicht aus struktureller Gewalt und sozialer Ungerechtigkeit stammt:

> „Aber der Unfrieden jenseits der Kriegsgefahr stammt aus zwei Quellen, die niemand stoppen kann. Die Gehäuse der Zeit, in denen wir leben, stimmen nicht mehr, stimmen weniger, als sie durchschnittlich gestimmt haben. Der Staat und die Demokratie werden brüchig, jener stirbt an Auszehrung, diese an Überforderung."

Wer nicht versteht, was diese dunklen, schicksalsträchtigen anthropomorphen Bilder bedeuten sollen, wird wenigstens politisch (wenn auch nicht wissenschaftlich) einige Zeilen später belehrt:

> „Zur Humanität gehört vor allem das Bewußtsein, daß wir alle und stets ganz individuell im Risiko von Not und Sorge stehen, daß wir alle den Frieden nur mit uns selbst machen können. Da wird die alte Kirche recht behalten mit ihrem Wort vom Frieden, welcher höher ist denn alle Vernunft."

Aus dieser Mischung aus verleugneter Politik, Wissenschaftsbeschwörung und traditionellem Weihnachtsartikel[17] wollen wir festhalten: 1. Die Wendung, die Tenbruck dem Leser als Alternative gegen die vermeintlichen Friedenspriester ans Herz legt (die seiner Meinung nach von sozialer Ungerechtigkeit und struktureller Gewalt bloß faseln), entstammt dem liberalen Requisitenkasten des 19. Jahrhunderts: es kommt auf den einzelnen Menschen an. Die Bedeutung der *Sozialstruktur* für das menschliche Leben wurde ja erst durch die Kritik dieser liberalen Ideologie bekannt. 2. In

17 Zur sozialpsychologischen Bedeutung der teils an Heidegger angelehnten Terminologie, wie sie im Artikel Tenbrucks anzutreffen ist, vgl. Thomas *Leithäuser:* Formen des Alltagsbewußtseins, Frankfurt/M., 1976.

diesem Rückzug auf die Verantwortung des einzelnen steckt jedoch auch ein ganz aktuell technokratisches Moment: das Abwälzen sozialstruktureller Widersprüche auf die Menschen, die, indem sie so auf sich selber zurückgeworfen werden, keinen Einfluß mehr nehmen (sollen) auf die objektiven Bedingungen ihrer Lebensform. Stattdessen dürfen sie mit kommerzialisierbaren psychohygienischen Diensten rechnen, damit diese historische Form der Subjektivität funktioniert.[18] Das Ergebnis solcher Blindheit für den wirklichen Stellenwert von Subjektivität in unserer technokratischen Gesellschaft ist die politische Naivität und der zynische Nihilismus, der aus Tenbrucks Artikel spricht.

Die praktischen Konsequenzen dieser öffentlichen Vorüberlegungen, die im folgenden Jahr (1974) zu ziehen versucht wurden, haben wir oben bereits dargestellt. Zum Vorwurf der Scharlatanerie bzw. der wissenschaftlichen Drapierung eines Heilsglaubens kam jetzt, Ende 1974, der des Parasitismus und Schmarotzertums. Wenn auch diese Vorwürfe jeder ernsten sachlichen Grundlage entbehrten, so konnte man doch nach bewährter Methode damit rechnen, daß „etwas hängen bleiben" würde: etwas vom Ruch der Korruption, der Unredlichkeit und der sittlichen wie politischen Verderbnis. Die sachlichen Richtigstellungen und Dementis erreichen nicht nur keine mit dem Start einer solchen Kampagne vergleichbare Breite und Wirkung in den Massenmedien (vgl. Anm. 9 und 10 mit Anm. 1); die Angegriffenen sind auch allein deshalb im Nachteil, weil sie sachlich sein müssen. Ihrer Replik gebricht es notwendig an jenen Wirkungsaspekten, auf die eine Verketzerung in erster Linie baut: Solche Form der Auseinandersetzung sucht die sachliche Ebene gerade zu vermeiden, indem der politische Gegner moralisch und menschlich diskreditiert wird. In unserem Fall ist es insbesondere der Rückgriff auf die Klebemarke „finanzielle Korruption", welcher – jenseits der unmittelbar politischen Diffamierung – dazu benutzt wurde, eine Gruppe von Forschern aus allen wissenschaftlichen Disziplinen zu disqualifizieren. Um dieses auf Vorurteile und Ressentiments spekulierende Vorgehen aus seiner Allgemeinheit herauszuheben und vor allem zu aktualisieren und auf diese Weise schmackhafter zu machen, wurde eine aktuell besonders wirksame, kräftige Prise Linksextremismus beigemischt. Das ist für eine Strategie, die auf Emotionen baut, in einer Zeit der Geldknappheit der öffentlichen Hände und der Baader-Meinhof-Prozesse professionell gemachtes demagogisches Handwerk. Der Wirkung dieses Gebräus klatschte sein mutmaßlicher Erfinder, Dr. Werner Gries, der z.Z. der Kampagne Assistent von Anton Pfeifer war, vermittels Leserbriefen Beifall, sobald eine Zeitung es geschluckt hatte (s. Anm. 3). Kaum einer der Zeitungsleser hatte davon eine Ahnung, weil Dr. Gries in den offiziellen Verlautbarungen der Christdemokraten nicht auftauchte. Der Kölner Stadtanzeiger (vom 20.2.1975) machte als erster auf diese Methode aufmerksam. Eine gut inszenierte Kampagne, welche durchaus die Chance hat, künftig in publizistischen und sozialpsychologischen Seminaren als Paradigma einer Politik mit demagogischen Mitteln zu dienen.

Im folgenden sollen einige Gründe und Mechanismen genannt werden, die zu so merkwürdigen Verzerrungen bei der Wiedergabe von Berichten und Zahlen führten.

18 Vgl. Klaus *Horn*/Johann August *Schülein*, Politpsychologische Bemerkungen zur Legitimationskrise. Politische Vierteljahresschrift, Sonderheft 7/1976, S. 123–178.

Nur aufgrund der in der Tat, träfe sie zu, hohen Rate jener ausgesonnenen 25 % angeblich gescheiterter Projekte ist der weitere Argumentationsverlauf der CDU/CSU überhaupt sinnvoll gewesen. Pfeifer hatte sich nämlich der „Verdacht" aufgedrängt, „daß hier nicht nach wissenschaftlichen Kriterien ausgewählt und deshalb Geld zum Fenster hinausgeworfen wurde". Er konstatierte, daß die „bisher vorliegenden Forschungsberichte und internen Revisionsberichte zeigen, daß eine ordnungsgemäße Kontrolle der Forschungsprojekte nicht vorliegt." Aber nur aufgrund seiner falschen Ausgangsbasis konnte sich Herr Pfeifer sinnvoll empören: „Ein Ausfall von fast 25 % der geförderten Vorhaben übersteigt aber alles, was bei der Auswahl förderungswürdiger Forschungsvorhaben als erträglich angesehen wird." Sucht man nun eine Erklärung für die offene Frage, warum Pfeifer drei Viertel der Projekte unter den Tisch fallen ließ und die viel sinnvollere Rechnung auf DM-Basis[19] nicht anstellt, liegt der Schluß nicht fern, daß die *politische* Empörung über die Friedensforschung Ausgangspunkt des Angriffs war. Um eine sachliche Rechtfertigung bemüht, konnte die entsprechende Realität nur verzerrt, verfälschend wahrgenommen werden. Es handelt sich also um eine paradigmatische Szene aus der Psychopathologie des politischen Alltagslebens.

Noch weitere Details der genannten Äußerungen lassen die Annahme zu, daß hier politische Auseinandersetzungen unter dem Deckmantel der Forderung nach einer notwendigen parlamentarischen Kontrolle öffentlich geförderter Forschung geführt wurden, politische Auseinandersetzungen, die sich mit der Sorge um jene Steuergelder nur dürftig tarnten, die eine Bande unqualifizierter wissenschaftlicher Abenteurer sich angeblich unter den Nagel reißt. Pfeifers Pressedienstäußerung fängt ja nicht nur mit einer Polemik gegen die kritische Friedensforschung an, sondern deren bescheidener Anteil an der Gesamtförderung (siehe oben) wird unterderhand, infolge der Manier des Andeutens und Angstmachens der Tendenz nach – wie bei Tenbruck – zum Ganzen des insgesamt Geförderten stilisiert. Damit wird eine wichtige Voraussetzung geschaffen für einen (vermeintlich) leichteren Angriff auf eine Sache vermittels der Diffamierung einer vermeintlich gefährlichen Minorität ihrer Vertreter.

Deutlicher als aus der Äußerung von Anton Pfeifer geht aus der Stellungnahme von Walter Althammer hervor, daß es im Grunde weder um berechtigte wissenschaftliche noch um förderungspolitische Kontrolle ging. Es ging nicht einmal um eine offene politische Auseinandersetzung: Aus moralischen Gründen ist es nicht einfach, sich von der Friedensforschung politisch zu distanzieren. Die Friedensforschung mußte deshalb erst *moralisch* diffamiert werden, weil diese moralische Diffamierung den Gegenstand der Friedensforschung: Frieden, wenigstens aufwiegen mußte oder sogar aus dem Feld schlagen sollte. Im CSU-Pressedienst sind die Argumente von Herrn Pfeifer lediglich noch mehr verdichtet und nun viel deutlicher in die Form solcher Stereotype gegossen, die – ohne offene politische Auseinandersetzung – der Friedensforschung auf der moralischen Ebene, via Diffamierung der

19 28.000 DM Fehlinvestition für gescheiterte Projekte bei einer Bewilligungssumme von 1,6 Mill. DM für die 1974 bereits abgeschlossenen bzw. von 9,2 Mill. DM für sämtliche bis Dezember 1974 bewilligten Projekte.

Friedensforscher als Personen, den Garaus machen sollen. Denn die Friedensforscher sind nicht nur Schmarotzer, nein, sie sind Schlangen an dem Busen, der sie nährt: „Der deutsche Steuerzahler ist gerade angesichts der Verbrechen der Baader-Meinhof-Bande für alle gegen unsere freiheitliche Ordnung gerichteten Aktivitäten besonders hellhörig." Zu dieser Hellhörigkeit sollte allerdings auch die Sensibilität für die politische Qualität solcher nicht auf die Sache, sondern auf die Mobilisierung von Ressentiments zielender Argumente gehören, worin sich generelle Züge des heutigen politischen Verhältnisses von Individuum und Gesellschaft spiegeln. Ironischerweise sind jene Projekte, welche insbesondere Dr. Althammers makabre politische Phantasie anregten, solche, in deren Mittelpunkt Weisen *gewaltloser* Konfliktaustragung stehen; inhaltlich ist auch dieser Punkt detalliert in einem Brief der DGFK vom 12.12.1974 an Dr. Althammer unwiderlegt geklärt worden.[20]

Die anstelle einer inhaltlich-politischen Auseinandersetzung zwischen Konservativen und Friedensforschung tretende Diffamierungskampagne kann keinen anderen Sinn haben, als jeden Wissenschaftler davor zu warnen, sich in den Dunstkreis solcher Nichtskönner, Verschwender und politischer Hasardeure zu begeben. Bei Bewerbungen z.B. an einer Universität könnte sich der Berufungskommission die Frage stellen: „Ach, zu diesen Leuten hat die oder der einmal gehört oder gehört noch dazu!" Das sind Weisen der Argumentation, welche die oft schwierigen Entscheidungen solcher Gremien außerordentlich erleichtern könnten, wenn keine anderen Informationen als die auf der Basis interessenverzerrter Wahrnehmung zur Verfügung stehen. Und das ist nicht die einzige Situation, in welcher es wichtig wird, ob von solchen Hetzkampagnen nicht (trotz der mangelnden sachlichen Basis) doch etwas hängen bleibt. Man muß wohl nicht ausführlicher werden, um die Relevanz dieser Angstmache und Verketzerung für jeden Friedensforscher zu unterstreichen. Jede *inhaltliche* Auseinandersetzung hätte demgegenüber gezeigt, wie scharf die verschiedenen „anarchistischen" Vorstellungen von Politik sich von den Projekten der Friedensforschung unterscheiden und wie bei diesen Projekten in Wirklichkeit mit Geld umgegangen wird.

3

Die Friedensforscher können einer derartigen Kampagne nur entgegentreten, indem sie solche Auseinandersetzungen auf der Ebene von Vorurteilsstimulierung und Ressentiment ganz klar als solche kennzeichnen und das Politische daran begreifen und auch anderen als solches begreiflich machen. Hinsichtlich des Praxisbezugs von Friedensforschung sollten sie darauf verweisen, daß Forschung keine faktische, sondern höchstens eine moralische Macht hat; sie ist letzten Endes auf diejenigen angewiesen, die (auf Zeit und kontrolliert) die Macht ausüben. Wenn von dieser Seite auf

20 In seinem Antwortschreiben an Walter Althammer vom 12.12.1974 stellte Karlheinz *Koppe* dar, daß es sich bei den von Althammer inkriminierten Friedensforschungs-Projekten an der FU Berlin durchwegs um Projekte zum *gewaltlosen* Konfliktaustrag handelt: a) Civilian-defence-Theorien in den zwanziger Jahren in den Niederlanden, b) Begrenzte Regelverletzungen und staatliche Konfliktregelung (Analysen von Formen gewaltlosen Widerstandes und ihrer Konfliktregelung durch den Staat), c) Wirtschaftlicher Boykott als Aktionsform in Emanzipationsbewegungen, d) Der Norwegische Widerstand während des Zweiten Weltkrieges.

angeblich magere praktische Ergebnisse hingewiesen wird, kann nur vermutet werden, daß es der *Inhalt* der praktischen Vorschläge ist, der politisch unerwünscht ist. Um nur noch ein Beispiel zu erwähnen (zusätzlich zu den in Anm. 14 genannten): Ist aus den Ergebnissen der umfangreichen Weizsäckerstudie, die sogar in doppelter Form vorliegt (der volle Text und eine popularisierte, gekürzte Fassung) irgendeine Konsequenz gezogen worden, ja sind diese Ergebnisse überhaupt in die Überlegungen unserer Vertreter im Bundestag eingedrungen?[21]

Die Friedensforscher müssen zur Abwehr solchermaßen bemäntelter politischer Angriffe aber nicht nur das implizit Politische daran anprangern. Sie sollten sich vor allem nicht auf diese Ebene diffamierender Argumentation einlassen und aus Angst die wissenschaftliche *Selbstkritik* zurückstellen, um nur ja einen guten Eindruck herauszuschinden oder wenigstens nicht weiter unangenehm aufzufallen. Ein solcher Mechanismus, der aus dem Verhalten von Gruppen, die Kontroversen austragen, bekannt ist, könnte uns, die Friedensforscher, womöglich erst in jene miserable wissenschaftliche Lage bringen, welche die oben zitierten politischen Gegner der Friedensforschung bereits jetzt unterstellen. Das wäre dann eine selbst herbeigeführte Voraussetzung des finanziellen Ruins unserer Forschung. Wenn wir in die für uns aufgestellten Fallen tappen, würden wir uns der so notwendigen wie fruchtbaren gruppeninternen wissenschaftlichen Auseinandersetzung berauben. Wir brauchen diese Diskussion besonders, weil viele der friedenswissenschaftlichen Projekte überhaupt nicht anders als interdisziplinär sich durchführen lassen und deshalb mit besonders interessanten wissenschaftlichen Schwierigkeiten behaftet sind, die ohne eine konstruktive Kritik oft noch nicht einmal in Form eines Problembewußtseins begriffen werden können[22].

---

21 C.F. v. *Weizsäcker* (Hg.), Kriegsfolgen und Kriegsverhütung, München 1971; Horst *Afheldt et al.*, Durch Kriegsverhütung zum Krieg? München 1972.

22 Vgl. z.B. Klaus *Horn*, „Interdisziplinäre und Transfer-Schwierigkeiten in der Friedensforschung (Arbeitstitel). Formuliert anläßlich des Buches ‚Aggression und Schule' in der Reihe: Geschichtsmodelle zur Friedenserziehung, hrsg. von Christel Küpper (Kösel-Verlag), München 1974." Erscheint in: Friedensanalysen 5, 1977.

Erster Teil:

Wirtschaftliche Funktionen der Rüstung in der BRD

Ulrich Albrecht

Analyseebenen und Forschungsaufgaben bei der Untersuchung der politisch-ökonomischen Funktionen von Rüstung am Beispiel von Arbeitsmarkt- und Strukturpolitik*

Vorbemerkung

Die nachfolgenden Ausführungen sind als Thesen konzipiert. Diese Streitsätze beanspruchen nicht, ihrem Gegenstand „gerecht" zu werden. Vielmehr sollen einige – hoffentlich nicht nur nach der Auffassung des Verfassers – schwache Punkte in der Entwicklung der einschlägigen Forschung etwas schärfer ins Licht der Diskussion gerückt werden. Selbstverständlich gelten die kritischen Anmerkungen auch für meine eigene Arbeit.

Die Vorgabe des Themas bedingt einen relativ starken innenpolitischen Bezug. Bei aller Pauschalität der folgenden Thesen ist somit über die außenpolitische Theoriebildung, über vergleichende Studien zur Rüstungsdynamik oder zur aktuellen Konferenzdiplomatie nichts gesagt.

Die Ausführungen gliedern sich in drei Hauptteile. Nach einer knappen Erhellung der aktuellen Relevanz des Themas (I) folgt eine Betrachtung von Versuchen zur Theorie der politischen Ökonomie in der Bundesrepublik und deren mögiche Implikationen für die Friedensforschung (II). Im dritten Teil werden neuere Entwicklungen in der engeren Diskussion der Friedensforschung, besonders zum „militärisch-industriellen Komplex", kritisiert und mit aktuellen Anforderungen an die Friedensforschung konfrontiert (III).

I.

Statt differenzierter akademischer Erörterungen zur allgemeinen Relevanz oder gar akuten Bedeutung des Themas möchte ich an den Anfang das Hilfeersuchen eines Betriebsrates vom Januar 1974 stellen. Der Betrieb „Verwertchemie", zum Konzern Dynamit Nobel gehörig und ausschließlich für die Rüstung tätig sowie in einer besonderen strukturschwachen Region Niedersachsens gelegen, war von einer Belegschaft von ursprünglich 1900 Man binnen weniger Jahre bis auf 800 Beschäftigte geschrumpft worden. Der Betriebsrat schreibt an die Abgeordneten des Bundestages:

> „Die Belegschaft der Verwertchemie Liebenau, vertreten durch ihren Betriebsrat, wendet sich heute mit der Bitte an Sie:
>
> Helfen Sie mit, mit allen Ihnen zur Verfügung stehenden Mitteln, die Arbeitsplätze dieses Werkes zu erhalten!

* Für kritische Kommentare und Verbesserungsvorschläge danke ich Dieter Senghaas und Lothar Brock.

Von der Leistungsfähigkeit des Werkes mit seinen technischen Einrichtungen und von seinen Mitarbeitern, werden Sie sich heute überzeugen können. Sie werden erkennen, daß sich kaum eine andere Anlage in der Bundesrepublik für eine derartige Produktion so gut eignet, wie unser Werk in Liebenau.

Wir liegen weit ab von anderen industriellen Arbeitsmöglichkeiten. 60–80 km bis Bremen oder Hannover wären schon eine erhebliche Zumutung für einen Weg zu einer neuen Arbeitsstelle! Andere Arbeitsmöglichkeiten sind hier, zwischen Heide und Moor, kaum noch vorhanden ...

Eine weitere Schrumpfung ist kaum noch möglich, da dann die Rentabilität der Anlagen nicht mehr gegeben ist und die Schließung des gesamten Werkes angedroht wurde. Dies bei einer gerade erfolgten Stillegung eines Unternehmens in der Kreisstadt Nienburg, wo eine weitere Schließung einer Fabrik bevorstehen könnte. Von den wirtschaftlichen Konsequenzen der umliegenden Gemeinden ganz abgesehen, fragen wir uns:

Müssen wir hier zum Armenhaus Niedersachsens werden?

Betriebsrat und Belegschaft der Verwertchemie glauben, daß unser Berücksichtigung der strukturellen Lage Liebenaus auch bei der bekannten angespannten Haushaltslage des Bundes, der ja unser einziger Auftraggeber ist, sich Möglichkeiten für ein Weiterbestehen dieses Werkes finden lassen müßten!"[1]

II. Der Bezug auf andere Theoriebildungsversuche

Die gesellschaftswissenschaftliche Theoriebildung ist im vergangenen Jahrzehnt in der Bundesrepublik zumindest quantitativ bemerkenswert fruchtbar gewesen. Die Debatte der bald die Oberhand gewinnenden kritischen Richtung, mit ihren vielfältigen Anknüpfungsversuchen an Marx (für die Zwecke dieses Beitrags hinreichend mit dem vagen Ausdruck „Neue Linke" zusammenfaßbar) konzentrierte sich rasch auf die Erhellung der Rolle des Staates in der kapitalistischen Gesellschaft. Da hierbei auch und besonders Rüstung thematisiert wurde, könnte man zu dem Eindruck gelangen, daß sich für die Friedens- und Konfliktforschung interessante Vorgaben anbieten, die theoretisch innovative Schritte ermöglichen.

Aus einer Reihe von Gründen kann von dieser Verbindung zwischen der Diskussion der Neuen Linken und den Bemühungen der Friedensforschung kaum die Rede sein. Ich sehe die Gründe weniger darin, daß das vorfindliche Theorieangebot in sich selber disparat und häufig nicht durchgearbeitet vorliegt. (In der Debatte über den ökonomischen Bezug zwischen Staat und Rüstung stehen seit langem etwa die Surplus-Vernichtungsthese von Baran/Sweezy[2] und die völlig gegenteilige Ansicht der Theorie vom staatsmonopolistischen Kapitalismus gegeneinander.) Skepsis ist vielmehr aufgrund von vier Tatbeständen bei diesem Theorieangebot angebracht:

1. Die Staatsdiskussion selber, so wie sie an westdeutschen Hochschulen geführt wird, erscheint mir im großen und ganzen als wenig tragfähig, aus folgenden Gründen:

1.1. Mit einem ungenauen, scheinbar an Marx angelehnten Kapitalbegriff wird eine einfache Finalisierung der Staatstätigkeit vorgeführt. Die Marxsche Formen-

---

1 *Betriebsrat*, Gesellschaft mit beschränkter Haftung zur Verwertung chemischer Erzeugnisse, Liebenau, Resolution v. 4.1.74 (d. Verf. als Kopie überlassen)

2 P.A. *Baran*, P.M. *Sweezy*, Monopolkapital, dt. Frankfurt 1967. Die Autoren sehen in der „massiven Surplusabsorbierung durch militärische Planungen" nichts weniger als den „Schlüssel zur Geschichte der amerikanischen Nachkriegswirtschaft" (S. 152)

analyse – Kapital als wesentliches Element von Produktion – wird umstandslos im Unternehmer personifiziert, ohne daß die vielfältigen methodischen Implikationen solcher Vereinfachungen auch nur gesehen werden.[3]

1.2. Parallel wird bei der Anführung von „Staatsfunktionen" mit einem i.d.R. nicht präzisierten Funktionsbegriff gearbeitet. Die Rede von „Staats*funktionen*" (statt etwa Staats*aufgaben*) deutet an, daß ein politisches und ökonomisches System eng aufeinander bezogen gesehen werden, und zwar sehr häufig mit einem recht platten funktionalistischen Grundmodell, welches als Ausgangspunkt weiterer Realanalysen ungeeignet ist.[4]

1.3. Diese sogenannten „Staatsfunktionen" werden schließlich einfach enumerativ aufgehäuft. Der Gipfel analytischer Leistung scheint in der Selbstperspektive erklommen, wenn es gelungen ist, die Staatsfunktionen in einer neuen Rekordzahl aufzugliedern. Nur wenige Autoren machen sich überhaupt die Mühe des nächsten Schrittes, diese Staatsfunktionen logisch zu hierarchisieren. Am gelungensten weil logisch durchgängigsten erscheint mir noch auf dieser Ebene der Ansatz der Heidelberger Gruppe Bräunlich/Schlotter/Schmidt zur theoretischen Erhellung der Rüstungsvorgänge.[5]

2. Das Empirieverständnis sowohl einer Vielzahl der der allgemeinen linken Diskussion zuzuordnenden Autoren als auch kritischer Friedensforscher löst Rückfragen aus. Der Bezug zwischen Empire und Theoriebildung wird schlicht darin gesehen, daß erstere die letztere stützt. In der Praxis kommen dann Texte heraus, bei denen sich das Zuordnungsverhältnis als Prinzip der Wäscheleine karikieren läßt: der abstrakt-scholastischen Staats- oder Rüstungsdiskussion als in sich ebenso durchgängigem Strang wie einer Wäscheleine werden Empiriestücke wie die Wäsche angeklammert. Weder bedarf der abstrakte Argumentationsstrang, um konkludent zu sein, dieser Anklammerungen, noch wird die Empirie durch das Argument erhellt.

---

3 Eine Liste entsprechender Belegstellen läßt sich unschwer beginnen, mit Anspruch auf Repräsentativität aber kaum beenden. Selbst in so differenzierten Texten wie von E. *Altvater* (Thesen zum Staatsinterventionismus, in: *Probleme des Klassenkampfes*, H 3/72, etwa S. 16 f.; der Text ähnlich auch in: Zu einigen Problemen des ‚Krisenmanagements' in M. *Jänicke* (Hg.), Herrschaft und Krise, Opladen 1973, S. 176) wird das Kapital übergangslos zum handelnden Akteur; diesen Text paraphrasierend vielzählige epigonale Äußerungen. Altvater meint in bemerkenswerter Weise selber, daß „vielen linken Kritikern zwar nicht das Wort, wohl aber der Begriff des Kapitals fehlt" (Thesen..., S. 50).

4 Erwartungsgemäß dürften die so Kritisierten mit Entrüstung auf den Hinweis reagieren, sie stünden theoretisch und methodisch dem Funktionalismus nahe. Um den Ansatzpunkt der Polemik präziser zu fassen: mit dieser Aussage sind keineswegs differenzierte Ansätze zur Staatstheorie gemeint, wie sie besonders *Offe* und *Hirsch* vorgelegt haben, wohl aber die sich gern auf derartige Autoren berufenden Schreiber, welche sich empirisch mit Rüstungsfragen befassen.

5 Diese kommen nach einer gründlichen Untersuchung der verschiedenen sozio-ökonomischen Funktionen,die sich der Rüstung zuschreiben lassen, zu dem Schluß, daß „sich die Bevorzugung von Rüstungspolitik durch den Staatsapparat und deren andauernd gleichbleibende Bedeutung dadurch erklären (läßt), daß mit der Rüstungspolitik sämtliche dieser staatlichen Funktionen zumindest teilweise erfüllt wären." Gerhard *Bräunling*/Peter *Schlotter*/Manfred *Schmidt*, Rüstungsproduktion und Rüstungspolitik in der BRD, unveröff. Manuskript, Heidelberg 1973, S. 3. Dieses Manuskript geht auf umfangreiche Vorarbeiten der Autoren zurück.

3. Wenn in solchen konfigurativ-spekulativen Texten auf die Rüstung eingegangen wird, so häufig – von moralischer Empörung getragen – in einer maximalistischen Weise, die zum Schluß alles Handeln des Staates in Rüstung münden läßt.[6] An diesem Punkt zeigt sich die ansonsten hierzulande heftig kritisierte Stamokap-Diskussion in der DDR differenzierter.[7] Wichtiger ist, daß in der sozialistischen Tradition schon Rosa Luxemburg aufgezeigt hat, daß die Militarisierung der Ökonomie ein struktureller und kein lediglich quantitativer Vorgang sei.[8]

Von Seiten der Friedensforschung wird dem ein in gleicher Weise blinder Maximalismus entgegengesetzt, der etwa mit quantitativen Hinweisen die enorme Bedeutung seines Gegenstandes erweisen will (und es häufig bei diesem Schritt beläßt), oder aber vom Vorrang des Militärs etwa in der Forschung redet.[9] So verständlich die Eingenommenheit des Forschers von seinem Gegenstand sein mag – der Friedensforschung förderlich ist sie sicher nicht.

4. Als unzureichend, um direkt benutzt werden zu können, erweist sich im allgemeinen die „linke Debatte" besonders beim Bezugspunkt Rüstung aufgrund ihres gebrochenen Verhältnisses zur eigenen Geschichte. Es ist schon bemerkenswert, daß etwa die Gewalttheorie von Friedrich Engels im *Anti-Dühring* oder auch die rüstungsökonomischen Arbeiten von Rosa Luxemburg in diesen Kreisen praktisch vergessen sind. So realitätsbezogene Schriften wie August Bebels Kostenvergleich zwischen stehendem Heer und Volksheer finden sich allenfalls in Berichten der Wehrstrukturkommission des Bundesverteidigungsministeriums erwähnt[10], nicht aber in Texten der Neuen Linken oder gar der noch neueren Friedensforschung.

Auch zwischen verschiedenen Theoriepositionen vermittelnde Ansätze, etwa die systemtheoretisch belehrende Planungsdiskussion auf politökonomischer Basis durch Ronge und Schmieg, erweisen sich in Bezug auf das Phänomen Militär als be-

---

6 Als Kronzeuge sei hier wiederum Altvater benannt, der meint, „daß der staatlich vermittelte Rüstungs- und Militärbereich *alle anderen gesellschaftlichen Bereiche und alle anderen Einzelkapitale* zu überwuchern tendiert" (Thesen..., a.a.O., S. 39, Hervorhebung U.A.). Auf empirischer Seite finden sich entsprechende Maximalrechnungen etwa über den Umfang der Bonner Militärausgaben. Die höchsten mir bekannten Zahlen stammen von der Militarismus-Kommission des Kommunistischen Bundes Gruppe Hamburg, Rüstungsausgaben der BRD, in: *Arbeiterkampf*, Jg. 3, Nr. 35, 1973.

7 Vgl.: „Der Bonner Haushalt ist eben nicht nur, wie es manchmal in unserer Literatur formuliert wird, ein Rüstungshaushalt" (R. *Zieschang* in: *Gündel/Heininger/Heß/Zieschang*, Zur Theorie des staatsmonopolistischen Kapitalismus, Berlin-DDR 1967, S. 31). Diesen Hinweis verdanke ich *Ronge/Schmieg* (Restriktionen politischer Planung, S. 237), die allerdings aus der gelegentlichen Überbewertung der Rüstung gleich folgern, daß dieser Bereich immer überschätzt würde.

8 Zum strukturellen Argument bei Luxemburg vgl. neuerdings die Darstellung von (Pseudonym) *Georg Lee*, Rosa Luxemburg and the Impact of Imperialism in: *The Economic Journal*, No. 324 (Dec. 1971), vol. 81, S. 847 ff.

9 Wiederum als vergleichsweise differenzierter Text in Bezug auf Forschungsausgaben etwa M. Leitenberg, The Conversion Potential of Military Research and Development Expenditures, in: *Bulletin of Peace Proposals*, vol. 5 (1974) S. 79: „Every conceivable branch and subdiscipline of science is drawn in" (Hv. i. Orig.)

10 Vgl. den Beitrag von *W. Wette* in der Dokumentation von: *Wehrstruktur-Kommission der Bundesregierung*, Die Wehrstruktur in der Bundesrepublik Deutschland. Analyse und Option, Bericht an die Bundesregierung, Bonn 1972, S. 343

eindruckend unsicher. Ronge und Schmieg „klammern den in jeder Hinsicht besonderen Fall der Verteidigungs- oder Rüstungsplanung aus"[11], ohne Begründung für dieses Vorgehen (die semantische Unsicherheit, die sie von „Verteidigungs- oder Rüstungsplanung" sprechen läßt, dürfte ein weiteres Indiz sein). Dies ist umso stärker hervorzuheben, als die Autoren mit ihrer Haushaltstheorie etwa „die prinzipielle und zwingende Multifunktionalität des staatlichen Haushaltes nachzuweisen versuchen, die eine eindeutige Zuordnung oder Etikettierung als ‚Rüstungshaushalt' ... nicht zuläßt."[12] Die kritische Zurechtweisung von Rüstungsanalytikern mag an sich berechtigt sein, nur gewinnt die Gegenthese angesichts fühlbarer Schwächen in den Einzelheiten kaum an Überzeugungskraft. Über Preise von Rüstungswaren äußern Ronge/Schmieg etwa:

> „Über die Preisentwicklung in diesen Branchen der Rüstungsindustrien (Fahrzeugbau, U.A.) liegen, schon wegen der immer noch hohen Quote an Rüstungsimporten, keine verläßlichen Angaben vor."[13]

Im Apparat räumen die Autoren ein, daß ihnen keinerlei Angaben über Rüstungspreise bekannt sind (das regierungsamtliche *Weißbuch* enthält immerhin eine Reihe von Angaben), so daß offen bleibt, woher die Bestimmung „verläßlich" der Preisangaben kommen soll. Von Volkswirten sind in neuerer Zeit eher spezifische Untersuchungen vorgelegt worden, die den Tatbestand gut illustrieren. Eine umfangreiche Serie von Statistiken, vom Rheinischen Institut für Wirtschaftsforschung 1972 vorgelegt[14], enthält Zeitreihen von mehr als einem Dutzend Jahren mit Aufschlüsselungen etwa über die Verteilung militärischer Käufe auf alle Branchen oder die Gebietskörperschaften, eine hervorragende Materialbasis für kritische Analysen mithin. Diese wird augenscheinlich ebenso übersehen, wie die Urheber sich scheuen, ihre Ergebnisse analytisch in irgend befriedigender Weise zu nutzen[15]. Auch analytisch elaborierte Materialien, etwa die Studie von Zimmermann über „Regionale Wirkungen der Beschaffungsausgaben im Verteidigungshaushalt"[16] mit interessanten methodischen Ansätzen und Hilfsmitteln, sind von der Friedensforschung praktisch unbeachtet geblieben.

Dies erscheint umso bemerkenswerter, als Strategien zur Konversion der Ökonomie nach allgemeiner Übereinstimmung den Kernpunkt der Abrüstungsproblematik abgeben. Die als Voraussetzung eingebrachte Überzeugung, die Ökonomie im Kapitalismus sei ohne sonderliche Probleme auf geminderte Rüstungsproduktion umstellbar, bedarf jedoch zumindest im Verfahren der analytischen Absicherung. Und zur Einleitung von Konversionsstrategien sind sicher detaillierte Kenntnisse der Ökonomie und der Stellung der militärischen Produktion darin vonnöten, wie sie die häufig als „bürgerlich" apostrophierten Fachökonomen vorlegen.

11 Ronge/Schmieg, a.a.O., S. 13

12 Ebenda, S. 237

13 Ebenda, S. 207

14 Johann *Komarnicki*/Karl-Herbert *Neuhaus*, Der Staatssektor in der Input-Output-Rechnung, Berlin 1972

15 Den Ergebnissen zufolge dominiert 1972 der Sektor Straßen- und Luftfahrzeugbau, gefolgt vom Baugewerbe und der Elektrobranche. An vierter Stelle der Großhandel.

16 in: Horst *Zimmermann*, Öffentliche Ausgaben und Regionale Wirtschaftsentwicklung, Basel und Tübingen 1970, S. 113 ff

III. Aktuelle Anforderungen an die Friedensforschung

Das Interesse an den spezifischen ökonomischen Grundlagen scheint unter Friedensforschern abzunehmen, auch und gerade weil sich das Interesse auf das Paradigma vom militärisch-industriellen Komplex verlagert hat. Krippendorff hatte 1968 noch einen anderen Auftakt gegeben:

> „Um nicht in der gesellschaftskritischen Negation steckenzubleiben, wird gerade der ökonomische Zugang zur Friedensforschung gesamtgesellschaftliche Modelle zu entwickeln haben, die eine Volkswirtschaft ohne den bisher anscheinend unverzichtbaren Stimulus von Rüstungswirtschaft und finanzierter Grundlagenforschung konzipiert; der populäre und allenfalls propagandistisch effektive Hinweis auf die mögliche schlichte Umfunktionalisierung von Forschung, Entwicklung und Investition der Öffentlichen Hand in Sektoren wie Erziehung, Hygiene, Kommunikationswesen und sozialstaatliche Maßnahmen aller Art erweist sich aufgrund der bereits vorliegenden Studien als naiv und wegen seiner Naivität als potentiell sogar gefährlich, indem uneinlösbare Erwartungen im Umschlag nur Resignation bis Zynismus produzieren."[17]

Hatte Vilmar in seinem „Entwurf einer Systematik Kritischer Friedensforschung" 1971 noch unter dem Hauptpunkt „Rüstungswirtschaftliche Interessen im Spätkapitalismus" vorrangig Beschäftigungspolitik und Strukturpolitik genannt[18], so tauchen diese Kategorien in der umfangreichen „Neuen Bibliographie zur Friedensforschung" von Scharffenorth und Huber 1973 gar nicht mehr auf; an ihrer Stelle ist ausschließlich vom „militärisch-industriellen Komplex" die Rede.[19] Prüft man die Literaturlisten, so fehlen diese Kategorien zu Recht: es gibt im fraglichen Zeitraum keine einzige einschlägige Arbeit in der neueren westdeutschen Friedensforschung.

Die Diskussion ist nach wie vor bei der verdienstvollen, aber lediglich sekundäranalytischen (US-Literatur auswertend) bzw. spekulativ argumentierenden Arbeit von Vilmar sowie der nachfolgenden Studie von Möller/Vilmar stehengeblieben, während die empirische Aufarbeitung der wirtschaftlichen Bedeutung der Rüstung noch immer von den seit mehreren Jahren vorliegenden Arbeiten von Eike Hennig, Gerhard Brandt und Rainer Rilling geprägt ist.[20]

Dieser Tatbestand wirft zwei Fragen auf: 1. ob die Ersetzung der Kategorien durch das Paradigma von „militärisch-industriellen Komplex" tatsächlich ein analytisch ungleich ergiebigeres Feld erschlossen hat; wenn die erste Frage negativ beantwortet wird, was 2. an Entfaltungen zur Füllung dieser Grundprobleme erforderlich scheint.

---

17 Ekkehart *Krippendorff* (Hg.), Friedensforschung, Köln u. Berlin 1968, Einleitung S. 20

18 Fritz *Vilmar*, Systematischer Entwurf zur Kritischen Friedensforschung, in: Dieter *Senghaas* (Hg.), Kritische Friedensforschung, Frankfurt 1971, S. 364/5

19 Gerta *Scharffenorth* u. Wolfgang *Huber*, Neue Bibiographie zur Friedensforschung, Stuttgart und München 1973. Siehe neuerdings Carola Bielfeldt, Rüstungsausgaben und Staatsinterventionismus, Diss. Frankfurt am Main 1976

20 Fritz *Vilmar*, Rüstung und Abrüstung im Spätkapitalismus, letzte Auflage Hamburg 1973, erfaßt Daten bis zum Jahre 1967. Walter *Möller*/Fritz *Vilmar*, Sozialistische Friedenspolitik für Europa, Hamburg 1972; Eike *Hennig*, Die Rüstungsgesellschaft und ihre Kosten, in: E. *Krippendorff* (Hg.), a.a.O. (S. Anm. 17). Gerhard *Brandt*, Rüstung und Wirtschaft in der Bundesrepublik, Witten und Berlin 1966; Rainer *Rilling*, Kriegsforschung und Vernichtungswissenschaft in der BRD, Köln 1970. Als hervorzuhebende Ausnahme sei neuerdings auf die Arbeiten von Carola *Bielfeldt* verwiesen, vgl. die Einleitung zum vorliegenden Band S. 000.

1. Zum Paradigma vom „militärisch-industriellen Komplex"

Inhalt[21] und US-amerikanische Herkunft[22] des Paradigma sind hinreichend bekannt, so daß an dieser Stelle unmittelbar eine Evaluierung dieses Konzeptes und seiner Folgen vorgenommen werden kann.

Als erstes beeindruckt, wie wenig hierzulande die eifrigen Benutzer des Paradigmas die spezifische Füllung dieses analytischen Konzeptes durch die Vorbenutzer kennen und respektieren. Neben dem in der Bundesrepublik gängigen Inhalt, der vor allem von Senghaas geprägt wurde[23], gibt es mindestens zwei sehr verschiedene inhaltliche Füllungen, die in ihrer theoretischen Basis unverbunden nebeneinander stehen und einander ausschließen. Die ältere kommt mitsamt dem Begriff aus den USA und verdankt sich der einflußtheoretischen Diskussion, wie sie vor allem von Merton geprägt wurde.[24] Hier ist das Paradigma vom MIK zunächst ein spezieller elitetheoretischer Ansatz (speziell, weil einem bestimmten Gegenstandsbereich zugeordnet), der die „power elites" von Mills nur schwer als Ableitung verleugnet. Als zweiten Herkunftsstrang weist es Bezüge zu einer vagen Strukturtheorie auf (es handelt sich ja um das Paradigma eines „Komplexes"). Vielleicht ist mancher von der Mitteilung überrascht, daß diese Abkunft dem Paradigma weder einen materialistischen noch einen sozialistischen oder auch nur kritischen Inhalt beigegeben hat. Bester Ausweis ist, daß sich diese leere Begriffshülse beliebig verlängern läßt, ohne ausgedünnt zu werden: ähnlich wie bei der scholastischen Aufteilerei der „Staatsfunktionen" wird hin und wieder schon vom „Military-industrial-university-complex", vom „Military-medical ..." usf. geredet.

1969 sprach die Spitzengestalt der östlichen Hemisphäre, Parteisekretär Leonid Breschnjew, in einer vollständig anderen Weise vom „Militärisch-industriellen Komplex": „In den höchstentwickelten kapitalistischen Ländern wächst schnell der Einfluß des sogenannten militärisch-industriellen Komplexes, das heißt des Bündnisses der größten Monopole mit der Militärclique im Staatsapparat. Dieses unheilvolle Bündnis übt einen wachsenden Einfluß auf die Politik vieler imperialistischer Staaten aus, macht sie noch reaktionärer und aggressiver."[25]

---

21 Ich habe mich definitorisch versucht in: *U. Albrecht* u.a., Durch Kooperation zum Frieden? München 1974, S. 155 (Stichwort Militärisch-Industrieller Komplex)

22 Zur Herkunft vor allem Seymour *Melman*, Pentagon Capitalism, New York u.a. 1970. Melman meint, daß Eisenhower nicht nur in seiner Abschiedsrede den Begriff geprägt, sondern den MIK 1945 selber ins Leben gerufen habe.

23 Dieter *Senghaas*, Rüstung und Militarismus, Frankfurt 1972

24 Vgl. vor allem die Ausführungen von Jerome *Slater*, u. Terry *Nardin*, The Concept of a Military-Industrial Complex, in: S. *Rosen* (Hg.), Testing the Theory of the Military-Industrial Complex, Lexington, Mass. u.a. 1973, S. 27–57, sowie auf deutsch Monika *Medick*, Das Konzept des ‚Military-Industrial Complex' als Instrument der Analyse innergesellschaftlicher und außenpolitischer Phänomene und das Problem einer Theorie demokratischer Kontrolle, verv. Man., Hessische Stiftung Friedens- und Konfliktforschung 1973, und Hans-Dieter *Meier*, Der Militärisch-industrielle Komplex, in: *Neue Politische Literatur* 3/1972, S. 321–346.

25 L.I. *Breschnew*, Für die Festigung des Zusammenschlusses der Kommunisten – für einen neuen Aufschwung des antiimperialistischen Kampfes. Internationale Beratung der kommunistischen und Arbeiterparteien in Moskau 1969, Dokumentband 1969, S. 10

Auch wenn deutlich ist, daß sowjetischerseits der Begriff aus den USA rezipiert wird, so erhält er doch einen völlig anderen Inhalt. Kernelemente einer Inhaltsbestimmung sind die Begriffe vom Monopol und vom Bündnis, beides der herrschenden US-amerikanischen Sozialwissenschaft, um es vorsichtig auszudrücken, sehr fremde Ansätze. In der Entfaltung und Anwendung dieses Konzeptes vom „militärisch-industriellen Komplex" auf kapitalistische Länder, auf die Bundesrepublik vor allem durch DDR-Autoren[26], wird sichtbar, daß es sich hauptsächlich um eine Modifikation der Monopoltheorie handelt, deren politische Zielrichtung unverkennbar ist.

Heute ist wohl nicht mehr auszumachen, auf welche Weise das Paradigma vom militärisch-industriellen Komplex in die westdeutsche Sozialwissenschaft und Friedensforschung gelangt ist. Da der Begriff erst nach den ersten DDR-Schriften in der Bundesrepublik rezipiert wird, ist es gut möglich, daß die teilweise stark an DDR-Literatur orientierte Diskussion der Neuen Linken dem Paradigma hierzulande zum Durchbruch verholfen hat, und nicht der an sich regelmäßig funktionierende Transfer US-amerikanischer Sozialwissenschaft Ursache für den Aufstieg dieses Begriffes ist.[27] Der inhaltlichen Füllung nach finden sich sowohl (in der Mehrzahl) an der Monopoltheorie orientierte Schriften westdeutscher Autoren zum MIK, wie auch augenscheinlich von der US-amerikanischen Verwendungsweise geprägte Studien.

Daneben und zur weiteren Verwirrung läßt sich eine dritte Variante von MIK-Definitionen feststellen, die breite Beachtung gefunden zu haben scheint. Sie wurde von Senghaas[28] vorgenommen. Senghaas geht es zunächst um eine Erweiterung des Militarismus-Begriffes, für die er das MIK-Paradigma benutzt:

---

26 So etwa in dem in großer Auflage verbreiteten Buch des *Instituts für Gesellschaftswissenschaften beim ZK der SED*, Der Imperialismus der BRD, Berlin DDR 1972: Zur präziseren Erörterung vgl. etwa die unter der Leitung des mehrfach in dieser Richtung hervorgetretenen Klaus *Engelhardt* entstandene *DWI-Forschungsheft 3/71*, Militär-Industrie-Komplex in der BRD, Berlin DDR 1971.

27 Diese als sachliche Feststellung (und nicht als Wertung) gemeinte Passage hat im *Berliner Extradienst* (Nr. 83 v. 15.10.1974, S. 11) zu einem gründlichen Mißverständnis mit recht hemmungsloser Polemik geführt: „Da ist beispielsweise der Begriff des ‚militärisch-industriellen Komplexes' (MIK), wie er sich in den vergangenen Jahren zunehmend zur Bezeichnung der unheiligen Allianz von Konzernherren, Militärs und bourgeoisen Politikern eingebürgert hat. Es handelt sich um einen brauchbaren Begriff, der präzisiert und durch empirische Studien erhärtet (sic!) werden könnte. Der Westberliner FU-Professor Albrecht beschritt freilich den umgekehrten Weg: Er bekrittelte, daß der Begriff zu vieldeutig und damit verschwommen sei. Er stellte ein ‚Paradigma' dar, eine ‚Begriffshülse' mit einer ‚chamäleonhaften Vielfalt des Inhalts', der ‚zumindest in der wissenschaftlichen Forschung durch tiefergreifende und weiterführende Konzepte zu ersetzen' sei.

Warum dieses plötzliche Unbehagen am Begriff des MIK? Albrecht gab selbst die Antwort darauf, indem er meinte, daß der ursprünglich der US-Politologie entstammende Begriff ‚angesichts des von der Neuen Linken ausgeübten Theoriedrucks' eine ‚monopoltheoretische Färbung' erhalten habe. Er bedauerte offenbar, ‚daß die teilweise stark an DDR-Literatur orientierte Diskussion der Neuen Linken dem Paradigma zum Durchbruch verholfen hat und nicht der an sich regelmäßig funktionierende Transfer US-amerikanischer Sozialwissenschaft'."? (U.A.)

28 Vgl. vor allem *Rustung und Militarismus*, a.a.O. (s. Anm. 23)

„Der entscheidende Punkt für die Erklärung wachsender Militarisierung in der gegenwärtigen Welt besteht wohl darin, daß trotz existierender und zunehmender Repressionsinstrumente, trotz des Einsatzes von Drohpolitik und der Verfolgung von Erzwingungsstrategien zur Stabilisierung des Status quo ‚der Abbröckelungsprozeß an Loyalitäten' weitergeht und seinerseits wiederum verstärkt Rückkoppelungseffekte auf Droh- und Repressionsmaschinerien ausübt."[29]

Für die Definition des „militärisch-industriellen Komplexes" gilt nach Senghaas:

„Ein angemessenes analytisches Modell muß von dem empirischen Tatbestand ausgehen, daß die Eskalation des amerikanischen Rüstungskomplexes in den vergangenen zwanzig Jahren und vor allem nach 1960 viele Ursachen hatte, wie auch der Rüstungskomplex viele Funktionen erfüllt. *Das einfache, von den Sozialwissenschaften immer noch angewendete Kausalitätsmodell von unabhängigen, intervenierenden und abhängigen Variablen versagt angesichts konfigurativer Kausalität: angesichts der vielen Dimensionen, der vielfachen Ursachen und der Fülle von propagierten Zwecken und realen Funktionen von Rüstung* zu einem bestimmten Zeitpunkt und erst recht in verschiedenen Zeitabschnitten. Der amerikanische Rüstungskomplex wird, meiner These zufolge, durch eine *Redundanz* von Ursachen und Funktionen am Leben erhalten. Er ist in diesem Sinne als *überdeterminiertes Subsystem* der amerikanischen Gesellschaft und ihres politischen Systems zu charakterisieren."[30]

Formal klassifiziert handelt es sich bei dieser Aussage wie bei den amerikanischen Interpretationen um eine strukturell-funktional orientierte These, die vergleichsweise vorsichtig eingebracht wird („besteht *wohl* darin"), und die besonders um sozialpsychologische Elemente angereichert ist.

Ich halte es nicht für zweckmäßig, sich lange darüber zu streiten, welche der divergenten Interpretationen des Paradigmas vom Militär-Industrie-Kompex die für die Friedensforschung in der Bundesrepublik analytisch fruchtbarste ist.[31] Zweckmäßig wäre es, diese Begriffshülse und alle Versuche, ihre Attribute in der Wirklichkeit der Bundesrepublik zu verifizieren, schlicht fallenzulassen. Ich kann mir nicht (mehr) vorstellen, daß das Paradigma vom Militärisch-industriellen Komplex geeignet sein soll, etwa über Arbeitsplatz- und Branchenstrukturen im Rüstungsbereich der Bundesrepublik Tragfähiges[32] auszusagen.

Nicht bestritten werden soll, daß das Paradigma vom militärisch-industriellen Komplex in der Bundesrepublik eine Debatte ausgelöst hat, die in ihrer Breite und Intensität wohl kaum vorhersehbar war, und die augenscheinlich auch zur Politisie-

29 Ebd., S. 25

30 Ebd., S. 316 (Hervorhebungen von Senghaas)

31 Eine Wertung der konkurrierenden Inhalte läßt sich Äußerungen Dritter durchaus entnehmen. Das Bundesministerium der Verteidigung hält den Begriff für augenscheinlich so gefährlich, daß es ihn im Verteidigungsweißbuch für in Westdeutschland nicht vorfindbar erklärt: „Einen militärisch-industriellen Komplex gibt es nicht." (*Weißbuch 1973/1974 zur Sicherheit der Bundesrepublik Deutschland und zur Entwicklung der Bundeswehr,* Hg. Bundesminister der Verteidigung, Bonn 1974, S. 180). Die verwendeten Bestimmungskriterien („von einer Abhängigkeit der deutschen Wirtschaft von Rüstungsaufträgen [kann] nicht die Rede sein" sowie „der Anteil der Rüstungsproduktion an der Gesamtproduktion der deutschen Wirtschaft" ebd.) verdeutlichen, daß das Verteidigungsministerium sich vor allem gegen die monopoltheoretische Füllung des Begriffes wehrt.

32 Die Ursache liegt weniger darin, daß hierzulande Studien vom Informationsgehalt etwa der Untersuchung Richard F. *Kaufmans*, The War Profiteers, Indianapolis u. New York 1970 (dazu Meier, a.a.O., S. 328 f.) nicht als möglich und durchführbar erscheinen, sondern daß – einmal unterstellt, die Daten wären beschaffbar – das analytische Konzept selber nicht für Konversionen instrumentierbare Ergebnisse oder auch nur transparente Branchenstrukturen vorstellen könnte.

rung der Friedensforschung wie der anderen Diskussionsinteressenten beigetragen hat. Es ist aber m.E. notwendig, zu erkennen, daß damit eine Etappe der Entwicklung erreicht ist und daß es nunmehr darauf ankommt, gewisse Paradigmen zumindest in der wissenschaftlichen Forschung durch tiefergreifende und weiterführende Konzepte zu ersetzen. Will Friedensforschung auch konkrete Rüstungsminderungsforschung sein, so wird sie auch wissenschaftliches „Schwarzbrot" erzeugen müssen, wie es etwa die Untersuchung der Beschäftigungs- und Strukturpolitik im Zusammenhang mit Rüstung ist.

Es ist allerdings auch nicht schwer, sich zu erklären, warum das Paradigma vom militärisch-industriellen Komplex trotz dieser Unzulänglichkeiten so beliebt ist. Die chamäleonhafte Vielfalt des Inhaltes hat manchen Vorzug: gegenüber den amtlichen Förderern der Friedensforschung läßt sich besonders die amerikanische Deutung hervorheben; angesichts des von der Neuen Linken ausgeübten Theoriedruckes und der Forderung nach politischer Stellungnahme können die Friedensforscher andererseits mit der monopoltheoretischen Färbung des Paradigmas hantieren, und schließlich genügt das Paradigma hervorragend den selbstgestellten Forderungen nach methodischer Komplexität. Nur für die Friedens- und Konfliktforschung analytisch und praktisch ergiebig ist es leider nicht mehr.

Die mangelnde Ergiebigkeit des Paradigmas für die Forschung aufgrund seiner Routinisierung spricht allerdings nicht gegen die weitere Verwendung in der politischen Auseinandersetzung. Da der Begriff vom „militärisch-industriellen Komplex" trotz seiner Vagheit eine enorme Bekanntheit und Wirkung in der Politik und bei kritischen Gruppen verschiedenster Coleur gewonnen hat, mag er in diesen Bereichen weiter auch von Wissenschaftlern genutzt werden – im politischen Manövrierfeld läßt sich ein eingefahrenes Paradigma vermutlich weitaus schwerer ersetzen als in der akademischen Debatte.

2. Aufgaben künftiger Forschung

These a: „Der Aufbau von Rüstungsproduktion und Militärbürokratie gilt überall in der Welt geradezu als Wachstumsbremse." (*Der Spiegel*, Nr. 33/72, S. 52)

These b: „Seit jeder Zerstörer, jedes Flugzeug, jede Kanone und Rakete zu einem großen Teil aus Elektronik besteht, sind auch Produzenten von Weckeruhren Rüstungsfabrikanten – und nutzen, selbstverständlich, ihre Chance. Vollbeschäftigung und (ziemlich) allgemeiner Wohlstand fordern einstweilen noch immer ihre Preise: die Umwelt geht drauf, und mancher Farbferseh-Apparat kann nur gekauft werden, weil sich das Firmenmanagement auf die Entwicklung und Produktion von Instrumenten für Zerstörung und Krieg eingelassen hat." (*Der Spiegel*, Nr. 28/72, S. 3)

Das Bemerkenswerte an diesen beiden in Millionenauflage verbreiteten Aussagen ist nicht, daß ein Nachrichtenblatt binnen weniger Wochen über die gesamtwirtschaftliche Bedeutung der Rüstung einander ausschließende Positionen vertritt.[33] Die beiden gegensätzlichen Aussagen geben vielmehr die innerhalb der Friedensforschung vorherrschenden Meinungen wieder. Eine „optimistische" Richtung, die be-

33 Das Zitat aus Nr. 28 stammt immerhin von der Verlagsleitung, die in einer „Hausmitteilung" auf diese Weise eine Titelgeschichte über „Geschäft mit der Rüstung" ankündigte.

sonders unter Fachökonomen Anhänger hat, bekennt sich zur These a[34]. Für sie ist die Umstellung auf nicht militärische Produktion, auch bei Rüstungsminderungen bescheidenen Ausmaßes, allenfalls ein organisatorisches Problem. Die gesamtwirtschaftliche Verträglichkeit einer solchen Umstellung halten sie für selbstverständlich gegeben; sie ist skeptisch allenfalls in Bezug auf die besten „funktionalen Äquivalente" für Rüstung in (nichtgeplanten) kapitalistischen Wirtschaften.[35]

Die Anhänger von These b sind innerhalb der Friedensforschung in der Regel mit fundamentaler Kritik befaßt. Die Zivilisierung der militärischen Produktion ist für diese „pessimistischere" Richtung zumindest ein Vorgang, der die öffentlichen Ressourcen längerfristig erheblich anspannt, und der wahrscheinlich anstelle von Rüstung andere „Vergeudungsproduktionen" notwendig machen würde. Beschäftigungs- und strukturpolitische Schritte des Staatsapparates zur Umstellung von Rüstungsproduktion dürften diesem Argument zufolge mit ähnlich großen Opportunitätskosten belastet sein, wie sie die Rüstungsproduktion selber erfordert.

Fragt man nach den Begründungen für beide Thesen, so stellt sich heraus, daß sie innerhalb der Wissenschaft (nicht nur der Friedensforschung) kaum besser begründet sind als in den eingangs angeführten Pressezitaten. Parteigänger der These a) appellieren entweder an die Evidenz ihrer Auffassung (und verraten damit eine bestimmte Auffassung von der Gesellschaft), oder setzen den Gültigkeitsanspruch einfach axiomatisch. Aber auch die Skeptiker der These b) haben kaum empirisch substanziierte Ausführungen für ihre Ansicht vorgelegt.

Diese Bewertung wird Protest hervorrufen. Zum Nachweis gerade der positiven Effekte einer Rüstungsumstellung auf die Beschäftigungslage sind methodisch mit Mitteln der input-output-Rechnung sehr elaborierte Untersuchungen vorgelegt worden, zwar nicht für die Bundesrepublik, aber für die USA und etwa Finnland[36]. Aus methodischen Gründen bleiben diese Untersuchungen bislang im schlechten Sinne akademisch: das erwähnte Verfahren erlaubt nur die Untersuchung einer der wirtschaftspolitischen Leitgrößen, der Beschäftigung, und dies auch nur unter realitätsfernen ceteris-paribus-Klauseln. Würde man nach anderen gleichzeitig mit einer Rüstungsminderung ablaufenden Prozessen fragen, etwa der Geldwertentwicklung, der außenwirtschaftlichen Verträglichkeit, dem gesamtwirtschaftlichen Wachstum – so gibt es bislang nicht einmal vage Vorstellungen, wie diese wissenschaftlich unter-

---

34 Belege habe ich in einem Beitrag in: H. Streiter-*Buscher*, Der geplante Frieden, Bergisch-Gladbach 1972, zusammengestellt.

35 Zur Fragestellung der „systemimmanenten funktionalen Äquivalente" in der Bundesrepublik siehe die Skizze von Carola *Bielfeldt*/Dieter *Senghaas*, Kann die BRD abrüsten?, in: *Leviathan* 3/1973.

36 Gemeint ist vor allem die Arbeit von W.W. *Leontieff* u. M. *Hoffenberg*, The Economic Effects of Disarmament in: *Scientific American*, vol. 204, April 1961, S. 47–55. Die finnischen Ergebnisse sind auf englisch zugänglich bei: Pertti *Joeniemi*, An Analysis of the economic consequences of Disarmament in Finnland, in: *Peace Research Society Papers, XIII, The Copenhagen Converence 1969*, S. 29–46. In den USA haben konversionsstrategische Untersuchungen in neurer Zeit zumindest erheblich an Umfang gewonnen, vergl. etwa die von Seymour *Melman* herausgegebene fünfbändige Serie *Conversion of Industry from a Military to a Civilian Economy*, New York 1970/1971. Trotz mancher Stärken (etwa des Beitrags von *Boulding* über die Verträglichkeit einer Umstellung) scheint mir, daß der zentrale Einwand nicht wesentlich aufgehoben ist.

sucht werden könnten. Fehlen Forschungsstrategien zur Erhellung der Bewegung solcher wirtschaftspolitischer Einzelzielvorstellungen bei Rüstungsminderungen, so ist erst recht keine Aussage über die wechselseitigen Bezüge, den komplexen Verbund dieser Prozesse möglich.

Man könnte an dieser Stelle einwenden, daß der Ausfall von Forschungsstrategien zu den einzelnen wirtschaftspolitischen Kategorien seinen Grund darin habe, daß es weder eine akzeptierte Theorie des wirtschaftlichen Wachstums, noch eine Inflationstheorie oder Außenwirtschaftstheorie vom geforderten Status gibt. Die Friedensforschung sei überfordert, wolle sie von ihrem partiellen Erkenntnisinteresse her Fragen lösen, die die wirtschaftswissenschaftliche Forschung bislang nicht hat befriedigend klären können.

Dem ist entgegen zu halten, daß es nicht um geschlossene Theoriegebäude zu den genannten Aspekten geht. Theoreme mit beschränkter analytischer Reichweite, die zur Erhellung praktischer Konsequenzen von Rüstungsminderungen dienen könnten, erscheinen als durchaus bildbar. Zudem ist darauf zu verweisen, daß es eine Reihe historischer Rüstungsminderungsvorgänge gibt, die sachdienlich empirisch untersucht werden könnten. Eine Vorgabe gesellschaftlicher Prioritäten (Verhältnis zur Inflationsentwicklung; forschungspolitische Argumentation, Arbeitsplatzsicherung) dürfte ungleich fruchtbarer sein als der Versuch, in systematischer und abstrakt analysierender Weise Ergebnisse sozialwissenschaftlicher Forschung auf diesem Felde zu stimulieren.

Die Friedensforschung in der Bundesrepublik ist auf derartige Aufgaben praktisch nicht eingegangen. Weder wurden von Seiten der Förderer Forschungsimpulse gesetzt, die etwa der Arbeitsplatzproblematik in der Rüstung gegolten hätten, noch wendete sich das freie Forschungsinteresse von Wissenschaftlern diesem Bereich zu. Verschiedene Ansätze und vorliegende Teilergebnisse jüngeren Datums werden in aller Regel in archaischer Manier von Einzelpersonen gefertigt, häufig genug von jüngeren Kollegen etwa als Doktorarbeiten.[37] Nichts gegen diese Versuche – die interdisziplinär komponierten, multivariaten und multikausalen Theorien, die etwa Senghaas gefordert hat, können sie aber gar nicht ins Leben rufen[38]. Zur Bildung übergreifender Arbeitsverbände oder aber zur Herstellung elaborierter Studien (wissenschaftlichen „Schwarzbrotes") haben sich die Friedensforscher in der Regel nicht bereit gefunden. Aussagen aus der Rüstungsadministration über die Abrüstbarkeit der westdeutschen Wirtschaft bleiben so noch heute differenzierter als die pauschalen Statements der einschlägigen Forschung[39].

---

37 Zu nennen ist hier neben den erwähnten Arbeiten von C. *Bielfeldt* und *Bräunling/Schlotter/Schmidt* (vgl. Anm. 5): Peter Schlotter, Rüstungspolitik in der BRD – die Beispiele Starfighter und Phantom, Frankfurt 1975.

38 Dieter *Senghaas*, Kompositionsprobleme in der Friedensforschung, in: *ders.* (Hg.) Kritische Friedensforschung, a.a.O.

39 Vgl. etwa die branchenmäßig differenzierenden Aussagen im sog. Bode-Gutachten, (H.G. *Bode*, Gutachten zur Vergabe von Aufträgen und zur Vertragsgestaltung im Bereich der Rüstung, Bonn 1970) oder auch Einzelfeststellungen in den regierungsamtlichen Verteidigungsweißbüchern.

Die überaus deutliche Schwäche der Friedensforschung gegenüber dem Themengebiet Wirtschaft und Rüstung ist augenscheinlich auch nicht personalpolitisch in dem Sinne zu erklären, daß die Friedensforschung in der Bundesrepublik Domäne der Politischen Wissenschaft geblieben ist und nur wenige Fachökonomen Zugang zu ihr fanden. Auch bei engen politikwissenschaftlichen Fragestellungen lassen sich parallele Beobachtungen machen. Dies fängt bei der institutionenkundlichen Untersuchung an: die Studie von Heribert Schatz[40] über den Verteidigungsausschuß mit interessanten methodischen Elementen hat keine Nachahmer gefunden, obwohl etwa der mehrfach in der Literatur berührte „Rüstungswirtschaftliche Arbeitskreis" (RAK) im Bundesverteidigungsministerium oder auch die organisationstechnischen Innovationen in der Militäradministration ein solch elaboriertes Untersuchungsverfahren nahegelegt hätten. Auch Fallstudien größeren Umfangs, ein anderes etabliertes Untersuchungsverfahren, sind in neuerer Zeit nicht vorgelegt worden. Die angekündigten „Waffenbiografien"[41] und andere etwa am politischen Entscheidungsprozeß orientierte Studien würden andererseits zum Thema Beschäftigungs- und Strukturpolitik wesentliches beitragen können.

Ebenso ist die methodische Ebene der Perzeptionsanalyse (wie sehen und bewerten Handlungsträger in der Rüstungsproduktion Rüstungsminderungen?), soweit mir bekannt, nur von einem US-Amerikaner als Außenseiter in der Bundesrepublik versucht worden.[42]

Sieht man von Vilmars Pionierarbeit ab, so herrscht im sozialwissenschaftlichen Bereich über die voraussichtlichen Implikationen nichtökonomischer Art für Rüstungsminderungen und die verbundenen Reallokationsprozesse ein allgemeines Defizit. Die engagierten Politikwissenschaftler haben sich an eine Erhellung auch nur der Vorbedingungen für Rüstungsumstellungen, an die Anforderungen an administratives Handeln und politische Planung, mit wissenschaftlich begründeten Aussagen bislang nicht gewagt.[43]

Das Fazit dieser Betrachtung, etwa als Antwort auf das eingangs zitierte Hilfeersuchen der Belegschaft eines Rüstungsbetriebes formuliert, bleibt vorerst deprimierend. Von den Friedensforschern kann der Betriebsrat keine Ratschläge oder auch nur Hinweise erhalten, wie sein Problem praktisch angegangen werden müßte. Rüstungsminderungsforschung, bezogen auf den binnenwirtschaftlichen Aspekt, ist die Friedensforschung in der Bundesrepublik kaum gewesen.

---

40 Heribert *Schatz*, Der Parlamentarische Entscheidungsprozeß. Bedingungen der verteidigungspolitischen Willensbildung im Deutschen Bundestag. Meisenheim am Glan 1970.

41 *Hessische Stiftung Friedens- und Konfliktforschung*, Mitteilungen, Nr. 2, Frankfurt 1972 (vervielf. Manuskript). Soweit zu sehen, sind lediglich von Senghaas anhand US-amerikanischer Studien „Waffenbiografien" sekundär analytisch aufbereitet worden; für die Bundesrepublik stehen bis auf die Arbeit von Schlotter entsprechende Untersuchungen aus.

42 Bernhard *Udis*, Professor f. Wirtschaftswiss. a.d. Univers. Boulder/Col., hat eine entsprechende Untersuchung i.d. Bundesrepublik durchgeführt. Vgl. *Berghof-Stiftung für Konfliktforschung GmbH*, Information Nr. 1, München 1973, S. 10.

43 Allgemeine Überlegungen finden sich außer in dem erwähnten Beitrag von *Bielfeldt/Senghaas* noch von letzterem in: Wissenschaft und Frieden, Hg. vom *Internationalen Institut für den Frieden*, Wien, Nr. 3 (September 1974), etwa zur Beschleunigung von Innovationszyklen der Rüstung im Laufe der Geschichte.

Die Ursache dafür ist meiner Meinung nach komplizierter Natur. Sicher gilt keine Einzelursache (Beispiel: Faulheit), schon gar nicht in mystifizierender Variante (mir wurde mal gesagt, die Friedensforscher hätten ihre Identität noch nicht gefunden). Eine der Wurzeln des Übels meine ich in der Vorliebe für Paradigmen und deren Differenzierung zu sehen. Forschungspragmatisch und in der Außenwirkung haben derartige Paradigmen sicherlich ihren Wert, nur sind sie eben kaum direkt praktisch-politisch instrumentierbar, besonders wenn sie gehörig elaboriert werden. Die theoretisch zunächst durchaus einleuchtend angesetzte Konzeption von den Spezialitäten der Friedensforschung in ihrem Theorie- und Praxisbezug muß mit Realanalysen durchgehalten werden. Das eifrige Schielen nach allgemeiner sozialwissenschaftlicher Reputation wird den Friedensforschern noch stets die falschen Brillen bescheren.

Unstreitig dürfte weiter sein, daß auch die Friedensforschung ihren Praxisbezug sorgfältiger reflektieren muß. Sicher hat sie auch als abstrakter Betrieb einen gewissen Wert außerhalb der Forschung (die Organisation von Einsicht auf einer Makroebene etwa gegenüber den vielfältigen Informationen aus dem empirischen Bereich). Ihrem Anspruch genügen würde Friedensforschung jedoch erst, wenn sie ihre Distanz zur Realität nicht herkömmlich als Problem von „Übersetzung" von in sich selbst hinreichender Theorie, als die überall vorfindliche Lücke zwischen „Paradigmen" und politisch-instrumentierbarem Bereich begreifen würde.

Kurt P. Tudyka

Rüstung und multinationale Konzerne

Einige Anmerkungen zur Analyse rüstungswirtschaftlicher Konzentration

Das Thema Rüstung und multinationale Konzerne (mnK) ist schon einige Male in empirisch fundierten Analysen behandelt worden.[1] Eine nochmalige faktische Darstellung müßte sich im großen und ganzen in einer Wiederholung erschöpfen. Unter Bezug auf diese Arbeiten ist es jetzt notwendig, die dort vorausgesetzten Prämissen, gebrauchten Interpretationen und gezogenen Schlußfolgerungen auf ihren theoretischen Gehalt zu hinterfragen. Zunächst sollen die dargestellten Zusammenhänge von Rüstung und mnK klassifiziert werden, um eine Übersicht der Problematik zu gewinnen.

1. Dreierlei Typen im empirischen Befund

Die Verknüpfung von Rüstung und mnK läßt sich verschieden aufweisen; auf einer noch betont empirischen Analyseebene sind drei Typen unterscheidbar.

(a) Die größten Konzerne der BRD ebenso wie der USA, Großbritanniens, Frankreichs u.a., die gewöhnlich auch mnK sind, lassen sich Aufträge aus den Rüstungshaushalten nicht entgehen. Von den größten westdeutschen mnK ist bekannt, daß sie am Aufbau und Unterhalt der Bundeswehr mit erheblichen Lieferungen mitgewirkt haben.[2] Sieht man von der chemischen Industrie ab, dann gehören sie zur Spitzengruppe der Auftragsempfänger.[3] Für die Vereinigten Staaten ist bei je branchenspezifischen Akzentunterschieden und unter Herausarbeitung vierer dabei auftretender Typen im wesentlichen eine Korrelation zwischen Größe, Auslands- und Rüstungsanteil der Konzerne ermittelt worden.[4]

(b) Einen zweiten Typ bieten jene Rüstungskonzerne, also jene spezifischen Unternehmen der „Wehrtechnik", die auch Fertigung, Montage oder Lizenzproduk-

---

1 Vor allem jüngst durch Ulrich *Albrecht*, Transnationale Rüstungs-Konzerne in Westeuropa, in: *Leviathan* Nr. 1, 1974, S. 81–127, worauf sich vor allem dieser Beitrag bezieht; ferner Jonathan *Galloway*, The Military-Industrial Linkages of US-Based Multinational Corporations, in: *International Studies Quarterly*, December 1972, Vol. 16, No. 4, S. 491–510; Mary *Kaldor*, Der allmähliche Aufbau eines europäischen militärisch-industriellen Komplexes, in diesem Band; weitere Literaturangaben in den genannten Beiträgen.

2 Vgl. z.B. die Angaben bei Rainer *Rilling*, Kriegsforschung und Vernichtungswissenschaft in der BRD, Köln 1970, S. 27–80; S. 125–153.

3 Vgl. Fred *Schmid*, Der Militär-Industrie-Komplex, Frankfurt/M. 1972, S. 94–130; Klaus *Grossner*, Ein militärisch-industrieller Komplex in der BRD? in: Richard J. *Barnet*, Der amerikanische Rüstungswahn oder die Ökonomie des Todes, Hamburg 1971, S. 133–137.

4 Jonathan *Galloway*, a.a.O. S. 493.

tion im Ausland haben.[5] Folgt man einer im weiteren Sinne gebrauchten Definition des Begriffs „multinationale Unternehmung", dann gehören zu dieser Gruppe auch jene Firmen mit hohem Exportanteil.[6]

(c) Einen dritten Typ, der sich freilich aus den beiden vorangegangenen ergibt, stellt endlich die aus verschiedenerlei Motiven durch die Staatsapparate geförderte Rüstungskooperation dar, die zu international verflochtenen Planungs-, Entwicklungs- und Produktionsgemeinschaften von nationalen Rüstungsunternehmen führte.[7] Ihre Gründung hat sich seit Anfang der sechziger Jahre in Westeuropa gehäuft[8]. Es handelt sich vor allem um Flugtechnik, also Hubschrauber, Triebwerke, Raketen u.a. mit Zubehör, auch Panzer und Geschütze sind dabei. Einige dieser Gründungen haben einen eigenen Firmentitel erhalten[9], andere bestehen nur als Kooperationsabkommen ohne eigene Gesellschaft.

2. Eine besondere Konzentrationstendenz?

Die unter die beiden ersten Typen fallenden Konzentrations- und Zentralisationserscheinungen stellen einen Fall unter vielen anderen in der allgemeinen gleichgerichteten Tendenz zur Unternehmenskonzentration und -zentralisation dar. Es soll hier außer Betracht bleiben, ob die Rüstungsausgaben in einer früheren Periode einen Konzentrationsschub bewirkten, also einen Konzentrationsfaktor sui generis bildeten.[10] Anders scheinen die unter dem dritten Typ bezeichneten Verhältnisse zu liegen. Der Hinweis auf die aktive Rolle der Staatsapparate bei der Initiierung der Kooperationsabkommen macht das plausibel[11], andererseits erscheint das Resultat dieser aktiven Rolle gering oder zweifelhaft, was der Kooperation in der „Wehrtechnik" wiederum im Verhältnis zur allgemeinen Konzentration ihren Sonderstatus nimmt. Endlich handelt es sich hier zumindest gegenwärtig um einen kleinen Ausschnitt aus dem Rüstungsmarkt und selbst der Konzentrationsgrad ist dort auch nicht höher als auf spezifischen „zivilen" Märkten.

---

5 Vgl. dazu die Angaben bei Peter *Lock*, Rüstungsexport und militärische Ausbildungshilfe, in: Studiengruppe Militärpolitik (Hg.), Ein Anti-Weißbuch, Hamburg 1974, S. 131 ff.

6 Vgl. dazu Helga *Haftendorn*, Militärhilfe und Rüstungsexport der BRD, Düsseldorf 1971; Ulrich *Albrecht*, Der Handel mit Waffen, München 1971; *ders.*, Politik und Waffengeschäft, München 1972; *ders.* mit Birgit A. *Sommer*, Deutsche Waffen für die Dritte Welt, Hamburg 1972.

7 Dazu insbesondere Ulrich *Albrecht*, Transnationale ... a.a.O. (s. Anm. 1), ferner Mary *Kaldor*, a.a.O. (s. Anm. 1).

8 1962:2; 1963:5; 1964:2; 1965:3; 1966:3; 1967:1; 1968:1; 1969:7; 1970:1. Angaben nach Ulrich *Albrecht*, Transnationale ... a.a.O. (s. Anm. 1)

9 Insgesamt zehn, berechnet nach U. *Albrecht*, Transnationale ... a.a.O. (s. Anm. 1).

10 Dazu H.D. *Klingemann*, Wirtschaftliche und soziale Probleme der Auf- und Abrüstung in: Rene *König* (Hg.): Beiträge zur Militärsoziologie. Sonderheft 12/1968 der Kölner *Zeitschrift für Soziologie und Sozialpsychologie*.

11 So U. *Albrecht*, Transnationale ... a.a.O. (s. Anm. 1) S. 81: „Durch eine neuartige Konvergenz der rüstungswirtschaftlichen Bestrebungen westeuropäischer Regierungsapparate mit der transnationalen Orientierung der großen Industrie hat diese in Ansätzen lange in die Geschichte verfolgbare Entwicklung eine wirksame Förderung erfahren."

Aus allgemeinen Erwägungen läßt sich also keine besondere Tendenz zur Konzentration in der Rüstungswirtschaft ableiten. Vermutlich würde eine empirische Konzentrationsanalyse hohe und im Zeitablauf steigende Kozentrationsraten konstatieren, falls sie sich für ausgewählte Rüstungsproduktionssektoren bzw. -gruppen überhaupt durchführen ließe. Ein anschließender Vergleich mit der – mit welcher? – zivilen Produktion, der Aussagen über höhere oder niedrigere Konzentrationsraten in der Rüstungswirtschaft bzw. in der Zivilwirtschaft erlaubt, dürfte methodisch nicht lösbare Probleme bieten. Freilich kann man sich auf die triviale Formel beschränken, daß bestimmte Waren für bestimmte Kunden immer nur wieder von bestimmten Herstellern geliefert werden. Das gilt allerdings vom Maßanzug bis zum Kraftwerk für jede Produktion auf Bestellung. Fazit dieser Überlegungen ist die These: Der Konzentrationsgrad der Rüstungsproduktion unterscheidet sich nicht von dem in der anderen Produktion. Die Konzentrationstendenzen der Rüstungswirtschaft sind ein Teil der allgemeinen.

3. Transnationale Produktion oder nationalistische Konkurrenz?

Unabhängig ob und in welcher Weise der Kooperation der Rüstungswirtschaft eine Sonderstellung eingeräumt wird: eine Reihe von Folgerungen, die aus den Konzentrations- und Zentralisationstendenzen gezogen werden, gleichen jenen, die die Literatur über mnK im allgemeinen beherrschen. Das soll zunächst am Beispiel der Analyse von Ulrich Albrecht gezeigt werden, um eine Bezugsgrundlage für die folgende Erörterung zu haben.

Albrecht konstatiert einen „transnationalen Kapitalismus", einen Begriff, den er „wegen des Penetrationseffektes" wählt. Die Änderung der „Kapitalreproduktion" löste die „nationalstaatliche Substanz" auf. Die großen Unternehmungen verlören ihre „nationale Identität", sie entglitten „verstärkt Kontrollversuchen der national instrumentierten gesellschaftlich-politischen Systeme". Die multinationalen Rüstungskonzerne bemühten sich „ihren Einfluß global auszudehnen". Es bilde sich ein „militärisch-industrielles Gesamtgefüge", ein „europäischer militär-industrieller Komplex" (M. Kaldor). Dabei etabliere sich zugleich ein „Herrschaftsgefälle":

> „Vergleichbar dem Verlust an Autonomie in der allgemeinen Warenproduktion, unterläuft die Entwicklung der Rüstungsökonomie die Unabhängigkeit und Selbständigkeit kleinerer nationaler Militärapparate – gewichtige Attribute von Souveränität im Selbstverständnis westeuropäischer Staatsauffassung." (S. 82)

Als Ergebnis des „transnationalen Kapitalismus" sieht Albrecht schließlich:

> „Rivalitäten und Wettbewerb finden dann nicht mehr unter den Produzenten (sic! K.P.T.), sondern unter den um die Versorgung ihrer Militärapparate bemühten Regierungsbürokratien statt" (S. 99)

An anderer Stelle meint Albrecht allerdings:

> „Die Transnationalisierung der Rüstungsfertigung zeugt mithin nicht von einer neuen, kooperativ geprägten Phase im Wettbewerb der Produzenten, sondern ist im Gegenteil Beleg für eine neue, verschärfte Stufe der Konkurrenz" (S. 88)

und noch einmal in anderen Worten:

„Ferner ist anzumerken, daß die transnationalen Produktionsverbände den Rüstungsfirmen zu einer verschärften Austragung ihrer Rivalitäten auf einer neuen Ebene dienen ... Nicht nur Rivalitäten von Wirtschaftsunternehmen, auch an die nationalstaatlichen Systeme gebundene politische Eifersüchteleien und Ängste um Überfremdung und Penetration durch andere westeuropäische Staaten werden durch die Transnationalisierung auf eine neue Ebene gebracht." (S. 94 f.)

Diese Zitate belegen Widersprüche und damit Unsicherheit in der Interpretation der Fakten. Die gebrauchten Begriffe sind deshalb nicht zufällig unverständlich. Wenn Albrecht behauptet, daß für die von ihm analysierten „Bestrebungen ... im allgemeinen Produktionsbereich ein Äquivalent fehlt" (S. 82), so gilt das keineswegs für seine Analyse.

Was ist „transnationaler Kapitalismus"? Der jüngste Bruder der organisierten, geplanten, formierten, staatsmonopolistischen, Neo-, Spät-, Monopol-, Vergeudungs- und Staats-Kapitalismen? Ist es die Gesellschaftsformation der „Überfremdung", „Auflösung der nationalstaatlichen Substanz" und des „Verlustes nationaler Identität"?

Kapitalismus ist ein System, das auf dem Privateigentum an den Produktionsmitteln (in Händen der Bourgeoisie) und der Ausbeutung der Arbeiter mit dem Ziel höchstmöglicher Profitmaximierung beruht. Insofern ist Kapitalismus und Kapital als gesellschaftliches Verhältnis a-national und als Einzelkapital war es auch schon stets „transnational". Schon 1848 beobachteten Engels und Marx in der bekannten Passage des Manifestes, daß die Bourgeoisie über den Weltmarkt die Produktion und Konsumption aller Länder „kosmopolitisch" gestaltet habe.[12] In einer kategorialen Bestimmung des Kapitalbegriffes erklärte Marx später, daß in ihm unmittelbar schon die Tendenz, den Weltmarkt zu schaffen,gegeben ist.[13] Der Begriff „transnationaler Kapitalismus" ist also pleonastisch. Wer verliert „nationale Identität" und wird „überfremdet"? Die mnK haben den nationalen Charakter der Bourgeoisie nicht verändert. Trotz aller ihrer geographischen Expansion und Verflechtung sind sie national zu identifizieren, gerade auch in den wenigen Fällen formaler Binationalität. Auf der anderen Seite stehen die Kapitalisten, deren individuelle Selbständigkeit aufgehoben wird, vor ihrer Enteignung durch andere, d.h. vor einem Prozeß der „Verwandlung vieler kleiner in wenige größere Kapitale".[14] Das ist das Ergebnis der Konkurrenz unter der Bedingung einer Entwicklung der kapitalistischen Produktionsweise, durch die der Minimalumfang des Einzelkapitals wächst. Der Ausgang des Zweiten Weltkrieges hat diese Bedingungen begünstigt. Was sich einerseits als „Transnationalisierung", andererseits als „Überfremdung" und beiderseits als „Penetration" versteht – zusammen mit „nationalem Identitätsverlust" und anderen Ideologismen der Betroffenheit von Kleinkapitalisten –, das ist nur der Erfolg der jeweils im Konkurrenzkampf überlegeneren Bourgeoisie einer bestimmbaren nationalen Provenienz.

Welche „nationalstaatliche Substanz" geht verloren und welchen „Kontrollversuchen" entgleiten „verstärkt" die großen Konzerne? Die kapitalistische Produk-

12 MEW 4, 466 f.
13 Grundrisse der Kritik der Politischen Ökonomie, Berlin 1953, S. 311
14 MEW 23, 654

tionsweise schuf sich ihren Weltmarkt und die Verflechtung mit der Weltwirtschaft verstärkte sich mit ihrer Entfaltung. Der „Verlust nationalstaatlicher Substanz" ist also das Kainsmal kapitalistischer Gesellschaftsformation und das Bewußtsein dafür ist angesichts einer Krise gegenwärtig wieder stärker geworden. Das Wort von den schwächer werdenden Kontrollen über die Konzerne suggeriert die Existenz solcher Maßnahmen oder „Versuche". Selbst die These der schwächer werdenden Möglichkeiten dazu ist falsch. Die Arbeiter von LIP haben sich die Kontrolle nicht durch die internationale Verflechtung „ihres" Unternehmens nehmen lassen. Gerade umgekehrt war sie ein taktisches Vehikel für den verstärkten Kampf um Arbeiterkontrolle. Umgekehrt sind die mnK der Kontrolle der Unidad Popular Chiles nicht „entglitten", sondern die Bourgeoisie hat sie konterrevolutionär zurückerobert.

Zwischen wem besteht ein „Herrschaftsgefälle"? Unbestritten ist es in den Beziehungen zwischen den Klassen einer Gesellschaft auszumachen. Doch beherrscht die westdeutsche Bourgeoisie die holländische oder ist es vielmehr nicht so, daß zwischen ihnen ein Konkurrenzverhältnis besteht?

Noch ein Wort zu dem als „Gefüge" germanisierten und dadurch nicht minder komplex gewordenen, altgedienten Amerikanismus des militär-industriellen Komplexes. Dieser Sammelsurium-Name gewinnt nicht an Tiefe mit seiner Übertragung auf westeuropäische Verhältnisse. Er ist selbst erklärungsbedürftig und nicht selbsterklärend.

Nach dieser kursorischen Darstellung und noch kursorischeren Kritik an Prämissen, Interpretationsmustern und Schlußfolgerungen einer nur dafür exemplarisch gewählten Untersuchung der Organisation von Rüstungsproduktion in den Ländern Westeuropas stellt sich erst recht das Desideratum einer ausgebreiteten kritisch-kategorialen Analyse. Sie hätte entsprechend den vorausgegangenen Überlegungen von der Prämisse auszugehen, daß die Rüstungsindustrie keinen besonderen Sektor darstellt, sondern sich innerhalb der allgemeinen kapitalistischen Produktion bewegt.[15]

15 Vgl. dazu die Kontroverse zwischen Ernest *Mandel*, Der Spätkapitalismus, Frankfurt 1972, S. 255–288 insbes. 279 und Paul *Mattick*, Kritik der Neomarxisten, Frankfurt 1974, S. 176–179.

Mary Kaldor

Der allmähliche Aufbau eines europäischen Militärisch-Industriellen Komplexes*

Potentiell besitzen die europäischen Nationen alle Attribute, von denen man annimmt, daß sie militärische Macht vermitteln. Zusammen geben sie soviel für Verteidigung aus wie die SU[1] und unterhalten ebensoviele Truppen wie die USA. Sie verfügen über hochspezialisierte industrielle Rüstungskapazitäten, mit denen interkontinentale Raketen, atomgetriebene raketenbestückte Unterseeboote und Flugzeugträger produziert werden können (die die SU noch nicht gebaut hat). Auf einigen Gebieten der Waffentechnologie sind sie weiter fortgeschritten als jede der beiden Supermächte. Sie liefern außerdem große Mengen von Waffen an die Streitkräfte außerhalb Europas. 1973 verkauften allein England und Frankreich Waffen im Wert von drei Milliarden Dollar.

Aber führende europäische Politiker wie Jobert beschreiben Europa als „abgerüstet", und amerikanische wie Schlesinger beklagen sich über die Unzulänglichkeit der europäischen Verteidigungsanstrengungen. Das glänzende militärische Arsenal Europas ist auf verschiedene nationale Kommandos verteilt, die alle für sich genommen sehr klein sind. Schlesinger würde gern mehr davon in die von den USA dominierte NATO-Struktur, Jobert dagegen in eine unabhängige europäische Verteidigungsstruktur integriert sehen. Es überrascht nicht, daß die europäischen Rüstungsproduzenten Joberts Linie unterstützen, denn darin liegt die einzige Hoffnung für eine profitable Zukunft.

In vieler Hinsicht sind die Entwicklungen im militärischen Bereich Ausdruck der sich verändernden Struktur der europäischen und atlantischen Beziehungen. Die Konflikte wegen der nationalen bzw. supranationalen Souveränität sind zwischen Atlantikern und Gaullisten scharf, die äußeren und inneren Drohungen sind offensichtlich, und der Druck, der von den industriellen Sektoren ausgeht, ist intensiv. Wie die Befürwortung der politischen Integration ist die Befürwortung der militärischen Integration Europas in den letzten zwanzig Jahren unterschiedlich stark gewesen, aber erst kürzlich ist sie zur politischen Orthodoxie geworden. Einige sagen, die strategische Situation sei verändert; sie sprechen von nuklearer Gleichheit, Entspannung und einem neuen amerikanischen Isolationismus. Aber wie im Fall der politischen Integration können stärkere Gründe anderswo gefunden werden. Verän-

---

* "The Onset of an European Military-Industrial-Complex", aus dem Englischen übersetzt von Eva Melzer und Reiner Steinweg

1 Schätzungen der sowjetischen Militärausgaben variieren sehr stark. Nach einigen Zahlen geben die westeuropäischen Nationen mehr aus als die Sowjetunion.

derungen in der Natur der Rüstungsindustrie haben Europa zu einer neuen Verteidigungspolitik getrieben. Es sind diese Veränderungen, die hier genauer betrachtet werden sollen.

1. *Das Wesen der militärischen Produktion*

Die kontinuierliche Auslastung der Rüstungs-Kapazität wurde nach 1945 zu einem ernsthaften Problem. Flugzeugfirmen, ebenso wie die Werften für Kriegsschiffe, hatten im Verlauf des Zweiten Weltkriegs eine enorme Expansion erfahren. Danach wurde die militärische Beschaffung gestoppt und Tausende von Arbeitern wurden in den zivilen Sektor übernommen, aber die Fabriken wurden nicht abgerissen. In England wurden die Waffenproduktionsgesellschaften durch den Export nach Lateinamerika, ferner in die früheren Kolonien im mittleren Osten und auf den indischen Subkontinent unterstützt. In Amerika wurden die Flugzeug-Gesellschaften, die Radar-Gesellschaften wie Raytheon, oder auf Kriegsschiffe spezialisierte Waffenproduzenten reduziert auf einen Kern technischer Anlagen und hoch spezialisierter Ingenieur- und Management-Teams, die vom Fett ihrer Kriegsprofite zehrten. Aber schon 1946 riefen Flugzeug-Gesellschaften nach einer nationalen Luftpolizei mit fester und kontinuierlicher Beschaffung, um die Kapazität für die Produktion von Kriegsflugzeugen zu erhalten.

Die Politik der erneuten Rüstungsexpansion trat mit der NATO, der Wiederbewaffnung und dem Korea-Krieg zutage. Danach sicherten der Kalte Krieg, der Wettlauf zwischen der SU und den USA die Entwicklung dessen, was heute als System der kontinuierlichen Nachfolgeaufträge („the ‚follow-on' system") bekannt ist. Sobald die Arbeit an einem Waffensystem vollendet war, begann die Arbeit an einem anderen, das verbesserte Leistungsdaten („performance characteristics") aufwies – mehr Feuerkraft, größere Geschwindigkeit und Beweglichkeit, bessere Abwehr („protection") oder verbesserte Kommunikation.

Die logische Grundlage für eine neue Waffe beruht auf einer „Analyse des schlimmsten Falls", die grob gesprochen folgendermaßen verlief: um vollständig vorbereitet zu sein, müssen wir annehmen, daß alles,was wir können, auch der Feind kann, und alles,was der Feind kann, wird er tun und gegen uns einsetzen, wenn ihm Gelegenheit dazu geboten wird. Der Versuch, neue Technologien zu entwickeln, um bessere Leistungsdaten zu erreichen, wurde ein Wettlauf zwischen konkurrierenden Produzenten. Mit jedem Vertrag über militärische Produktion stand die Zukunft einer Firma auf dem Spiel, und jede Firma war gezwungen, wachsende Ressourcen für die Entwicklung neuer Waffensysteme zu erschließen. Auf diese Weise spiegelte und verstärkte die Konkurrenz zwischen den Rüstungsproduzenten den militärischen Wettlauf zwischen den Nationen. Gerade so wie die weitere Beschaffung einer schon eingeführten Waffe infolge der Einführung einer neuen Waffe durch einen Feind oder selbst einen Verbündeten überholt sein konnte, so konnte bereits die Entwicklung und Produktion neuer Waffen durch die Erfindung eines Konkurrenten überholt sein. Die industrielle Konkurrenz nährte die Entwicklung militärischer Technologie, die die Basis für den ständigen Rüstungswettlauf darstellte.

Die ständige Verbesserung der Leistungsdaten bedingte eine ständige Zunahme in der Komplexität der Produktion. Immer mehr Leute wurden für Konstruktion, Entwicklung und Erzeugung eines den besonderen Gegebenheiten entsprechenden Waffensystems („individual weapons-system") benötigt. Diese erhöhte Komplexität spiegelte sich in erhöhten Kosten. Ein modernes Jagdflugzeug z.B. kann zwischen sieben- und 320mal soviel kosten wie ein Jagdflugzeug des 2. Weltkriegs. Zum Vergleich: Die Kosten für Arbeit und Rohmaterial sind im Luftfahrt-Sektor nur um das Dreifache gestiegen. Dieselbe Art des Kostenanstiegs, die dieselbe Art von Komplexität spiegelt, findet sich auf der ganzen Skala der Waffensysteme. In den USA folgten größere Anhebungen der Verteidigungsausgaben auf die Einführung neuer Rüstungsgenerationen in den späten vierziger und den späten fünfziger Jahren und fangen an, den Entscheidungen über neue Waffensysteme zu folgen, die in den späten sechziger Jahren getroffen worden sind. Und dies alles schließt selbstverständlich nicht die Raumfahrt-Projekte und die zivilen Großforschungsprojekte („the socalled environmental projects") ein – Transport-Systeme, künstliche Herzen, die Beobachtung der Umweltverschmutzung und ihre Kontrolle, automatisierter Häuserbau – die benutzt worden sind, um die Produktionskapazität der Rüstungsfirmen auszulasten.

In Europa überlebten nur die britische und die schwedische Rüstungsindustrie den Krieg. Anderswo wurde sie während der fünfziger Jahre mit amerikanischer Hilfe wieder aufgebaut. Diese Hilfe war Teil des Wiederaufrüstungsprogramms, das in Europa nach dem Ausbruch des Korea-Krieges in Gang gesetzt wurde. In den frühen sechziger Jahren konnte der französische Sektor des Flugzeugzellenbaus mit dem britischen konkurrieren, und für die Raketen fehlte nicht viel. Deutschland verstand es, eine internationale wettbewerbsfähige Position bei der Produktion von Panzerfahrzeugen, Artillerie und Kriegsschiffen aufzubauen, während Italien berühmt für seine Hubschrauber und leichten Erdkampf-Trainingsflugzeuge wurde. Belgien erreichte eine führende Position bei der Produktion von Schußwaffen; die „Fabrique Nationale" exportiert etwa 90 % ihrer Produktion,und ihr Gewehr gehört zum NATO-Standard. Aber ihre Luftfahrt-Gesellschaft, die SABCA, ist wie die holländische Fokker in die französischen und deutschen Luft- und Raumfahrtsektoren eingegliedert.[2]

Diese Industrien mußten, um ihre Existenzberechtigung nachzuweisen, mit amerikanischen Herstellern konkurrieren. Die Regierungen konnten den Erwerb von Waffen, die im eigenen Land produziert wurden, nur dann rechtfertigen, wenn sie das technologische Niveau jener Waffensysteme hatten, über die Amerika und Rußland verfügten. Ferner stellte sich später heraus, daß die Exporte eine lebensnotwendige Rolle bei der Kapazitätsauslastung spielten. Der Traum jedes europäischen Herstellers war es, einen Teil des großen amerikanischen Marktes zu erobern.

So wurde der militärische Wettlauf auf Europa ausgedehnt. Aber die europäischen Regierungen konnten ihn nicht finanzieren: die verfügbaren Ressourcen waren

2 Fokker fusionierte mit der deutschen Gesellschaft VFW. Die SABCA gehört jetzt gemeinsam Dassault-Breguet und VFW Fokker. Diese sind die ersten transnationalen Luft- und Raumfahrtgesellschaften.

einfach zu klein. (Es zeigt sich, daß selbst die Regierungen der USA und der SU ihre Schwierigkeiten haben.) In einer Periode der Vollbeschäftigung, als die Kommunistenangst nachließ, und als die Kosten der Wohlfahrtsprogramme, die direkt nach dem Krieg eingerichtet wurden, stiegen, war es unmöglich, die militärischen Ausgaben um einen Betrag anzuheben, der für die Sicherung einer stetigen Auslastung – und damit für die Expansion – der Produktionskapazität der Rüstungsgesellschaften ausreichte.

Zwei Lösungsarten boten sich an. Die eine bestand darin, andere Finanzierungsquellen zu finden, d.h. den Markt durch Entdeckung neuer Kunden auszuweiten. Europäische Regierungen unternahmen Schritte, um den Waffenverkauf an fremde Streitkräfte zu fördern und die Umstellung auf die zivilen Produktionssphären zu ermutigen. Die andere Lösung war, das Spektrum der im eigenen Land produzierten Waffen einzuengen. Das bedeutete, daß jedes Land nur wenige Waffensysteme produzieren würde, die in der Lage wären, mit den amerikanischen Gegenstücken zu konkurrieren, und darauf verzichtete, sich im ganzen Spektrum der militärischen Produktion auf die Konkurrenz einzulassen.

Zivile Produktion brachte niemals eine ernsthafte Lösung für das Überkapazitätsproblem außer in den weniger fortgeschrittenen Sektoren wie Fahrzeugbau, wo das Problem am geringsten war. Beim Schiffsbau erwies es sich größtenteils als unökonomisch, Handelsschiffe mit Anlagen zu bauen, die für den Bau von Kriegsschiffen gedacht waren. Und die zivile Luftfahrtindustrie benötigt zunehmend aufwendige Regierungsunterstützung, damit sie mit den Vorteilen ihrer amerikanischen Konkurrenten fertig werden kann: dem großen Binnenmarkt und den gut ausgestatteten Fonds für Militär-Forschung. Die „Concorde" ist hier ein Musterbeispiel. Ihre Entwicklung hat die Regierungen Englands und Frankreichs 2,5 Milliarden Dollar gekostet.

Im Gegensatz dazu erwies es sich als ein bedeutsames Merkmal der europäischen Verteidigungs-Industrien, daß sie sich auf den Export verlegten. Etwa 30 % des englischen und französischen outputs ist für Überseekunden bestimmt, und dieser Anteil ist noch höher im fortgeschrittenen Luft- und Raumfahrtssektor. England ist immer noch beim Export neuer Kriegsschiffe führend. Und die französische Mirage ist das Kampfflugzeug Israels, Südafrikas, der Schweiz, Perus und anderer Luftwaffen in der ganzen Welt.

Dennoch reichen Exporte, mit wenigen Ausnahmen,[3] nicht aus, um die Entwicklung neuer Waffensysteme zu finanzieren. Es ist eine andauernde staatliche Finanzierung erforderlich, wenn die Firmen eine international wettbewerbsfähige Position halten sollen. Mehr noch, die Nachfrage nach Waffen seitens der Dritten-Welt-Länder, die den Hauptteil des englischen und französischen Export-Markts ausmachen, ist einigermaßen unberechenbar und ein Nachlassen der Aufträge kann einen unzeitigen Druck auf die Verteidigungsbudgets bewirken.

3 Sowohl Israel als auch Südafrika haben die Entwicklung der französischen Raketen finanziert. Insbesondere finanzierte Israel die Entwicklung einer Rakete mittlerer Reichweite, von der man sagt, daß sie geeignet sei, nukleare Sprengköpfe zu tragen.

Seit 1965 haben Kriege in Indien und Pakistan, im Nahen Osten und Afrika die Nachfrage nach Waffen genährt und ölreiche Monarchien im Persischen Golf und Militärregimes in Latein-Amerika haben ihre Positionen mit glänzenden Flugzeugen und Panzern aus Frankreich, Italien, Deutschland und England abgestützt. Diese Käufe ermöglichten es europäischen Regierungen, Verteidigungsausgaben konstant zu halten. Aber schon in den späten sechziger Jahren warnten Sprecher der Industrie davor, daß ein Wachstumsverzicht im nationalen Beschaffungssektor die Wettbewerbsfähigkeit der europäischen Rüstungsindustrie in den siebziger Jahren beeinträchtigen könnte. Der französische Verband der Luft- und Raumfahrtproduzenten klagte bereits 1968 darüber, „daß der Niedergang im konventionellen Beschaffungswesen ein Ungleichgewicht in die Aktivitäten unserer Firmen bringen und die Zukunft unserer Industrie kompromittieren könnte zu einer Zeit, zu der verschiedene Länder – Deutschland, Japan, Italien und Indien – sich entschieden haben, ihre aeronautischen Aktivitäten zu entwickeln."[4]

Ihr englisches Gegenstück argumentierte 1971: „Die Industrie kann ihre Exportrolle nur dann kurzfristig aufrecht erhalten, wenn bereits bestehende Großprojekte voll verwirklicht werden und langfristig, wenn eine Entscheidung darüber getroffen wird, daß neue Projekte zum frühest möglichen Moment unterstützt werden."[5] Entsprechend diesen Voraussagen haben die Exporte zu fallen und die europäischen Beschaffungs-Budgets haben, keineswegs überraschend, zu steigen begonnen. Europäische Regierungen spüren die Klemme und suchen zusammen mit der Industrie nach neuen Lösungen.

Die Alternative zur Erschließung neuer Märkte ist, die Expansion der Kapazität aufzuhalten. Das kann dadurch geschehen, daß das Spektrum der Waffensysteme eingeengt wird sowohl hinsichtlich der Entwicklung als auch hinsichtlich der Produktion. Wenn die nationale Selbstversorgung erhalten bleiben soll, und dies ist nach allem das erklärte Ziel einer nationalen Rüstungsproduktion, dann wird dies Konsequenzen für die militärische Strategie haben. Einige militärische Rollen müssen aufgegeben werden, andere, wie eine weitreichende strategische Nuklear-Rolle, können niemals erreicht werden. Wieder andere müssen in einer solchen Weise angepaßt werden, daß sie durch einfache Vielzweck-Waffensysteme ausgeführt werden können. Diese Veränderungen sind kaum populär bei den Militärs und ihren traditionellen Lieferfirmen. Wenn verschiedene Abteilungen der Streitkräfte sich auf ein Waffensystem einigen sollen, müssen sie sich auch auf einen gemeinsamen set von Leistungsdaten, die als Spezifizierungen bekannt sind, einigen. Aber die Firmen tendieren dazu, sich um einzelne Abteilungen der Streitkräfte heraum auszudehnen. So war Breguet in Frankreich eine Firma für Kriegsschiffe, während Dassault die Luftwaffe bediente. Sehr oft auch spiegeln Differenzen über Besonderheiten der Ausrüstung Unterschiede in den Kapazitäten der Produzenten wider, und strategische Differenzen werden in Argumente zur Verteilung von Verträgen übersetzt.

---

4 *L' industrie Aeronautique et Spatiale*, 1967–8, USIS, Assemblee Generale Ordinaire, Rapport du Bureau, Paris, 1968.

5 „A Future Plan for Britain's Aerospace Industry", *Society of British Aerospace Companies*, London, January, 1972.

Angesichts dieser Schwierigkeiten haben die Regierungen am Prozeß der industriellen Reorganisation aktiv mitgewirkt. In England wurde z.B. zwischen 1958 und 1961 die Anzahl der Herstellerfirmen von Flugzeugzellen von sechzehn auf sieben (von denen vier sehr klein waren) und die Anzahl der Flugzeugmotor-Hersteller von neun auf fünf (von denen drei sehr klein waren) reduziert. Die Regierung stellte seinerzeit klar, daß die Vergabe neuer Verträge in Zukunft von der Reorganisation abhängen werde, und tatsächlich wurde der Vertrag für die TSR-2 unter der Bedingung genehmigt, daß Vickers und die English Electric fusionierten; sie vereinigten sich später zur BAC. In den sechziger Jahren machten zwei der kleinen Herstellerfirmen von Flugzeugzellen bankrott, zwei der kleinen Flugzeugmotorfirmen fusionierten, und eine der großen Flugzeugmotorgesellschaften, die Bristol-Siddeley, wurde von der anderen, Rolls Royce, übernommen.

Der gleiche Prozeß fand in anderen europäischen Ländern statt. Heute kann kein einziges europäisches Land mehr als zwei große Hersteller von Flugzeugzellen aufweisen, und die einzigen großen Hersteller von Flugzeugmotoren sind Rolls Royce in England und SNECMA in Frankreich. Wie in England mußte in fast allen Fällen die Regierung intervenieren, um eine Fusionierung zustande zu bringen. Die französische Regierung z.B. verwandte ihre Auftragsgenehmigung für 100 Kampfflugzeuge vom Type Mirage F-1 als Hebel, um ernsthafte Verhandlungen zwischen den beiden Herstellern von Flugzeugzellen, Dassault und Breguet, zu erzwingen. Dafür erhielt die neue Gesellschaft, Dassault-Breguet, exklusive Rechte für Verträge über die Herstellung von französischen Flugzeugzellen mit feststehenden Flügeln. Heute hat dieser inländische Konzentrationsprozeß die nationalen Grenzen erreicht. Zur weiteren Kostensenkung bei militärischen Projekten haben die meisten Regierungen eine Politik transnationaler Zusammenarbeit bei der Entwicklung und Produktion von großen Waffensystemen eingeführt.

2. Transnationale Produktion für den militärischen Bedarf

Die Länder können sich über die Herstellung von militärischer Ausrüstung auf der Basis von transnationaler Zusammenarbeit nur einigen, wenn sie sich auch über den gemeinsamen Bedarf einig sind. Innerhalb Europas wurde ein gemeinsames Versorgungssystem befürwortet, lange bevor die Notwendigkeit einer gemeinsamen Produktion wesentlicher Ausrüstungsgegenstände von den Mitgliedsstaaten akzeptiert wurde. Dennoch zogen sich die Versuche zur Entwicklung gemeinsamer Versorgungssysteme bis in die Mitte der 60er Jahre hin, als es – hauptsächlich außerhalb der NATO – zu einer bedeutenden Aktivierung der Zusammenarbeit kam.

Die NATO ist im Abschluß von Vereinbarungen zur Standardisierung nur erfolgreich gewesen, so weit sie den Interessen der nationalen Industrie nicht zuwider liefen. Die Abschlüsse haben meistens eine relativ kleine Größenordnung, zumindest, wenn man von den Ausgaben ausgeht, und schließen z.B. Vereinbarungen über Einheitspatronen, über Besonderheiten von Motorfahrzeugen oder die Art des zu verwendenden Treibstoffs ein[6]. Die allgemeine Einführung einer gemeinsamen NATO-Beschaffung für komplette Waffensysteme ist jedoch eine andere Angelegenheit. Es hat sich als unmöglich herausgestellt, sich über eine gemeinsame Beschaffung zu einigen, ohne sich auch über eine gemeinsame Produktion zu einigen; dabei aber haben sich die Interessen der europäischen Verteidigungsindustrien, die sich im Konflikt miteinander befinden, als wichtiger Hemmschuh erwiesen. In den 50er Jahren wurde unter dem „Schirm'' der NATO eine Anzahl größerer Produkte initiiert, aber durch keines wurde die Sache der gemeinsamen Beschaffung wirklich vorangetrieben. Ihr Hauptantrieb und ihre wesentlichste Folge war die Entwicklung von Verteidigungsindustrien unter denjenigen europäischen Ländern, die keine unabhängige Kapazität zur Entwicklung und Produktion von Waffen besaßen. Da, wo diese Projekte mit der Entwicklung unabhängiger Verteidigungsindustrien kollidierten, vor allem in England und Frankreich, wurden sie verworfen.

Die Hauptprojekte dieser Zeit waren zwei eigene europäische, von der NATO selbst initiierte Projekte – die G-91, ein leichtes Kampfflugzeug und das Seeaufklärungs-Patrouillenflugzeug Atlantique von Breguet – sowie eine Serie von amerikanischen Waffen, die gemeinsam in Lizenz in Europa hergestellt wurden – der Starfighter F 104 G und die Raketen Hawk, Bullpup und Sidewinder. Die ersten beiden Projekte wurden aufgrund eines NATO-Wettbewerbs gebilligt. Während die meisten Länder den Wert einer Teilnahme an einem solchen Wettbewerb und die aus der Annahme ihrer Konstruktionen resultierenden Vorteile erkannten, waren nur wenige Länder zur Teilnahme bereit, nachdem die Konstrukttion einmal ausgewählt worden war. Im Fall der G-91, einer italienischen Konstruktion, war nur Deutschland, das keine Kapazität zu eigenen Entwicklungen besaß, bereit, sich an dem Programm zu beteiligen und Flugzeuge zu kaufen, sobald sie von der NATO übernommen worden waren. Frankreich, das zwei Alternativkonstruktionen angeboten hatte, weigerte sich, überhaupt irgendwelche Flugzeuge zu kaufen. Ähnlich hielt England, dessen A.V. Roe-Konstruktion abgelehnt worden war, sich völlig aus dem Programm heraus, nachdem die französische Atlantique-Konstruktion angenommen worden war. Tatsächlich wurden trotz der Teilnahme der holländischen Firma Fokker, der belgischen Firmen SABCA und Fairey, sowie der deutschen Firma Dornier, schließlich nur 87 Flugzeuge gekauft: 40 von Frankreich, 20 von Deutschland, 9 von Holland und 18 von Italien.

Die amerikanischen Projekte wurden von der NATO akzeptiert, gingen aber weitgehend auf eine amerikanische Initiative zurück. Sie wurden, vor allem nach dem Sputnik, durch das amerikanische Argument gerechtfertigt, daß das gesamte technologische Niveau innerhalb des Bündnisses angehoben werden müsse. Wahrscheinlich waren sie Teil des amerikanischen Versuchs, die Eigenständigkeit zu begrenzen, die möglicherweise aus einem Wiederaufbau Europas resultieren könnte.

6 Eine größere Ausnahme bildet das gemeinsame Infrastrukturprogramm, das seit seinem Beginn 1949 Billionen von Dollars absorbiert hat; es schließt die NADGE (NATO Aid Defence Ground Environment) und die NICS (NATO Integrated Communications System) ein.

7 Dieser Abschnitt basiert auf meiner Monographie „European Defence Industries – National and International Implications'', ISIO 1972.

Die gemeinsame Produktion sicherte der amerikanischen Industrie einen Platz auf dem europäischen Markt und zugleich der amerikanischen Regierung ein Mitspracherecht bei der europäischen Produktion. Zusätzlich konnte sie dem Kongreß als Beitrag zum Ausgleich des Zahlungsdefizits präsentiert werden. Daher wurden amerikanische Firmen sehr dazu ermutigt, sich an der Entwicklung einer europäischen Rüstungsindustrie zu beteiligen.

Alle von den Amerikanern geförderten Projekte waren ehrgeizig insofern, als sie eine große Anzahl europäischer Länder beteiligten, und sie alle führten dazu, daß Europa seine Kapazität bei der Waffenproduktion erweiterte. Aber alle diese Projekte waren sehr teuer und sie hinterließen beträchtliche Ressentiments gegenüber der amerikanischen Vorherrschaft in Europa. Dies traf natürlich vor allem für England und Frankreich zu, die ihre eigenen, von ihnen selbst konstruierten Waffen mit gleichen Funktionen herstellten. Sie beteiligten sich nur dort an Projekten, wo ihre eigene Kapazität begrenzt war. Frankreich an dem Projekt der Boden-Luft-Rakete Hawk (England hatte seinen eigenen Thunderbird) und England an dem Bullpup-Luft-Boden-Raketen-Projekt (Frankreich hatte seine eigenen AS-30)[8].

Trotz ihrer Größe machten diese Projekte nur einen Teil der gesamten europäischen Rüstungskosten aus. Aber eine gewichtige Veränderung war bereits im Gange. Zu Anfang der 60er Jahre begann man immer deutlicher zu sehen, daß eine enorme Kapazitätssteigerung mit oder ohne nationale Rationalisierung nötig sein würde, wenn die europäischen Länder, insbesondere England und Frankreich, gegenüber den USA in bestimmten modernen Industriezweigen konkurrenzfähig bleiben wollten. Und man begann auch einzusehen, jedenfalls in gewissen Kreisen, daß kein Land in der Lage sein würde, genügend Ressourcen zur Finanzierung dieser Kapazitätserweiterung aufzubringen, und daß der Rüstungsmarkt nicht groß genug war, um sicherzustellen, daß die einmal erweiterte Kapazität voll genutzt werden würde. Die Lösung lag darin, Kapazität und Macht durch gemeinsame Beschaffung und Produktion zu teilen. Abgesehen von dem französisch-deutschen taktischen Transportflugzeug Transall und der englisch-französischen Concorde (die, obwohl ein Zivilflugzeug, die Charakteristika eines modernen Waffensystems besitzt) wurde diese Lösung im großen Umfang ab Mitte der 60er Jahre praktiziert, als eine Reihe von zwischenstaatlichen Vereinbarungen in Europa unterzeichnet wurde. Diese schlossen eine Anzahl von Flugzeugprojekten ein, so den anglo-französischen Jaguar, die anglo-französischen Hubschrauber Lynx, Puma und Gazelle, den Airbus A-300, das Flugzeug VAK-191 STOL, das Linienflugzeug F-28, die französisch-deutschen Raketen Hot, Milan, Kormoran und Roland, die anglo-französische Rakete Martell und, etwas später, das anglo-deutsch-italienische Vielzweck-Kampfflugzeug MRCA.

---

8 Zu diesen amerikanischen Projekten sollte die gemeinsame Entwicklung der Sea Sparrow-Rakete hinzugezählt werden, die von den USA, Belgien, Dänemark, Holland, Italien und Norwegen betrieben wird. Das ist ein relativ junges Projekt, das in den mittleren sechziger Jahren gestartet wurde, aber es gleicht den früheren Projekten in der Dominanz und in Bezug auf die Konkurrenz zu anderen Schiff-Luft-Raketen, die in England und Frankreich produziert werden. Die amerikanische Firma Raytheon ist der Hauptvertragspartner und die Governmental Management Agency ist fast ganz amerikanisch.

Es wird geschätzt, daß von 1969–74 allein MRCA und Concorde mindestens ein Drittel der 6 Milliarden Pfund des Umsatzes der europäischen Luftfahrtindustrie ausmachten.

Es ist evident, daß diese Vereinbarungen mehr von industriellen Erfordernissen als von strategischen Interessen diktiert wurden. Sie enthalten eine Anzahl von zivilen Kooperations-Projekten; auf dem wohl modernsten Sektor der Verteidigungsindustrie, dem Sektor der Flugzeugmotoren, gingen Vereinbarungen zwischen den Herstellern Vereinbarungen zwischen den Regierungen voraus, und alle diese neuen gemeinsamen Projekte wurden außerhalb der NATO auf bilateraler oder trilateraler Ebene in Gang gesetzt[9]. Am wichtigsten ist, daß schließlich die Teilnahme von England und Frankreich eine Veränderung in der Art und Weise der europäischen Zusammenarbeit bewirkte. Die anderen europäischen Länder sahen in der Zusammenarbeit ein Mittel zur Schaffung von Produktionskapazitäten für moderne Waffen. England und Frankreich dagegen sahen in der Zusammenarbeit ein Mittel, ihre unabhängige Kapazität angesichts steigender Anforderungen an ihre Ressourcen aufrecht zu erhalten. Im Falle Frankreichs war die Zusammenarbeit die unausweichliche Konsequenz der Entwicklung seiner *force de frappe* und der Verringerung der Kredite für konventionelles Ausrüstungsmaterial. Im Falle Englands wurde Zusammenarbeit erst nach der Krise ernsthaft in Erwägung gezogen, die die Flugzeugindustrie 1965 in Mitleidenschaft gezogen hatte.

Aber transnationale Zusammenarbeit hat die Probleme der europäischen Verteidigungsindustrie nicht gelöst, obwohl sie sie verringert haben mag. Die Kosten transnationaler Programme tendieren dazu, viel höher zu liegen als diejenigen nationaler Programme, obwohl das Ausmaß dieser zusätzlichen Kosten schwer zu schätzen ist. Ein Fürsprecher transnationaler Zusammenarbeit, Henry Zeigler, Präsident der Aerospatiale und französischer Vorsitzender des Concorde-Projekts, hat geschätzt, daß die zusätzlichen Kosten der Zusammenarbeit zwischen 18 % und 50 % liegen können.

Das Anwachsen der Kosten ist teilweise bedingt durch die offensichtlichen Probleme der Verwaltung und des Transports; wichtiger aber: es ist durch Interessenkonflikte der nationalen Industrien bedingt. Diese Konflikte spiegeln sich in den Schwierigkeiten, zu gemeinsamen Spezifizierungen zu kommen und in einer gerechten, aber häufig unrentablen Arbeitsteilung. So wie Differenzen zwischen verschiedenen Abteilungen der Streitkräfte innerhalb eines Landes hinsichtlich der gemeinsamen Spezifizierungen, so spiegeln die internationalen Gegensätze in diesen Fragen die Unterschiede in den Kapazitäten der Hersteller wider. Die Kontroverse im Falle der Radaranlage für das Mehrzweckkampfflugzeug illustriert dies deutlich. Die englische RAF wollte Ka-Band Radar für mapping und X-Band für terrain-following. Die deutsche Luftwaffe wollte Ku-Band Radar für beide Funktionen. Der Anlaß für diese unterschiedlichen Positionen ergab sich daraus, daß die RAF den Akzent auf Identifikation, die Luftwaffe auf Ortung („detection") setzte. Es überrascht nicht, daß Ka-Band und X-Band Radar ausschließlich durch die Elliot Automation and

9 Später wurden sie als NATO-Projekte übernommen und anderen NATO-Mitgliedern empfohlen.

Ferranti Ltd. im Vereinigten Königreich entwickelt worden sind, während Ku-Band Radar durch die Texas Instrument and General Electrics der USA angeboten wurde, mit großzügigen Provisionen für westdeutsche Beteiligung. Am Ende entschied man sich für Ku-Band Radar, teilweise weil es billiger war, und teilweise weil sich England bereits bei der Konstruktion des Flugzeuggerippes und des Motors durchgesetzt hatte, nachdem es einen wichtigen Sieg mit der Übernahme des Zweisitzer-Zweimotoren-Typs gegenüber dem ursprünglich von Italien und Westdeutschland bevorzugten einsitzigen und einmotorigen Typ errungen hatte. In anderen Fällen, wie z.B. dem englisch-französischen Jaguar, hat die Unstimmigkeit zur gemeinsamen Entwicklung zweier stark voneinander abweichender Modelle geführt.

Der zweite Faktor, der der Erhöhung der Kosten zugrunde liegt, sind die Vereinbarungen über Arbeitsteilung. Die Arbeit wird unter den einzelnen Ländern nicht aufgrund deren industrieller Fähigkeiten, sondern nach den finanziellen Beiträgen ihrer Regierungen und dem Umfang ihrer Aufträge für das Endprodukt verteilt. Dies hat zu beträchtlichen Verdoppelungen in der Entwicklung geführt, da Technologien von den modernen zu den weniger modernen nationalen Industrien transferiert wurden. Ebenso ging es mit den verschiedenartigen End-Fließbändern in den einzelnen Ländern. Dies hat nicht nur die Kosten für jedes einzelne in Zusammenarbeit hergestellte Waffensystem erhöht, sondern auch, vor allem im Produktionsstadium, eine enorme Kapazitätserweiterung mit sich gebracht. Ein transnationales Projekt, an dem zwei Partner beteiligt sind, erfordert z.B. zwei Fließbänder und damit die doppelte Produktionskapazität wie im Falle eines nationalen Projekts.

Die europäische Gesamtkapazität in der Waffenentwicklung und -produktion hat sich daher sehr erhöht. Die Auswirkung der Zusammenarbeit auf das Kapazitätswachstum ist allerdings unterschiedlich. England z.B. hat einseitige Versuche zur Entwicklung und Herstellung von großen Militär- oder Zivilflugzeugen oder Raumfahrtprogrammen völlig eingestellt. Darüber hinaus hat die internationale Zusammenarbeit nicht nur eines, sondern mehrere Projekte ersetzt. Im Gegensatz dazu hat die BRD niemals unabhängige Projekte mit moderner Technologie entwickelt und produziert. Die internationale Zusammenarbeit hat hier zu einem wesentlichen Wachstum der Entwicklungs- und Produktionskapazität geführt.

Die Folgen internationaler Zusammenarbeit werden in gewissen Kreisen mit Sorge betrachtet. In den modernen Sektoren der europäischen Verteidigungsindustrie besteht Unruhe darüber, daß die Vereinbarungen über eine gerechte Verteilung den Verlust ihrer Vorteile, die Verschiebung der Entwicklungskapazität und Märkte von den moderneren zu den weniger modernen Partnern nach sich ziehen könnten. Die Verteilung der Aufträge basiert nicht auf dem Vorzug der jeweiligen Rüstungsproduzenten gegenüber anderen, sondern auf der Fähigkeit der einzelnen Regierungen zu feilschen. Diese Entwicklung wirkt sich gegen Länder wie z.B. England aus, in denen die Industrie relativ modern und die Regierung relativ schwach ist. Die britische Elektronik-Industrie beispielsweise ist der Ansicht, daß „ihre Interessen erstens der Flugmotoren- und zweitens der Flugzeugzellenindustrie geopfert worden sind". Weil England den größten elektronischen Sektor Europas besitzt, ist es klar ... daß, wenn Europa nicht ein größeres Stück des Welt-Kuchens bekommen kann, jede

Auswertung der kontinentaleuropäischen Industrie nur auf Kosten des Vereinigten Königreichs gehen kann."[10] Diese Ansicht wird von der Society of British Aerospace Companies unterstützt, die behauptete, daß einer der Hauptnachteile der Zusammenarbeit „vom Standpunkt Großbritanniens aus die Preisgabe technologischer Expertise an den weniger fortschrittlichen Partner ist".[11] Gleichzeitig werden die Vorteile, die den Regierungen durch die Teilung der Entwicklungskosten erwachsen, weitgehend durch den phänomenalen Kostenanstieg bei einzelnen Projekten aufgehoben, während das Scheitern des Versuchs, die Expansion der Produktionskapazität zu verringern, den Druck zur Steigerung der nationalen Beschaffung und der Exporte verstärkt hat. Es wird vielerseits vorgeschlagen, diese Schwierigkeiten durch die Schaffung internationaler Gesellschaften von Waffenherstellern oder Konsortien zu überwinden. Diese Gigantenfirmen würden sich um neue Verträge und anteilmäßig geteilte Arbeit bewerben, um entsprechend ihrem gemeinsamen Interesse die Kosten so weit wie möglich zu verringern und nicht entsprechend dem nationalen Interesse bestimmte Kapazitätsarten zu erhalten oder zu schaffen. Dies würde zu nationaler Spezialisierung führen, indem die Arbeit in den Gebieten konzentriert würde, die am leistungsfähigsten sind. Sie würden die moderneren Industriesektoren bevorzugen und, durch Vermeidung von Verdopplungsprozessen bei der Herstellung, eine Verringerung des Wachstums sowohl der Entwicklungs- als auch der Produktionskapazität ermöglichen.

Die enthusiastischen Fürsprecher dieser Vorschläge sind die Firmen, die zur Zeit relativ im Vorteil sind und die Regierungen, die dem schwersten Druck in Bezug auf ihre Verteidigungsausgaben ausgesetzt sind. Auf Regierungsseite sind es britische konservative Politiker, die nach der Bildung von transnationalen europäischen Gesellschaften in modernen technologischen Sektoren rufen. Auf Seiten der Industrie sind Rolls Royce und Dassault-Breguet führend am Zustandebringen solcher Gesellschaften beteiligt. Dassault-Breguet kann als letzte europäische Flugzeug-Herstellerfirma bezeichnet werden, die unabhängig ein schweres Kampfflugzeug entwickelt, und eine Konsolidierung der europäischen Zellenindustrie wird sich wahrscheinlich um diese Firma herum konzentrieren. Im Juni 1970 legte Dassault zusammen mit der holländisch-deutschen Firma VFW-Fokker (Europas erster und einziger transnationaler Luft- und Raumfahrtfirma), der belgischen Firma SABCA, die beiden gemeinsam gehört, und der italienischen Firma Fiat der Europäischen Kommission ein Memorandum vor, in dem die Absicht der genannten Firmen bekundet wurde, die Zusammenarbeit angesichts der steigenden Konkurrenz seitens der amerikanischen Luft- und Raumfahrtindustrie voranzutreiben und in dem verlangt wurde, daß die Kommission Schritte zur Integration der Luft- und Raumfahrtindustrie auf EWG-Basis unternehme.

---

10 Dr. Bernard *O'Kane*, Präsident der Marconi-Elliot Avionic Systems Ltd., „The Outlook for the Electronics Industry in Europe", ein Papier, das während des Symposions der *Management Studies Group* über „Probleme und Möglichkeiten für Luft- und Raumfahrt und für Alliierte Technologie in Europa" vorgelegt wurde, *Royal Aeroneutical Society*, London, 7. März 1973.

11 A Future Plan for Britain's Aerospace Industry, a.a.O. (s. Anm. 5).

Rolls Royce ist der Gigant unter den europäischen Flugzeugmotor-Herstellern. Mit einer oder zwei geringen Ausnahmen beziehen alle Vereinbarungen über Zusammenarbeit auf dem Sektor der Flugzeugmotoren Rolls Royce ein. Es ist klar, daß Rolls Royce die Schlüsselstellung bei der Bildung einer multinationalen Flugzeugmotoren-Herstellergesellschaft innehaben würde. So unterbreitete Rolls Royce denn auch einen Plan zur Errichtung einer gemeinsamen Management-Gesellschaft für Flugzeugmotoren, der alle nationalen Projekte vorgelegt und den übrigen Mitgliedern der Gesellschaft zur Zusammenarbeit angeboten werden sollten, bevor sie ausgeführt würden. Der Plan wurde auf einer Zusammenkunft am 10. Februar 1972 in München diskutiert, an der Vertreter der Flugzeugmotoren-Herstellergesellschaften aus Großbritannien, Westdeutschland, Frankreich, Italien und Schweden teilnahmen. Die beteiligten Firmen sollen MUT, SNECMA, Fiat und Volvo gewesen sein. Das Interesse an diesen Entwicklungen beschränkt sich jedoch nicht auf die oben genannten Firmen. Die Raketenhersteller sind dabei, Konsortien zur Erlangung zukünftiger Raketen-Verträge zu bilden.[12] Panavia, das zur Abwicklung des MRCA-Projekts gebildete Firmenkonsortium, kündigte 1970 den Plan an, ein modernes Kampf- und Ausbildungsflugzeug als eine private Unternehmung herzustellen. Allen Greenwood, Präsident der Panavia und stellvertretender Geschäftsführerender Direktor von BAC, äußerte bei Gelegenheit der Ankündigung des Planes sehr deutlich, daß er ihn als einen wichtigen Schritt zur europäischen Integration auf dem Gebiet der Luftfahrt betrachtete:

> „Unserer Ansicht nach ist es für die europäische Industrie besser, ihre eigenen Partner zu wählen und sich gemeinsam ihrer zusammengefaßten Fertigkeiten und Anlagen zur Schaffung konkurrenzfähiger Lösungen für Europas Luft- und Raumfahrtbedarf zu bedienen.
>
> Wir glauben, daß wir mit der Panavia nun einen solchen Verband haben. Er ist sehr stark und wird durch die Ressourcen von drei der größten europäischen Luft- und Raumfahrtfirmen gestützt, die insgesamt 65.000 Menschen beschäftigen."

Ähnlich äußerte sich der stellvertretende Vorsitzende von Panavia und Leiter von MBB, Boelkow:

> „Wir bewegen uns auf weniger aber stärkere Gruppen von Luft- und Raumfahrtfirmen in Europa zu: sie werden durch die Initiative der führenden Flugzeugherstellerfirmen gebildet werden und eine wahrhaft europäische Basis besitzen.
>
> Die Ergebnisse dieses Trends sollten gesteigerte Leistungsfähigkeit, eine verbesserte Wettbewerbsposition auf dem Weltmarkt und eine viel größere Fähigkeit zur Handhabung aller Programme in Europa sein."[13]

Diese Ansichten werden nicht überall geteilt. In der Tat gibt es einen sehr starken Druck gegen die Fortsetzung dieses Trends. Nicht alle Industriesektoren sind überzeugt, daß sie davon profitieren werden; die Überzeugung, daß die Regierungen an das Überleben nationaler Herstellerfirmen gebunden sind, besteht fort. Diese Überzeugung muß abgebaut werden. Ebenso wie Zwang zur Schaffung von Fusionen notwendig war, so werden die Regierungen klarstellen müssen, daß die Alternative zu internationalen Fusionen der Verlust von Verträgen und letztendlich Bankrott

---

12 Man sagt, daß es sich um Matra, VFW-Fokker und Dornier handelt, sowie MBB, Aerospaciale und BAC.

13 Panavia Aircraft GmbH, München, Presseveröffentlichung vom 9. September 1970.

ist. Es sind die kleineren und weniger modernen Firmen, die wahrscheinlich in Mitleidenschaft gezogen werden.

Aber nicht alle Regierungen wollen diesen Trend unbedingt unterstützen. Transnationale Fusionen würden zur Spezialisierung, aber nicht zu gleichmäßiger Spezialisierung führen. Die Herstellung von Flugzeugzellen könnte z.B. in Frankreich, die von Flugzeugmotoren in England und die von Panzern und Geschützen in Deutschland konzentriert werden. Das würde die Aufgabe nationaler Autarkie bedeuten – ein Begriff, der lange mit nationaler Souveränität verknüpft wurde. Aus diesem Grunde könnten einige Regierungen möglicherweise diejenigen Firmen schützen, die im größeren europäischen Bereich nicht konkurrenzfähig wären.

In der Tat ist es schwer, sich vorzustellen, wie diese Hindernisse auf dem Weg zur industriellen Integration ohne die Integration der europäischen Streitkräfte überwunden werden könnten. Solange sie auf Spezifizierungen bestehen, die nur von nationalen Herstellern realisiert werden können, wird der Anreiz für alle außer einigen fortgeschrittenen Firmen, ihre nationale Identität transnationalen Gesellschaften unterzuordnen, sehr gering sein. Das Beharren auf dem Standpunkt, daß nationale Aufträge an nationale Industrien vergeben werden sollten, leitet sich überdies nicht nur von der von Frankreich so gepflegten Haltung her, daß die nationale Autarkie erhalten bleiben sollte, sondern auch aus tief verwurzelten nationalen Militär-Traditionen. Als die industrielle Reorganisation auf nationaler Ebene stattfand, waren die Verteidigungsministerien in der Lage, Konflikte zwischen den verschiedenen Zweigen der Streitkräfte zu lösen und dadurch die Bedingungen für einen neuen Set militärisch-industrieller Allianzen zu schaffen. Wenn die gleiche Lösungsart auf transnationaler Ebene gefunden werden soll, auf der die Konflikte viel schärfer sind, wird eine gemeinsame europäische Beschaffungsagentur eingerichtet werden müssen, die autorisiert ist, Beschaffungs-Entscheidungen für alle europäischen Streitkräfte zu fällen.

Solche Entscheidungen könnten kaum gefällt werden ohne ein integriertes Kommando und ein gemeinsames Verteidigungsbudget. Ein integriertes Kommando wäre notwendig, um Kriterien aufzustellen, auf denen Beschaffungsentscheidungen beruhen könnten. Substantielle Übereinstimmung müßte erreicht werden über die Art der auszuführenden militärischen Aufgaben, die Prioritäten bei verschiedenen militärischen Aufgaben und die geeignetsten Waffen zur Ausführung dieser Aufgaben. Eine gemeinsame Beschaffungsstelle könnte keine Entscheidungen über Waffen fällen, wenn wesentliche Meinungsverschiedenheiten über die generelle Strategie bestünden. Desgleichen könnte sie keine Entscheidungen fällen, ohne die Budgets zu kontrollieren. Finanzielle Beiträge zur Entwicklung neuer Waffensysteme könnten kaum auf der Basis von Arbeitsteilung gehandhabt werden, wenn es keine nationalen Firmen gäbe, aber wenn sie sich auf der Ebene von nationalen Aufträgen bewegen, könnten die Regierungen immer ihren Beitrag zu Projekten verweigern, die sie mißbilligen. In der Tat, solange die nationalen Regierungen die Kontrolle über das Budget behalten, kann die Finanzierungsfrage jederzeit als Handelsinstrument benutzt werden, und wenn nicht einige Regierungen zur Aufgabe ihrer nationalen Interessen bereit wären, könnte die zentrale Beschaffungsstelle zu einer Schaltstelle für die Verteilung nationaler Aufträge absinken.

Die Integration der europäischen Streitkräfte wirft eine Unmenge neuer Fragen auf, die die Rolle der Atlantischen Gemeinschaft, den Status der sowjetischen militärischen Bedrohung und den Fortschritt zu einer politischen Einigung betreffen. Antworten auf diese Fragen werden seit vielen Jahren von überzeugten Europäern gesucht. Erst jetzt ist man dabei, sie zu finden und sie aktiv in Angriff zu nehmen – seitens der Industrien und Regierungen, die in die durch die Überkapazität auf dem Gebiet der Waffenproduktion geschaffenen Widersprüche verstrickt sind.

3. Das militärische Europa

Die Idee der militärischen Integration beruht wie die Idee der politischen Einheit auf dem Bedürfnis, die Existenz des europäischen Kapitalismus zu verteidigen. Sie schließt die Idee ein, Europas Verteidigung gegenüber einer äußeren Bedrohung zu rationalisieren, die Idee, daß das Ganze größer ist als seine Teile und daß Westeuropas gemeinsame Verteidigungsbudgets von insgesamt 30 Milliarden Dollar „beträchtliche Ressourcen selbst auf Supermacht-Niveau darstellen."[14] Sie schließt außerdem die Idee der Konsolidierung der europäischen Verteidigung gegen innere Bedrohungen ein; die Idee, daß durch die militärische Integration das Risiko der Kontrolle einer nationalen Armee durch radikale Kräfte auf ein Minimum beschränkt werden könnte.

In der Zeit unmittelbar nach dem Krieg, als der europäische Kapitalismus sehr schwach und die Kommunistischen Parteien Italiens und Frankreichs stark waren, addierte sich die militärische Unterstützung osteuropäischer Minderheitsregierungen durch die SU zum Gefühl der inneren Bedrohung. Die Atlantische Gemeinschaft wurde 1949 gegründet. Da der Vertrag keine automatische und spezielle Verpflichtung zum Einsatz der Streitkräfte als Mittel der Hilfe im Fall eines Angriffs enthielt, wurde ein ausgearbeitetes System von integrierten Stäben errichtet. Dieses System hatte den doppelten Vorteil einer aufeinander abgestimmten westlichen Verteidigung und einer Unterstellung großer Teile der europäischen Streitkräfte unter das Kommando eines Amerikaners, in der Form des Supreme Allied Command Europe, SACEUR. Selbst heute glauben viele Italiener, daß in Italien niemals eine linke Regierung gebildet werden könnte, da sie durch einen von Amerika gestützten Militärputsch gestürzt werden würde. Und manche Leute behaupten, daß genau dieses im April 1967 in Griechenland geschah.

Nichtsdestotrotz wurden nationale Stäbe außerhalb der NATO errichtet: solange England und die USA darauf bestanden, ihre nationale Souveränität zu behaupten, konnte von anderen NATO-Mitgliedern kaum etwas anderes erwartet werden. Ein Lösungsversuch für diese Schwierigkeit war die europäische Verteidigungsgemeinschaft, der England und natürlich die USA nicht beigetreten wären. Die geplante EVG bot die Möglichkeit zur Wiederaufrüstung Deutschlands und damit zur Stärkung der westlichen Verteidigung. Sie sollte die Teilung Deutschlands und damit die

---

14 Francois *Duchêne*, A New European Defence Community, Foreign Affairs, Bd. 50, Nr. 1, Oktober 1971.

West-Orientierung westdeutscher Regierungen sichern. Und sie sollte die unzuverlässigen Armeen Frankreichs und Italiens mit der unbefleckten neugeschaffenen Bundeswehr integrieren und garantieren, daß die deutsche Militärmacht, unterstützt durch die Beneluxstaaten, die potentiellen Gefahren linksgerichteter Regierungen in Frankreich und England ausbalancieren konnte. Gerade für den Fall, daß nationale Abteilungen der europäischen Streitkräfte versucht sein könnten, auszuscheren, sah der EVG-Vertrag die Integration bis hinab zur kleinsten militärischen Einheit vor. Der EVG-Vertrag wurde von der französischen Linken abgelehnt. Daß es die militärische Integration war, gegen die sie stimmten, geht aus der Leichtigkeit hervor, mit der die Westeuropäische Union (WEU) unmittelbar danach gegründet wurde. Die WEU wies alle Züge der EVG auf, einschließlich der deutschen Wiederbewaffnung, aber sie schloß nicht die Integration ein.

Das europäische Interesse an einer militärischen Integration nahm in den fünfziger Jahren im gleichen Maße ab wie die Macht der Kommunistischen Partei. Das amerikanische Interesse an der Integration blieb bestehen. In Asien existierten noch mächtige kommunistische Parteien, und sowohl die NATO wie eine atlantische Integration bedeuteten in jedem Falle eine Hegemonie Amerikas. Die US-Regierung drängte die Europäer beständig, ihre konventionellen Verpflichtungen gegenüber der NATO auszuweiten. Ihr Argument war, daß die Strategie des flexible response, die von der Kennedyregierung eingeführt worden war, verstärkte konventionelle Streitkräfte verlangte und daß die europäischen Länder entsprechend ihrem wachsenden Reichtum einen größeren Anteil an der militärischen Belastung tragen müßten. Das bedeutete, daß mehr Truppen unter amerikanisches und weniger unter ein eigenes nationales Oberkommando gestellte würden.[17]

Der erste Politiker, der die amerikanische Position angriff, war de Gaulle. Er argumentierte, daß die Europäer, nachdem sie ihre wirtschaftliche Unabhängigkeit geschaffen hatten, sich nicht länger auf amerikanische Verpflichtungen verlassen konnten. Er schlug vor, daß die französische nukleare Abschreckung im Namen Europas eingesetzt würde und lud Bundeskanzler Adenauer sogar dazu ein, sie zu finanzieren. Er traf auch die Unterscheidung zwischen dem integrierten Kommandosystem, der NATO und der Atlantischen Gemeinschaft und zog die französischen Streitkräfte aus ersterem zurück. Die Haltung gegenüber den USA, die de Gaulle verkörperte, fand in der europäischen Rüstungsproduktion bald ihren Niederschlag; der Aufschwung in der transnationalen militärischen Produktion stellte eine stillschweigende Billigung der gaullistischen Position dar. Denn während – wie die wirtschaftliche Integration als Ganzes – die Tatsache militärischer Produktion das Er-

---

15 Der Brüsseler Vertrag etablierte auch den Kern eines Land-Luft- und See-Stabes. Aber als er 1948 unterzeichnet wurde, war er in erster Linie gegen „die Erneuerung einer Agressionspolitik durch Deutschland" gerichtet. Später wurde dieser Kern in die NATO eingegliedert.

16 Ministerialrat Dr. H.O. *Seydel* und Dr. H.G. *Kanno*, in: K. *Carstens* und D. *Mahncke* (Hg.), Westeuropäische Verteidigungskooperation, München 1972, S. 179.

17 Dieses Denken stand auch hinter der multilateralen Atomwaffe (MLF), die in den frühen sechziger Jahren vorgeschlagen wurde. Von der gemeinsamen Kontrolle über die nuklearen Waffen erwartete man eine Begrenzung der Entwicklung einer unabhängigen Atomstreitmacht.

gebnis industriellen Drucks war, war die eingeschlagene Richtung eine unausgesprochene Zurückweisung der USA. Fast alle transnationalen militärischen Projekte, außer denen, die die USA selbst in Gang gesetzt hatten, fanden außerhalb der NATO und zwischen europäischen Partnern statt. Weiterhin war die Entscheidung, industrielle Kapazität durch transnationale Produktion beizubehalten, auch eine Entscheidung gegen militärische Importe aus den USA. Mit anderen Worten, angesichts einer beschränkten Anzahl von Alternativen spiegelte die von den meisten europäischen Regierungen getroffene Wahl einen positiven „politischen Wunsch nach gemeinsamer Produktion seitens der europäischen Alliierten als Symbol der Stärkung des europäischen Gedankens und den Entschluß der europäischen Staaten, in einer stärkeren Position zu sein, sich selbst zu verteidigen und wenigstens auf diesem Gebiet weniger abhängig von den Vereinigten Staaten zu sein."[18] Die Europäische Kommission z.B. empfahl in einem Bericht an den Council on the Aviation Industry, daß keine Vereinbarungen über Zusammenarbeit mit außereuropäischen Partnern geschlossen werden sollten, solange keine rein europäischen Herstellergesellschaften geschaffen worden seien, die auf gleicher Basis mit amerikanischen Firmen konkurrieren könnten. Und es ist schon fast ein Gemeinplatz unter Militärfachleuten geworden, von Europas Zukunft als einer unabhängigen Einheit und von den Nachteilen der Abhängigkeit von den USA zu sprechen. In der Tat hat der Verband der französischen Flugzeughersteller konstatiert, daß es der Hauptzweck einer transnationalen Produktion sein solle, die Vorherrschaft der USA bei der Lieferung von wesentlichem Material zu brechen.[19]

In allgemeineren Punkten tendieren die Meinungen, zumindest außerhalb Frankreichs, zu mehr Vorsicht. Es wird betont, daß militärische Integration keine „Zusammenrottung gegen Amerika"[20] bedeute und daß die Europäer weiterhin von der amerikanischen Atomgarantie abhingen, die durch die Präsenz amerikanischer Truppen in Europa symbolisiert werde – in Kissingers Worten, „das Pfand für den Einsatz unserer Nuklearwaffen".[21] Aber es ist nicht mehr unorthodox, darauf hinzuweisen, daß die USA in gewissem Sinne weniger verläßlich seien als in der Vergangenheit. Zu einem nicht mehr allzu fernen Zeitpunkt könnte Amerika sehr wohl seine Truppen aus Europa zurückziehen, entweder einseitig, wenn die jährliche Mansfield-Resolution endlich einmal verabschiedet worden ist, oder auf bilateraler Basis durch ein Abkommen mit der Sowjetunion. Und als Ergebnis der Entspannung „können wir", nach Meinung von Lord Chalfont, dem früheren britischen Abrüstungsminister, „mit einigem Recht schließen, daß die territoriale Integrität Zentraleuropas, falls es nicht einen unwahrscheinlichen und nicht zu reparierenden Zusammenbruch der Gespräche (SALT) gibt, nicht länger notwendigerweise von der Sowjetunion oder den Vereinigten Staaten als hinreichender Grund für einen Nuklearkrieg angesehen wird".[22]

---

18 Sir Bernard *Burrows* / Christopher *Irwin*, The Security of Western Europe. Towards a Common Defence Policy, Charles Knight & Co. Ltd., London 1972.

19 L' Industrie Aeronautique et Spatiale, a.a.O. (s. Anm. 4).

20 *Burrows/Irwin*, a.a.O. (s. Anm. 18), S. 95.

21 A New Atlantic Charter, 23. April 1973.

22 Lord *Chalfont*, Defending Europe, in: *New Europe*, Mai 1972.

Als Reaktion auf diese neue Situation wird eine größere europäische Integration konventioneller Streitkräfte befürwortet. Lange Zeit hat man in Europa die Ansicht vertreten, daß der Warschauer Pakt in Mitteleuropa entschieden stärkere konventionelle Streitkräfte besitzt und daß nur die nukleare Abschreckung der USA eine sowjetische Invasion Westeuropas verhindere. Die britischen und französischen Atomstreitkräfte werden allgemein nicht für fähig gehalten, einen sowjetischen Angriff zu verhindern, und die britische Abschreckung ist jedenfalls nicht wirklich unabhängig. Die Alternative ist: konventionelle Verteidigung oder Abschreckung. Da eine Verstärkung der konventionellen Streitkräfte teuer und unbeliebt wäre, muß die militärische Schlagkraft der jetzigen Streitkräfte durch die Integration der einzelnen nationalen Stäbe und die Rationalisierung der militärischen Aufgaben erhöht werden. „Die Zeit ist gekommen", schreibt ein bedeutender deutscher Forscher, „eine stärkere europäische Identität innerhalb des Atlantischen Bündnisses zu schaffen und Europas Beitrag nicht zu einer Summe von Anstrengungen verschiedener Staaten, sondern zu einem gemeinsamen Unternehmen zu machen".[23]

Eine schärfere Version dieses Arguments besagt, daß die Supermächte Europas Interessen nicht nur vergessen hätten, sondern ihnen regelrecht schadeten. Einige argwöhnen sogar, daß die UdSSR und die USA sich zusammentun könnten, um gemeinsam das Entstehen einer mächtigen europäischen Einheit zu verhindern. Anhänger dieser Meinung möchten sowohl eine selbständige europäische Atomstreitmacht als auch integrierte konventionelle Verteidigungsanstrengungen sehen. Sowohl Mr. Heath, der frühere britische Premierminister, als auch F.J. Strauß, der frühere deutsche Verteidigungsminister, haben vorgeschlagen, daß die britischen und französischen Abschreckungswaffen stellvertretend für ganz Europa bereit stehen sollten. Aber die Idee einer anglo-französischen,von der NATO unabhängigen force de frappe wurde in Großbritannien fallengelassen, obwohl die Franzosen, „sowohl diejenigen, die die Regierung unterstützen, als auch die Opposition, in der atomaren Zusammenarbeit zwischen unseren beiden Ländern den wirklichen Test dafür sehen, ob Großbritannien ... sich tatsächlich Europa zuwendet und seine Rolle eines brillianten Sekundanten der Vereinigten Staaten aufgibt".[24] Da die englische Abschreckung auf einem anglo-amerikanischen Nuklear-Austausch und auf amerikanischen Raketen und U-Booten beruht, würde dieser Test auch die englische Bereitschaft, amerikanische Atomgeheimnisse preiszugeben, bedeuten. Und dies ist unwahrscheinlich, solange die NATO weiterhin funktioniert.

Der Ruf nach stärkeren europäischen Verteidigungsanstrengungen gründet sich nicht auf Realitäten. Der Mythos einer überwältigenden Überlegenheit des Warschauer Paktes ist schon lange widerlegt worden. Kürzlich angestellte Vergleiche für Mitteleuropa zeigen, daß der Warschauer Pakt mehr Truppen hat als die NATO – 850.000 gegenüber 750.000, 2.800 Kampfflugzeuge gegenüber 2.700 und 14.000 Panzer gegenüber 6.000. Demgegenüber ist die NATO beträchtlich im Vorteil beim

23 Karl *Kaiser*, Europe and the United States, The Future of the Relationship, Columbia Books, Inc., 1973. S. 117.

24 Senator André *Moritue*, Präsident des Ausschusses für Auswärtige Angelegenheiten und Verteidigung, zitiert von Alfred *Morris*, M.P. im House of Commons am 25. Juli 1969, Hansard, col. 2372.

Nachschubwesen, dem Nachrichtenapparat und der Infrastruktur, bei den Leistungsdaten der Luftwaffe und den Panzerabwehrwaffen, die der entscheidende Faktor des modernen Panzerkriegs sind. Der amerikanische Verteidigungsminister Schlesinger sagte: „Es gibt eine gewisse Disproportion zuungunsten der NATO, eine Disproportion, die jedoch nicht so stark ist, daß die konventionellen Möglichkeiten der NATO in der Zentralregion nicht ausreichten, um die Sowjetunion hinreichend abzuschrecken."[25]

Außerhalb der Zentralregion ändert sich überdies das Bild dramatisch. Die NATO gibt mindestens doppelt so viel für Verteidigung aus wie der Warschauer Pakt, und ihre Überlegenheit bei den aktiven Truppen in Friedenszeiten beträgt 5,7 Mill. gegenüber 4,3 Mill. Außerdem könnte man allemal geltend machen, daß die englischen und französischen nuklearen Abschreckungswaffen wirksam sind, so wie sie jetzt sind. Solange wie ein oder zwei Sprengköpfe ihre Ziele erreichen können – und das können sie –, sind sie, wie die Franzosen es auszudrücken belieben, in der Lage, „einen Arm abzureißen".

Diese Vergleiche bedeuten indessen nicht sehr viel, weil niemand in Europa im Ernst eine sowjetische Invasion erwartet, und selbst wenn sie stattfinden würde, hat die Zahlengleichheit wenig mit einer wirkungsvollen Verteidigung zu tun. Die moderne Version einer sowjetischen Aggression ist als „Finnlandisierung" bekannt. Aber dieses Szenario, das mit der heraufziehenden Entspannung viel von seiner Glaubwürdigkeit verloren hat, erklärt nicht, warum zukünftige Verteidigungsanstrengungen speziell europäisch sein müßten.

Ein NATO-Bericht forderte 1973 eine Integration auf NATO-Basis anstatt der gegenwärtigen lockeren Verbindungen, und Schlesinger sprach ständig von der Notwendigkeit größerer Koordination und Kommunikation zwischen den verschiedenen NATO-Luftwaffeneinheiten in Deutschland. Der Generalsekretär der NATO, Dr. Joseph Luns, bedauerte, daß „unsere ständige Notwendigkeit, unseren Feinden voraus zu *bleiben*, eine Parallele in dem wachsenden Wunsch hat, unsere Freunde zu *überholen*". Und er fügte vorausschauend hinzu, daß „das System der freien Marktwirtschaft solche Dinge fördert."[26] Dr. Kissingers Atlantik-Charta wurde vielerseits als verbindliche Forderung aufgefaßt, daß sich die Europäer mehr für die gesamte Allianz als nur für sich selbst einsetzen sollten. Er warnte, daß „zügelloser Konkurrenzkampf den Impuls für die gemeinsame Verteidigung schwächen kann".

Diese Warnung enthielt vielleicht mehr Wahrheit als Kissinger anerkennen würde. Die Betonung der europäischen gegenüber der NATO-Integration hat Konsequenzen, die nur wenige zu ziehen wagen. Denn sie schließt nicht nur ein, daß Amerika und Europa auseinandergehende Interessen haben, sondern auch, daß die Interessen des einen den anderen bedrohen könnten. Wenn die USA tatsächlich nicht auf eine atomare sowjetische Erpressung gegenüber Europa reagieren sollten – in dem sehr unwahrscheinlichen Fall, daß eine solche stattfinden würde –, so könnte dieses nur aus einer aktiven Feindschaft gegenüber Europa geschehen. Der Kompromiß einer

---

25 US Troops in Europe, a.a.O. S. 63.
26 NATO Pressedienst vom 28. September 1972.
27 Lord Carrington, „The Future of European Defence", New Europe, November 1972.

europäischen Integration innerhalb der NATO, an der einige führende Politiker Europas hartnäckig festhalten, verkennt die Realitäten; ebenso wie die atlantizistische Konzeption von Europa versucht dieser Kompromiß, der unerbittlichen Wahl zwischen amerikanischer Hegemonie und atlantischem Konflikt auszuweichen.

Der wirkliche Grund dafür, daß die Argumente zugunsten einer europäischen Integration konventioneller Streitkräfte eine neue Dringlichkeit erhalten haben, ist nicht das Risiko, daß die Amerikaner sich zurückziehen und eine sowjetische Bedrohung Europas ignorieren werden. Vielmehr als wegen eines möglichen amerikanischen Rückzugs muß die militärische Integration jetzt erwogen werden, weil die industriellen Pressionen im militärischen Sektor einen Punkt erreicht haben, wo Entscheidungen über die Zukunft Europas getroffen werden müssen. Wenn Europa vereinigt werden soll, wird sich die Integration der Streitkräfte als notwendig erweisen. Wie in den frühen fünfziger Jahren wird es wichtig sein, die militärische Macht zu zentralisieren, um die inneren Bedrohungen für die Einheit zu überwinden, die aus den durch die Integration verursachten sozialen und wirtschaftlichen Verschiebungen erwachsen. Aber anders als in den fünfziger Jahren wird es für Europa auch wichtig sein, das militärische Fundament für seinen neu errungenen globalen Status einer Super-Nation zu besitzen. Der englische Verteidigungsminister Lord Carrington schrieb:

> „Weiter vorausschauen: ich glaube, daß Europa sich zu einer der größten und reichsten Gemeinschaften in der Welt entwickeln wird mit dem Potential der gegenwärtigen Supermächte, und es ist undenkbar, daß dieses neue Europa nicht über angemessene Verteidigungsmittel verfügen sollte ...
>
> Darüber hinaus wird dieses neue Europa eine Weltmacht sein, ob es will oder nicht. Der Handel wird sein Lebenselement sein, wie er es seit Jahrhunderten für England gewesen ist. Seine Interessen werden nicht am Wendekreis des Krebses aufhören. In wachsendem Maße werden die Westeuropäer nach außen blicken und ihre Rolle bei der Erhaltung des Friedens und der Stabilität in der Welt spielen müssen."[28]

In zahlreichen Äußerungen hat Lord Carrington seiner Überzeugung Ausdruck verliehen, daß Europa eine imperialistische Macht werden wird, ausgestattet mit allem, was erforderlich ist, um der Konkurrenz der anderen imperialistischen Mächte zu widerstehen. Und obwohl seine atlantizistischen Empfindungen dem entgegenstehen mögen, ist es die amerikanische Konkurrenz, für die diese Ausstattung erforderlich ist. Jeder andere potentielle Feind ist auch ein amerikanischer Feind und kann gemeinsam besiegt werden. Wenn Europa unabhängige Streitkräfte braucht, dann nur, weil es sich unter der Hand gegen Amerika bewaffnet.

Hans-Jürgen Benedict

Unterbindung des Waffenexports in die Dritte Welt

Bericht über die Erfahrungen einer Aktionsforschungsgruppe

Die Rüstungsindustrie ist nicht vom öffentlichen Auftraggeber mit ins Leben gerufen worden, damit sie dann kräftig Waffen exportiert.

Staatssekretär Mann vom BMVtg im Oktober 1974[1]

Wenn ein Fahrgestell geliefert wird, wird etwas höchst Uninteressantes geliefert.

Staatssekretär Mann zur Lieferung von vier deutsch-französischen Flakpanzern ‚Roland' auf „Marder"-Chassis nach Brasilien[2]

Ich möchte Sie bitten, den Zuschlag für den neuen Rad-Spähpanzer an unser Werk zu geben.

Betriebsrat der Henschel-Werke Kassel an Bundeskanzler Brandt

Ich habe mich schon gewundert, daß hier so viele Panzer-Spähwagen auf dem Werksgelände herumfahren.

Lehrling bei Rheinstahl Witten

Wir sind auch gegen den Waffenexport, aber wir müssen jetzt Schülerarbeit machen.

Juso-Vorsitzender in Witten

Angestoßen durch eine Initiative des Schweizerischen evangelischen Kirchenbundes, der ein Volksbegehren für ein Waffenausfuhrverbot unterstützt hatte, kam dem Bochumer Friedensforschungsprojekt der Gedanke, einen ähnlichen Vorstoß in der bundesrepublikanischen Öffentlichkeit zu unternehmen. Was zunächst nur als ein

1 Zitiert in: *Frankfurter Rundschau* vom 14.10.1974.
2 Zitiert in: *Der Spiegel* Nr. 41, 1972.

Publikationsprojekt geplant war, weitete sich zur Idee einer Kampagne zur Unterbindung des Waffenexports in die Dritte Welt aus. Diese Kampagne sollte auf der nationalen Ebene von Kirchen, Gewerkschaften und liberaler Presse, auf der lokalen Ebene von Dritte Welt-Gruppen getragen werden. Im Unterschied zu bisherigen entwicklungspolitischen Aktionen war geplant, direkt betroffene Gruppen, in diesem Fall also die Rüstungsarbeiterschaft, in die Aktion miteinzubeziehen[3].

	Aktionsträger	*(Adressaten und) Vermittler*	*Adressaten*	*Ziel*	
				subjektiv /	*objektiv*
Ebene A überlokal national trans-national	Experten	*Großgruppen:* Kirchen, Gewerkschaften, Parteien ... *Medien:* Presse, Rundfunk, Fernsehen ...	Staatliche Instanzen Öffentlichkeit	*Information* Ausmaß des W.exports; Interessen an Rü.politik	*Gesetzliche Unterbindung* von W.export
Ebene B lokal regional	Initiativgruppen Multiplikatoren	lokale Funktionsträger der Großgruppen lokale Medien Betriebsgruppen in Rüstungsbetrieben	lokale Öffentlichkeit Kirchengemeinden Schulen lokale Rü.industrie	*Lernerfahrungen* der Teilnehmer an Aktionen	partielle Produktions-*Umstellung*

Ein idealtypisches Modell der Kampagne, auf dem vierten Kolloquium der AFK in Hannover vorgetragen, fand verhältnismäßig spontane Zustimmung – offensichtlich weil es dem von vielen empfundenen Bedürfnis sich stellte, durch die Umsetzung gesicherter Friedensforschungs-Ergebnisse praktisch verändernd in Unfriedensstrukturen einzugreifen. Dieses sollte nach den Vorstellungen des Bochumer Projekts mit Hilfe einer Aktionsforschungsgruppe geschehen. Ein Treffen eines größeren Kreises von Friedensforschern, Kirchen- und Aktionsgruppen-Vertretern im November 1973 zeigte sich allerdings skeptischer gegenüber einem Plan einer nationalen Kampagne; ein lokaler Kampagnen-Test an einem Ort mit Rüstungsfertigung für Entwicklungsländer wurde als unerläßlich angesehen. Ende 1973 wurde das Konzept einer Waffenexport-Kampagne noch einmal von einem Projektmitglied präzisiert:

> „Die Unterbindung des westdeutschen Waffenexports in die Dritte Welt soll als ein Beitrag der ‚Friedensnation' BRD verstanden werden, zur Minderung zwischenstaatlicher und innergesellschaftlicher Gewalt in der Dritten Welt beizutragen, abgesehen davon, ob dann andere Länder die von der BRD gelassene Lücke ausfüllen oder ob die BRD nicht auf andere Weise an struktureller Gewaltausübung in der Dritten Welt beteiligt ist. Dieser eine deutlich erfaßbare Bereich des Waffenexports wird bewußt isoliert angegangen."[4]

3 Zur ausführlichen Kampagnenbeschreibung s. H.-J. *Benedict*, Unterbindung des Waffenexports in die Dritte Welt, in: *Jahrbuch für Friedens- und Konfliktforschung* IV, Düsseldorf 1974.
4 Ebd.

Das Bochumer Projekt konnte jedoch mit seinen eigenen personellen Möglichkeiten weder eine nationale noch eine lokale Aktion vorbereiten. Die Idee, einer studentischen Aktionsforschungsgruppe diese Aufgabe zu übertragen, bot sich als Lösung an[5]. Folgende Konzeption von Aktionsforschung stand dabei Pate:

a) In der Aktionsforschung wird das distanzierte Verhältnis des Forschers zur sozialen Realität aufgegeben zugunsten einer bewußt einflußnehmenden Haltung, die von teilnehmender Beobachtung bis zur aktiven Interaktion mit den Beteiligten reicht. Ein solcher Praxisbezug legt sich besonders für Friedensforscher nahe.
b) Mittels der Aktionsforschung können Studenten bessere Perspektiven für ihr gegenwärtiges Studium (Studienreform) wie für ihre spätere Berufstätigkeit gewinnen.
c) Durch Selbstorganisation in der Aktionsforschungsgruppe lernen die Studenten, sich von Autoritäten zu lösen und selbständig Problemlösungen zu finden.

Dies waren in etwa die Vorstellungen, die das Bochumer Projekt mit der relativ schnell sich konstituierenden Gruppe verband. Die Gruppe bestand aus sieben Studenten und drei Projektmitarbeitern: zwei Theologiestudenten, einem Studenten der Publizistik und Theologie, einem Studenten der Soziologie und Theologie, einem Psychologiestudenten (alle höhere Semester) sowie zwei Lehrerstudentinnen in den Anfangssemestern. Die Theologie-Studentengruppe kannte sich verhältnismäßig gut, hatte einige Kenntnisse in der Friedensforschung und vertrat in Dritte Welt-Fragen eine „antiimperialistische" Position. Eine der Lehrerstudentinnen arbeitete im Informationszentrum Dritte Welt/Dortmund mit. Kenntnisse in der Rüstungsforschung waren so gut wie nicht vorhanden.

Nach einer Definition des Fachbereichs Sozialpädagogik an der PH Berlin nehmen in der Aktionsforschung die Forscher „über einen längeren Zeitraum begleitend an einem sozialen Prozeß teil und helfen, ihn voranzutreiben; sie arbeiten mit Gruppen in deren gesellschaftlichen Bezügen, und sie informieren diese Gruppen nicht nur über Ziel und Zweck der Untersuchungen, sondern beteiligen sie auswertend an der Einschätzung der Forschungsergebnisse".[6] Gemäß dieser Definition und in dem Rahmen der vom Projekt gemachten Vorgabe (Waffenexportkampagne) ergaben sich für die Aktionsforschungsgruppe folgende zwei Handlungsfelder: einmal das Feld der lokalen bzw. überregionalen Öffentlichkeit, in der ein Aufklärungsprozeß über das Ausmaß des westdeutschen Waffenexports in die Dritte Welt in Gang gesetzt werden sollte, der von bereits vorhandenen Dritte Welt-Gruppen getragen wird; zum anderen das Feld der für den Export in unterentwickelte Länder produzierenden Rüstungsbetriebe, in denen durch Kontakte mit kritischen Rüstungsarbeitern ein Reflexionsprozeß über die Auswirkungen des Rüstungsexports in den Entwicklungsländern eingeleitet werden sollte. Wie wurden diese beiden Aufgaben im folgenden Dreivierteljahr gelöst?

5 Das Aktionsforschungsprogramm wurde von der DGFK finanziert. Es stand unter der Leitung von Reimer *Gronemeyer*, Albrecht-Sigbert *Seippel* und Hans-Jürgen *Benedict*.
6 F. *Haag* u.a., Aktionsforschung, München 1972, 65.

Phase A – Materialaufbereitung

Das Sozialwissenschaftliche Institut der EKD hatte angeboten, seinen in ca. 1000 Exemplaren verbreiteten Materialdienst für eine Veröffentlichung in Sachen Waffenexport zur Verfügung zu stellen. Dieser Materialdienst wird vor allem von Sozialpfarrern und -sekretären sowie Jugendbildungsreferenten gelesen. Kurz darauf kam vom Informationszentrum Dritte Welt/Dortmund das Angebot, die Materialien ebenfalls in der monatlich erscheinenden Broschüre ‚Information Dritte Welt' zu veröffentlichen (Auflage 3500). Obwohl sich die Gruppe bei der Materialaufbereitung auf einigermaßen vertrautem Gelände bewegte, waren damit doch Schwierigkeiten verbunden. Diese hingen mit der Intention zusammen, das Material so aufzubereiten, daß es für Multiplikatoren (z.B. Lehrer) ohne größere Umsetzung verwendbar und für die Adressaten (z.B. Schüler, Lehrlinge) verständlich sein sollte. Das bedeutete, daß die Gruppe eine relativ schwierige Materie in unmittelbar brauchbarer und verständlicher Weise darstellen mußte. Unter diesem Aspekt war es verständlich, daß die Gruppe zunächst einen Monat lang verhältnismäßig allgemein über Rüstungsproduktion und -export sich informierte und diskutierte. Erst danach ging die Arbeit zügig voran. Die Absicht, durch Fotos, Karikaturen und Skizzen die Anlage der Dokumentation aufzulockern, erwies sich als phantasieanregend. Im März 1974 war die Dokumentation fertiggestellt. Das Sozialwissenschaftliche Institut der EKD zog aus Angst vor Schwierigkeiten mit dem Kuratorium sein Publikationsangebot zurück. Die Dokumentation erschien im April- und Mai-Heft der Information Dritte Welt.

Phase B – Ausweichmanöver und Apathie

Nach dem erfolgreichen Abschluß der Materialaufbereitungsphase kam es in der Gruppe zu einer heftigen Kontroverse über die Bestellung eines Koordinationssekretärs für die Kampagne[7]. Die Theologie-Studentengruppe konnte ihren Favoriten, einen in der Kriegsdienstverweigerungs-Arbeit erfahrenen, „antiimperialistisch" eingestellten Studenten gegenüber dem Kandidaten der anderen Gruppenmitglieder durchsetzen. Neue Impulse gingen von diesem nicht aus. Einige Zeit herrschte in der Gruppe Unklarheit, welcher Aufgabe man sich zuwenden sollte. Obwohl die Gruppe wußte, wo in ihrer näheren Umgebung Rüstung für den Export produziert wurde, kam von ihr keine Initiative zur Kontaktaufnahme mit Rüstungsarbeitern. Die Gründe dafür waren folgende: einmal hatte ein Gespräch im IGM-Bildungszentrum Sprockhövel, dessen Ergebnis eine weitgehende Infragestellung unserer Initiative war, die Gruppe verunsichert, zum anderen hatte man Angst, Kontakte zu Rüstungsarbeitern aufzunehmen (Mauer zwischen Universität und Umwelt).

Die Vorbereitung einer Ausstellung zum Waffenexport für die „ran-fete" der DGB-Jugend in Recklinghausen war deswegen für einige Mitglieder eine willkommene Gelegenheit, dem eben genannten Problem auszuweichen. Die Ausstellung

7 Der Koordinationssektetär wurde von der Berghof-Stiftung für Konfliktforschung finanziert.

konzentrierte sich auf den portugiesischen Kolonialkrieg und die westdeutschen Waffenlieferungen an Portugal. Es wurde ein Flugblatt verfaßt, das in einigen hundert Exemplaren zur Verteilung kam.[8] Auf der ersten Sitzung nach der „ranfete" kritisierte einer der Projektmitarbeiter die Flugblattverteilung als nicht in den Kompetenzbereich einer Aktionsforschungsgruppe fallend. Bei dieser Gelegenheit wurde deutlich, daß in der Gruppe immer noch große Unklarheit über das Konzept der Aktionsforschung bestand. Die Verbindung der bisherigen Aktivitäten zum Studium und späteren Beruf (man denke an die Theologen) war nur schwer herzustellen.

Für Ende Juni 1974 war eine Konferenz zur Vorbereitung der Kampagne mit Dritte Welt-Gruppen geplant. Da die Einladungen zu dieser Tagung vom Koordinationssekretär viel zu spät abgeschickt und keine bekannten Dritte Welt-Gruppen (iz3w, Issa, Akafrik) als Miteinlader gewonnen wurden, war die Resonanz nur gering. Die Konferenz wurde daraufhin abgesagt. Dies versetzte dem Selbstbewußtsein der Gruppe einen neuen Knacks; die ohnehin schon starken Zweifel an der gesellschaftlichen Relevanz des Waffenexport-Themas wurden noch verstärkt. Apathie breitete sich aus. Nach einem intensiven Diskussionsprozeß mit zum Teil sehr harten Konfrontationen kam die Gruppe kurz vor Semesterende überein, eine lokale

8 Das von der Projektgruppe verteilte Flugblatt hatte folgenden Text (die graphische Gestaltung kann hier nicht reproduziert werden; die Schrägstriche markieren Absätze):

„Kampf dem Waffenexport!

Von 1961–1971 exportierte die BRD Rüstungsgüter in Länder der NATO (z.B. Griechenland, Israel, Äthiopien) im Werte von 1.080.000.000 US-Dollar. / Und das Rüstungsgeschäft blüht unter der sozialliberalen Regierung weiter!

Welches Interesse hat die BRD am Rüstungsexport?

1. Rüstungsexporte garantieren den Unternehmen zusätzliche Profite. / 2. Rüstungsexporte eröffnen westdeutschen Unternehmen neue Absatzmärkte: Die Abnehmer-Staaten geraten in zunehmende Abhängigkeit der Konzerne in der BRD. / 3. Rüstungsexporte sind Voraussetzung für die Ausbeutung der in den Dritte-Welt-Ländern vorhandenen Rohstoffquellen durch westdeutsches Kapital: Die Rohstoff-Länder verlieren dadurch ihre politische und wirtschaftliche Entscheidungsfreiheit und damit Unabhängigkeit. / 4. Rüstungsexporte unterstützen faschistische Regierungen und herrschende Klassen z.B. in Spanien, Türkei, Persien, Äthiopien, Brasilien. / 5. Ein großer Teil der Lohnabhängigen in der BRD ist direkt und indirekt an der Waffenherstllung beteiligt: So produzieren sie die Waffen für ihre eigene Disziplinierung – Einsatz von Polizei und Bundesgrenzschutz bei Streiks und Demonstrationen – und für die Ausbeutung und Unterdrückung der Arbeiterklassen in den reaktionären und faschistischen Ländern.

Wir fordern:

Sofortiger Stop der militärischen Unterstützung faschistischer und reaktionärer Staaten durch die BRD und die NATO! / Boykott der BRD-Rüstungsindustrie durch Arbeiter und Angestellte in den Produktionsstätten der Rüstungsindustrie! / Ein Beispiel wirksamen Boykotts des Rüstungsexports: In Großbritannien wurde unter dem Druck von Werftarbeitern und Technikern durch Arbeitsniederlegung an Kriegsschiffen, U-Booten und Triebwerken die Labour-Regierung gezwungen, die militärische Hilfe an Chile teilweise einzustellen. / Wir fordern alle Arbeiter, Angestellten, Lehrlinge, Betriebsräte, Gewerkschafter, Studenten, kirchliche Gruppen, Dritte-Welt-Gruppen sowie Vertreter politischer Verbände und Organisationen auf, sich über das Ausmaß und die Bedeutung der Rüstungsindustrie zu informieren, Kontakte untereinander aufzunehmen und Aktionsformen auszuarbeiten, um in einer gemeinsamen Kampagne im Herbst 1974 an den Produktionsstätten von Rüstungsgütern Aktionen gegen den Rüstungsexport durchzuführen."

Kampagne in Witten vorzubereiten. Sie sollte exemplarisch verdeutlichen, daß es auch in der BRD möglich ist, Aktionen gegen den Waffenexport in die Dritte Welt und in diktatorische NATO-Staaten durchzuführen.

Phase C – Die Vorbereitung der Witten-Kampagne

Die Gruppe kam Ende August wieder zusammen. Der Koordinationssekretär hatte in der Zwischenzeit Material über den bei Rheinstahl/Witten produzierten Mannschaftstransportpanzer UR 416[9], die prekäre Situation im Wittener Stahlbereich und über die politisch-wirtschaftliche Lage in Peru[10], wohin 400 UR 416 exportiert werden sollen[11], zusammengestellt. Es war der Gruppe klar, daß die ca. 2000 Arbeitsplätze bei Edelstahl/Witten gefährdende Fusion von Thyssen und Rheinstahl[12] eine ungünstige Voraussetzung für die Waffenexport-Kampagne bedeutete. Das öffentliche Interesse würde auch in Zukunft primär diesem Arbeitsplatzproblem gelten. Da andererseits Arbeitsplatzgefährdung unter den gegenwärtigen wirtschaftlichen Bedingungen keine Ausnahmesituation mehr war, schien es sinnvoll, trotzdem einen Kampagnenversuch zu starten. Die Aktivitäten konzentrierten sich auf zwei Bereiche: auf Kontakte mit gewerkschaftlichen und politischen Gruppen hinsichtlich ihres Interesses und ihrer möglichen Mitarbeit (bzw. Trägerschaft) bei einer Aktion und auf die Durchführung einer aktivierenden Befragung unter verschiedenen gesellschaftlichen Gruppen (Lehrlinge, Arbeiter, Betriebsräte, Pfarrer, Kirchenmitglieder). Die meisten kontaktierten Gruppen (IGM-Jugend, Jusos, Jungdemokra-

---

9 Aus Artikeln in Militärzeitschriften wurde besonders die Funktion des UR-416 als Bürgerkriegsinstrument deutlich: „Der UR-416 in seinen verschiedenen Versionen eignet sich für die Streitkräfte, die Miliz, Heimatschutzverbände, Polizei und alle polizeiähnlichen Hilfsorganisationen für Aufgaben der Erkundung, Aufklärung, Überwachung, Patrouillen, Sicherung, Kolonnen-Begleitschutz (mit entsprechender Bewaffnung auch für den Fla-Schutz), gegen Luftlandefeind ... kleinere, handstreichartige Einsätze gegen leicht-bewaffneten Feind, zur Panzerjagd und als Zugfahrzeug für leichtere Artilleriegeschütze und Pak. Diese Liste ließe sich beliebig verlängern." (H. *Erb*, UR-416, in: *Soldat und Technik*, H. 12, 1972, 633.)
In der Zeitschrift *Internationale Wehr-Revue* Nr. 5, Oktober 1974, folgt die Vorstellung des „Radpanzer Rheinstahl UR-416" von P. *Crevecoeur* nach einem decouvrierenden Artikel von R.M. *Ogorkiewicz* „Panzerfahrzeuge zur Aufrechterhaltung der inneren Sicherheit".

10 Eine erste umfassende Analyse zur Entwicklung Perus nach der Machtergreifung „progessiver" Militärs im Oktober 1968 ist der Artikel „Peru. Einschätzung der Situation" in: *blätter des iz3w* Nr. 36/37 Juli/August 1974, 43–49. Obwohl eine Einschätzung der Situation in Peru schwierig ist, läßt sich soviel sagen, daß die Militärregierung nicht zögert, gegen linke Gruppen und vor allem gegen streikende Arbeiter (5 streikende Bergarbeiter erschossen, SZ 13./14.11.1971), Lehrer (bei einem Generalstreik nach Verhaftung einiger Lehrer der Einheitsgewerkschaft gab es 2 Tote – SZ 22., 27.11.1973; NZZ 23.11.1973) und Polizisten („Perus Militär schlägt Polizeistreik nieder", FR 7.2.1975; es gab an die 100 Tote) vorzugehen.

11 Die Meldung von der Lieferung der 400 Panzer nach Peru verbreitete der im allgemeinen gut informierte *Wehrdienst*, Ausg. 452 vom 25.2.1974.

12 Zur Fusion von Thyssen und Rheinstahl s. die Anzeige der August Thyssen-Hütte AG Duisburg-Hamborn und Handelsblatt Nr. 195, 10.10.1974, 14. Ein Hauptgrund für den Zusammenschluß ist die Rationalisierung im Edelstahlbereich, die einen Teil der Arbeitsplätze bei Edel Witten gefährdet. Am 15. Mai 1974 kam es im Edelstahlwerk Witten zu einer Demonstration.

ten, SDAJ, DFG/IdK) hielten die Aktion für sinnvoll und notwendig wegen ihres entwicklungspolitischen Aufklärungseffektes. Eine direkte Beteiligung lehnten nur die Jusos ab (Begründung: keine Zeit). Die Jungdemokraten erklärten sich bereit, die Trägerschaft der Aktion zu übernehmen; IGM-Jugend, SDAJ, DFG/IdK wollten mitarbeiten.

Drei Punkte spielten in der vorbereitenden Diskussion eine besondere Rolle:

1. die Einschätzung des Empfängerlandes Peru. Die Gruppe wies darauf hin, daß der UR 416 auch in Peru als Bürgerkriegswaffe eingesetzt werden könne, da die Regierung spontane gewerkschaftliche Aktionen bereits mit Waffengewalt zerschlagen habe. Demgegenüber wurde von den moskauorientierten Kommunisten die antiimperialistische Ausrichtung des Militärregimes betont (einige Verstaatlichungen von US-Firmen etc.),
2. die linksextremen Gruppen wollten sich nicht auf die Formel „totale Unterbindung des Waffenexports in die Dritte Welt" festlegen und auch nicht die Alternative „Umstellung auf Friedensproduktion" diskutieren (Begründung: „Wir zerbrechen uns doch nicht den Kopf der Herren Kapitalisten"),
3. die IGM-Jugend wies darauf hin, daß die Arbeiter bei Rheinstahl sich nicht einmal für ihre unmittelbaren Belange aktivieren ließen und ein Interesse für den Waffenexport überhaupt nicht zu erwarten sei.

Deswegen kam die Gruppe überein, bei den Arbeitern nicht durch frontale, sie höchstens verängstigende Konfrontation, sondern auf indirekte Weise Problembewußtsein zum Waffenexport hervorzurufen – zum Beispiel durch eine großangekündigte öffentliche Diskussion mit der Betriebsleitung, Parteivertretern und Experten darüber, wieso Rheinstahl trotz der Exportrestriktionen Panzer nach Peru exportiert.

Fazit:

Die verhältnismäßig optimistischen Aussichten können nicht darüber hinwegtäuschen, daß der Versuch, mit Hilfe einer Aktionsforschungsgruppe das Thema Waffenexport in eine größere Öffentlichkeit zu tragen, mit großen Schwierigkeiten zu kämpfen hat. Die Tatsache, daß die Studenten selbst nur wenig Initiative entwickelten und diese Schwierigkeiten daher an ihnen liegen, stellt keine befriedigende Erklärung dar. Obwohl die Gruppe im Unterschied zu anderen Projektgruppen gewiß untermotiviert war, hat diese Untermotivation doch auch in der Konzeption liegende Gründe. Es wurde vom Projekt übersehen, daß bisherige Projektstudiengänge und Aktionsforschungsversuche sich mit brennenden sozialen Problemen befaßten, zu denen die durch die anti-autoritäre Protestbewegung sensibilisierten Studenten ihrerseits drängten, also vor allem Randgruppenarbeit mit Obdachlosen, Strafgefangenen und Gastarbeitern sowie Stadtteilarbeit (s. das Projekt Osdorfer Born). Die Unterbindung des Waffenexports in die Dritte Welt war demgegenüber ein verhältnismäßig inaktuelles Problem, das auch von der studentischen Protestbewegung nicht selbständig thematisiert wurde (bzw. nur im Zusammenhang der Kampagne gegen den portugiesischen Kolonialkrieg). Das Thema Waffenexport wurde von der Projektleitung vorgegeben und von den Studenten zunächst nicht infrage gestellt. Unsicherheit und Skepsis kamen erst sehr viel später. Im Rückblick scheint es sicher, daß es nicht das Thema Waffenexport, sondern die Bekanntschaft mit einigen Projektmitgliedern und die Bezahlung waren, die die meisten Studenten zur Teilnahme an der Gruppe veranlaßten.

Desinteresse an Rüstungsfragen zeigte sich nicht nur bei den Studenten, sondern auch bei anderen gesellschaftlichen Gruppen, die kontaktiert wurden.

Dritte Welt-Gruppen: Sie waren kaum interessiert an einer Kampagne zur Unterbindung des Waffenexports in die Dritte Welt. Gründe: a) die Gruppen waren vollauf mit anderen Dritte Welt-Fragen beschäftigt; b) sie hielten das Thema für nicht gravierend genug; c) eine unbekannte Aktionsforschungsgruppe als Initiator schien ihnen etwas suspekt. Im Februar 1975 veranstalteten jedoch die „Anti-Apartheid-Bewegung" und das „Antiimperialistische Solidaritätskomitee" ein Südafrikatribunal in Bonn, auf dem besonders die Frage von Waffenlieferungen an Südafrika (Milan, Transall) angesprochen wurde[13].

Kirchen: Enttäuschend war die Reaktion offizieller kirchlicher Stellen. Unter den Konsequenzen, die die 1973 publizierte EKD-Denkschrift „Der Entwicklungsdienst der Kirche" für eine wirklich effektive Entwicklungspolitik angibt, findet sich erfreulicherweise auch die Forderung, „staatliche und private Lieferungen von Waffen und anderen militärischen Rüstungsgütern außerhalb des NATO-Bereichs einzustellen". Diese Forderung ist ebenso wie die Verpflichtung, „sorgfältig darauf zu achten, wenn innerhalb der NATO einzelne Bündnispartner die für den Waffenexport vorgesehenen Verwendungsbeschränkungen nicht einhalten", bis jetzt Papier geblieben, obwohl es seit ihrer Veröffentlichung genug Gelegenheit gegeben hätte, warnend die Stimme zu erheben. Der ‚Kirchliche Entwicklungsdienst' und das zuständige Referat der Kirchenkanzlei in der EKD sahen sich nicht in der Lage, die Kampagne finanziell zu unterstützen. Dazu muß man allerdings wissen, daß diese Gremien wegen finanzieller Unterstützung des sog. ‚Angola-Sonntags' im September 1973 Schwierigkeiten bekommen hatten. Inzwischen hat sich die Evangelische Akademie Arnoldshain bereit erklärt, für Betriebsräte aus Rüstungsfirmen ein Seminar über den Waffenexport in die Dritte Welt zu veranstalten.

Gewerkschaften: Mitarbeiter des IGM-Bildungszentrums in Sprockhövel hielten das Projekt zwar für interessant, erklärten sich jedoch außerstande, in irgendeiner Form das Thema Waffenexport in ihre Bildungsarbeit zu integrieren. Obwohl man diese Position theoretisch legitimierte (Ansatz bei der Stellung des Arbeiters im Produktionsprozeß), kam in ihr ein rüstungspolitisches Problem-Defizit zum Ausdruck, das sich auch bei anderen Gewerkschaftskontakten bemerkbar machte. – Friedensforschung, die an einer Umsetzung ihrer Ergebnisse interessiert ist, müßte sich verstärkt um Kontakte mit den Gewerkschaften bemühen.

13 *Frankfurter Rundschau* vom 14.2.1975.

Internationaler Aspekt: Da sich in Europa in den letzten Jahren die bi- und multilaterale Fertigung von Rüstungsgütern verstärkt hat, müßten Kampagnen gegen Rüstungsexport im internationalen Rahmen konzipiert und durchgeführt werden. Aus diesem Grunde hat sich eine Gruppe von westdeutschen Friedensforschern an den Rat der Evangelischen Kirche gewandt mit der Bitte, seine Schwesterkirchen zu einer gemeinsamen Stellungnahme gegen die „Multinationale Rüstungskooperation und ihre Auswirkung auf die Dritte Welt" zu bewegen (Text. s. Anhang, S. 00). Darüber hinaus müßten die verschiedenen „Initiativen von unten" gegen den Waffentransfer in der BRD, Frankreich (Gruppe aus Toulon, die „La France Trafiquant d'Armes" verfaßt hat), Belgien (Rassemblement pour la Paix et le Developpement) und England (Fellowship of Reconciliation, London) koordiniert werden, etwa in dem Sinne, daß gemeinsame Aktionen gegen den Export multinational gefertigter Waffensysteme durchgeführt werden (z.B. der Fla-Panzer Roland, die Panzerabwehrwaffen Milan, der Alpha-Jet). Die europäische Gewerkschaftsbewegung (vor allem der EMB) müßte für solche Aktionen gewonnen werden.

Anhang

Memorandum westdeutscher Friedensforscher an den Rat der EKD

betr. gemeinsame Stellungnahme westeuropäischer Kirchen zum Thema „Multinationale Rüstungskooperation und ihre Auswirkung auf die Dritte Welt"

Der Schweizerische Evangelische Kirchenbund und die französischen Kirchen haben unlängst besorgt und kritisch die Ausfuhr von Waffen aus der Schweiz und Frankreich in Länder der Dritten Welt behandelt und sich mit ausführlichen Stellungnahmen an Christen und Öffentlichkeit gewandt[1]. Die Kirche von England ist seit längerem durch ihre Gegnerschaft zu Waffenlieferungen in das südliche Afrika bekannt und ist auf dem Höhepunkt der innenpolitischen Debatte der Regierung Heath mit offenen Briefen des Episkopats kritisch entgegengetreten[2]. In der Bundesrepublik ist die Lieferung von Waffen in Länder der Dritten Welt besonders wegen umfangreicher Transfers nach Portugal (und vor einigen Jahren nach Israel) Gegenstand von Sorgen und kritischen Stellungnahmen verschiedener Persönlichkeiten in und außerhalb der Kirchen gewesen.

Im Gegensatz zu den beiden Supermächten, deren Rüstungstransfers auf strategische Konzepte im Rahmen ihres militarisierten Systemgegensatzes zurückgehen, spielt bei den mittleren und kleineren Waffenlieferanten eher ein kommerzielles Motiv die ausschlaggebende Rolle: Die Herstellung von Rüstungsmaterial soll durch den Export in fremde Länder wirtschaftlich profitabler gestaltet werden, indem die umfangreichen Vorkosten der Produktion auf eine größere Serie umgelegt und Kostensenkungen durch längere Produktionsläufe ermöglicht werden. In Stellungnahmen inner- und außerhalb der Kirchen ist besonders kritisch darauf verwiesen worden, wie sehr der Gedanke, die Lasten der Rüstungsproduktion für die Nation durch die rasch wachsenden Transfers von Waffen in die Dritte Welt zu verringern, dem Gedanken der Entwicklungshilfe widerspricht[3].

Die Anprangerung des Mißstandes, daß Waffen statt Brot ein immer wichtigerer Inhalt der Transfers aus der industrialisierten in die Dritte Welt geworden sind, trifft als im nationalen Rahmen geäußerte Kritik einen wichtigen, heute allerdings nicht mehr hinreichenden Aspekt. Die Fertigung von Rüstungsgütern und ihr Vertrieb wird in neuerer Zeit in Westeuropa zunehmend nicht mehr auf nationaler Basis vorgenommen. Gefördert von den Bestrebungen innerhalb des NATO-Bündnisses,

1 H. *Ruh* u.a., Schweizerische Waffenausfuhr ohne Alternative?, hg. vom Schweizerischen Evangelischen Kirchenbund; Überlegungen zum Waffenhandel, hg. vom Ständigen Rat des Episkopats und dem Rat der Protestantischen Föderation von Frankreich, *epd-Dokumentation* Nr. 5, 1973.

2 S. dazu *U. Albrecht*, Politik und Waffengeschäfte, München 1972.

3 So in: Schweizerische Waffenausfuhr ohne Alternative, Bern 1972, 38; s. auch die Stellungnahme des *Vorstands der Arbeitsgemeinschaft für Friedens- und Konfliktforschung* zum Waffengeschäft mit Persien vom 28.4.1974.

die Rüstung zu vereinheitlichen und durch Beteiligung vieler Mitgliedsländer an der Fertigung wichtiger Waffenarten Kosten zu mindern, hat sich im internationalen Rahmen eine Rüstungskooperation größeren Stiles entwickelt. Eindrucksvoller noch als die Formierung multinationaler Unternehmen, deren mögliche Gefahren besonders für die schwachen Wirtschaftsstrukturen der Dritten Welt in jüngster Zeit durch Appelle der Vereinten Nationen verdeutlicht worden sind, prägt die Zusammenballung industrieller Macht über die Grenzen hinweg die Entwicklung der Rüstungsindustrie. Nicht Autarkie, sondern ein höchstmögliches Maß an Zusammenarbeit in der Konzipierung, in der Fertigung und im Gebrauch moderner Rüstungsgüter ist in Westeuropa die Devise der militärischen und politischen Führung. Im Bereich der Produktion ist diese Entwicklung wegen der weitreichenden und tiefwirkenden Einflußmöglichkeiten, die ausländischen Unternehmern auf diese Weise zuwachsen, als die Entstehung eines „transnationalen" Kapitalismus bezeichnet worden[4]. Firmen, die in quer durch die Nationen greifenden Rüstungspools Waffen herstellen und diese gemeinschaftlich veräußern, entgleiten mehr und mehr der Kontrolle durch ein einzelnes Land und verlieren nach und nach ihre nationale Indentität. Ohne Dementi blieben Berichte in der Presse über ein deutsch-französisches Abkommen aus dem Jahre 1971, das insbesondere Frankreich zusichert, durch Embargobestimmungen der Bundesregierung nicht im Export von Waffen behindert zu werden. Praktisch heißt das, Waffensysteme, deren Endfertigung in Frankreich stattfindet, werden von deutschen Bestimmungen nicht berührt. Bekannt geworden ist zum Beispiel der Export deutscher Marderpanzer mit französischen Geschützen nach Brasilien[5]. Da die Mehrzahl der zur Zeit in Entwicklung befindlichen Waffensysteme zumindest bilateral entwickelt und gefertigt werden, dürfte die Bundesregierung gezwungen sein, im Sinne von Gleichbehandlung auch bei deutsch-britischen oder deutsch-italienischen Koproduktionen entsprechend dem Abkommen mit Frankreich zu verfahren.

Kritik am Waffenhandel mit der Dritten Welt, die von einer nationalen Kirche in einem bestimmten Land an dortigen Rüstungsunternehmen artikuliert wird, droht also mehr und mehr aufgrund dieses Aufstieges eines transnationalen Rüstungskapitalismus ins Leere zu stoßen. Die geforderten Kontroll- und Beschränkungsmaßnahmen müssen der Entwicklung der Rüstungsproduktion folgend im übernationalen Rahmen konzipiert werden. Die europäischen Kirchen, die die unheilvolle Entwicklung militärischer Gewalt in der Dritten Welt mit Besorgnis betrachten, müßten also die transnationale Formation der Rüstungsproduktion, nicht nur ihr national habhaftes Fragment, in ihre Kritik einbeziehen. Gleichzeitig sollten sie diese Kritik aber mit der nachdrücklichen Forderung nach Abrüstung im Bereich der Industriestaaten verknüpfen. Denn unter Beibehaltung des Rüstungswettlaufs wird ein Waffenembargo gegenüber Ländern der Dritten Welt leicht als ein Herr-

4 U. *Albrecht*, Transnationale Rüstungskonzerne in Westeuropa, in: *Leviathan*, H. 1, 1974, 81–107.

5 *Der Spiegel* Nr. 41/1972, S. 29 f. Außerdem wurden neun Exemplare des deutsch-französischen Transportflugzeugs „Transall" an Südafrika verkauft (ebd.). Von der deutsch-französischen Panzerabwehrwaffe „Milan" hat Südafrika jüngst mehrere Exemplare bestellt (*Wehrkunde*, H. 9. 1974).

schaftsinstrument der Reichen mißverstanden werden. Hinzu kommt, daß gerade die Probleme der Entwicklungszusammenarbeit zwischen Industriestaaten und Dritter Welt ohne eine Reduktion der Rüstungsausgaben in den Industriestaaten als unlösbar erscheinen.

In der Denkschrift „Der Entwicklungsdienst der Kirche – ein Beitrag für Frieden und Gerechtigkeit in der Welt" hat sich die EKD für ein Waffenembargo in die Dritte Welt ausgesprochen und sich zugleich verpflichtet, „sorgfältig darauf zu achten, wenn innerhalb der NATO einzelne Bündnispartner die für den Waffenexport vorgesehenen Verwendungsbeschränkungen nicht einhalten." Da die EKD außerdem in der Frage des Sonderfonds des Antirassismusprogramms entschieden eine gewaltfreie Position bezogen hat, läge es nahe, daß sie die Initiative ergreift und ihre Schwesterkirchen wegen einer gemeinsamen Stellungnahme gegen die „Multinationale Rüstungskooperation und ihre Auswirkung auf die Dritte Welt" konsultiert. Eine solche Stellungnahme wäre in der Lage, der oft verschwiegen gehandhabten Rüstungskooperation mit ihren beklagenswerten Folgen für die Menschen der Dritten Welt jenes Maß an öffentlicher Aufmerksamkeit zu sichern, das Veränderungen hervorrufen könnte. Die Unterzeichner sind je nach ihrer Kompetenz bereit, dem Rat der EKD bei der Konzeption einer Stellungnahme mit ihrem wissenschaftlichen Sachverstand zur Seite zu stehen.

Prof. Dr. Ulrich *Albrecht* (FU Berlin; VDW-Forschungsstelle Rüstungswirtschaftliche Beziehungen zwischen Industrie- und Entwicklungsländern)

Prof. Dr. Hans-Eckehard *Bahr* / Dr. Hans-Jürgen *Benedict* (Ruhr-Universität Bochum, DGFK-Projekt „Entwicklungspolitische Sensibilisierung in außerschulischen Lernfeldern")

PD Dr. Wolfgang *Huber* / Dr. Gerta *Scharffenorth* (Forschungsstätte der Ev. Studiengemeinschaft Heidelberg)

Dr. Egbert *Jahn* / Prof. Dr. Dieter *Senghaas* (Hessische Stiftung Friedens- und Konfliktforschung, Frankfurt)

Dr. Horst *Zilleßen* (Sozialwissenschaftliches Institut der EKD Bochum)

Zweiter Teil:

Das Militär als gesellschaftspolitischer Faktor

Wilfried von Bredow

Möglichkeiten des innenpolitischen Einsatzes bewaffneter Einheiten in der BRD

„Die zivile Gewalt wie auch, vielleicht noch bedeutsamer, die Glorifizierung der zivilen Gewalt sind in den sechziger Jahren in den Gesellschaften fast jeden Typs und auf fast jedem Entwicklungsniveau bedeutend angewachsen. Zwischen 1961 und 1968 hatten 114 der 121 größeren politischen Einheiten der Welt in der einen oder anderen bedeutsamen Form einen gewaltsamen zivilen Konflikt zu erdulden."[1] Nach *übereinstimmender* Meinung von Politikern, Militärs und Sozialwissenschaftlern hat sich das Potential der „zivilen Gewalt" zumal in den hochentwickelten kapitalistischen Gesellschaften vor allem gegen Ende der sechziger Jahre stark vergrößert. Dieser Konsens ist allerdings nur einer des Vor-Verständnisses, denn je nach Blickwinkel des Beobachters handelt es sich dabei um ein „Anwachsen der Kriminalität"[2], um inner-gesellschaftliche Entwicklungsschwierigkeiten oder um Formen eines weltweiten Klassen- und Befreiungskampfes.

Es kann an dieser Stelle nicht darum gehen, einmal kritisch nachzuprüfen, ob es in der Tat zutrifft, daß der „Gewalt-Pegel" auf der Erde in den letzten Jahren absolut gestiegen ist, daß also z.B., wie manche schon mit so etwas wie Nostalgie behaupten, die fünfziger Jahre auf diesem Gebiet sehr viel „ruhiger" waren, oder ob es sich um Verlagerungen von Regionen der Gewalt-Manifestation handelt, eine Art „Third Worldization" des kapitalistischen Westens (P. Hassner). Solche Nachprüfungen sollten aber nicht unterlassen werden, wenn man der Gefahr entgehen will, die internationale Dimension des Problems vom heimischen Kirchturm zu betrachten – nicht nur eine komische, sondern auch eine zynische Perspektive.

Auch soll im folgenden die Diskussion um den Gewalt-Begriff nicht weiter verfolgt werden. Als Begriffsbestimmung für „zivile Gewalt" kann zunächst einmal die Definition von *Hedley Bull* dienen:

> „Mit ziviler Gewalt meine ich den Gebrauch von Gewalt, um die zivile oder inländische Entwicklung zu beeinflussen. Ich schließe Gewaltverbrechen ohne politische Motivation aus; eingeschlossen ist dagegen ein Gewaltspektrum, das von gelegentlichen Akten von Einzelnen oder Gruppen, die einfach dazu gedacht sind, politische Betroffenheit auszudrücken oder politischen Protest offenkundig zu machen, über organisierte und unterstützte Rebellionen

---

1 Samuel P. *Huntington*, Civil Violence and the Process of Development, in: *Civil Violence and the International System*, Part II, London 1972 (Adelphi Papers, 83), S. 1.

2 Vgl. das im Juni 1972 von der Ständigen Konferenz der Innenminister/-senatoren des Bundes und der Länder beschlossene *„Programm fur die Innere Sicherheit in der Bundesrepublik Deutschland"*, Teil I. Dort heißt es am Anfang: „Die Innere Sicherheit ist ein zentrales Thema der politischen Gegenwart. Es geht dabei vorrangig um den Schutz des einzelnen vor dem Verbrechen, zunehmend aber auch um den Schutz der Einrichtungen des Staates und seiner demokratischen Grundordnung."

bis zum Aufstand und Revolution reicht. Ich schließe den reinen internationlen oder zwischenstaatlichen Krieg aus; aber eingeschlossen sind ‚innere Kriege' oder Bürgerkriege, in die äußere Mächte verwickelt sind oder die nicht auf das Gebiet oder die Menschen der zivilen Gesellschaft beschränkt sind, deren politische Entwicklung sie beeinflussen sollen. Schließlich sollte unter ziviler Gewalt auch der Gebrauch oder die Androhung von Gewalt durch die etablierten politischen Behörden verstanden werden; die dazu gedacht sind, dem gewaltsamen Protest, der Rebellion, dem Aufstand oder der Revolution zu begegnen, ebenso wie diese Akte selbst."[3]

Diese Beschreibung von „civil violence" enthält sich voreiliger Einteilungen in legitime und illegitime Gewalt, die nur dann problemlos vorgenommen werden können, wenn man auf der Grundlage eines stark eingeengten Gewalt-Begriffs – und dann formal – argumentiert.[4]

1. Anstöße zur Diskussion um „civil violence" in der BRD

Die innere Entwicklung der Bundesrepublik Deutschland ist in den ersten Jahren ihrer Existenz an der Oberfläche so konfliktfrei verlaufen, daß sich mancher Beobachter schon fast zu ängstigen begann. Indes überschatten solche Befürchtungen, wie sie etwa Ralf Dahrendorf zu Beginn der sechziger Jahre vehement vorbrachte, den Tatbestand, daß unterhalb der gesellschaftlichen Oberfläche Konflikte durchaus existierten und auch von der Staatsgewalt „behandelt" wurden, wofür die vergleichsweise hohe Zahl der Urteile wegen Verstoßes gegen das KPD-Verbot Zeugnis ablegt.[5] In den letzten Jahren hat es vermehrt Anlässe gegeben, das Problem der civil violence zu einem Thema der politischen Auseinandersetzungen zu machen. In Stichworten resümiert, handelt es sich dabei vor allem um die seit 1966 virulent werdenden Studenten-„Unruhen", in deren Verlauf es zu Zusammenstößen mit Ordnungskräften kam, die rasch gewaltsamer wurden. Politische Demonstrationen (nicht nur von Studenten getragen, sondern von allen Teilen der politisch buntscheckigen „linken" außerparlamentarischen Opposition) verliefen oft unfriedlich, und der Pistolenschuß eines Kriminalbeamten, der den Studenten Benno Ohnesorg am 2. Juni 1967 tötete, war für viele ein Signal dafür, daß die Polizei ihre Anti-Demonstrations-Einsätze in Zukunft mit größerer Härte und Unerbittlichkeit durchführen würde. In zahlreichen Städten der BRD kam es in dieser Zeit zu politischen Demonstrationen und damit zu Konfrontationen mit den (zuweilen von markigen Einsatzleitern geführten) Polizeikräften.

---

3 Hedley *Bull*, Civil Violence and International Order, in: *Adelphi Papers*, H. 83, a.a.O., S. 27.

4 „Dazu, meine Damen und Herren, ein grundsätzliches Wort: Unsere *freiheitliche Grundordnung* basiert auf dem *Gewaltverbot*. Wo der einzelne zur Durchsetzung seiner Wünsche und Ziele Gewalt anwenden darf, ist der gesellschaftliche Zustand einer Steinzeithorde noch nicht überschritten ... Deshalb ist jede Verletzung des Gewaltverbots durch den einzelnen immer auch ein Anschlag auf die grundlegenden Prinzipien unserer freien Gesellschaft." So der damalige Bundesinnenminister *Genscher* während der 188. Sitzung des 6. Deutschen Bundestages am 7.6.1972, BT-Protokolle, S. 10982.

5 Vgl. hierzu Walther *Amman*, Zur strafrechtlichen Auswirkung des KPD-Verbots, in: W. *Abendroth*, H. *Ridder*, O. *Schönfeldt* (Hg.), KPD-Verbot oder Mit Kommunisten leben?, Reinbek 1968, S. 32 ff.

Die Verabschiedung der Notstandsgesetze durch das Parlament der Großen Koalition ließ das Problem des inneren Einsatzes der Bundeswehr – wenigstens als Möglichkeit – akut werden.

In diesen Jahren waren es für eine beachtliche Minderheit der bundesrepublikanischen Gesellschaft jedoch vor allem Vorgänge im Ausland, die die Debatten über Gewalt – civil violence als Mittel der Unterdrückung und als Mittel der Befreiung – lebendig hielten: der „Pariser Mai", der „Prager Frühling" 1968 und die Rolle von Gewalt bzw. Gewaltlosigkeit bei dem Scheitern dieser politischen Entwicklungen; die Grenzen der Möglichkeiten des Guerilla-Kampfes in Lateinamerika, demonstriert durch die Ergreifung und Ermordung Guevaras 1967; die wachsende Zahl der Flugzeugentführungen in allen Teilen der Welt.

In der Bundesrepublik Deutschland ließen dann zwei Ereignisse diese bis dahin zumeist theoretische Debatte unter dem Stichwort „Innere Sicherheit" praktisch-politisch werden: einmal die bundesweite und ein hohes Maß an öffentlicher Aufmerksamkeit auf sich ziehende Fahndung nach der „Roten Armee Fraktion", einer anarchistischen Untergrundorganisation, und zweitens die Geiselnahme von israelischen Sportlern durch ein Kommando des „Schwarzen September" während der olympischen Spiele in München und ihre mißglückte Befreiung. Das Jahr 1972 wurde in der BRD zum „Jahr der Inneren Sicherheit". Was das bedeutet, rechtlich und politisch, soll im folgenden beleuchtet werden.

2. Die Ängste um die Innere Sicherheit

Betrachtet man die Änderungen, die die Bundesregierung und die Länderregierungen in letzter Zeit im Organisationsbereich der Inneren Sicherheit vorgenommen haben und bezieht man auch die von offizieller und offiziöser Seite zu ihrer Rechtfertigung vorgebrachten Argumente ein[6], so kann man zumindest zwei Ebenen der Diskussionen und der Maßnahmen unterscheiden.

Zum einen und vordergründig geht es um technische Probleme, die in bürokratischer Terminologie definiert und „präventiv gelöst" werden. Die Elemente, aus denen sich diese technischen Probleme zusammensetzen, resultieren zumeist aus einer formalen Analyse des sozialen und ökonomischen Lebens der bundesrepublikanischen Gesellschaft. Als gutes Beispiel dafür kann das „Weißbuch zur zivilen Verteidigung der Bundesrepublik Deutschland" aus dem Jahr 1972 dienen. Ein Satz wie der folgende ist, wenn man auf der „Erlaß- und Durchführungs-Ebene" bleibt, sozusagen unangreifbar:

> „Die zivilen Planungen und Maßnahmen und die militärischen Vorbereitungen für einen Verteidigungsfall müssen wegen der gegenseitigen Berührung, teilweisen Abhängigkeit und den vielfachen Auswirkungen in enger Zusammenarbeit und ständiger Abstimmung zwischen dem nationalen zivilen und militärischen Bereich durchgeführt werden."[7]

---

6 Vgl. hierzu die Bundestagsdebatten v. 7.6.1972 und 22.6.1972.

7 Weißbuch zur zivilen Verteidigung der Bundesrepublik Deutschland, Bonn 1972, Abschnitt 14.5.

Selbstverständlich gehört die „Aufrechterhaltung der öffentlichen Sicherheit und Ordnung" zu den wesentlichen Grundlagen der zivilen und militärischen Verteidigung.

> „Auch in diesen Fällen ist es eine der wichtigsten Pflichten der verantwortlichen staatlichen Organe, die Sicherheit der Bürger zu schützen und den Bestand der verfassungsmäßigen Ordnung zu wahren."[8]

Welche Instrumente dazu bereit stehen, wird weiter unten beschrieben.

Zum anderen jedoch scheint die Innere Sicherheit in den letzten Jahren zunehmend zum Schlüsselbegriff des Selbstverständnisses unseres Staates geworden zu sein. Diesen Eindruck jedenfalls vermitteln die zahlreichen Dokumente von Bundesregierung und Parlament über die Probleme der Inneren Sicherheit. Das Insgesamt der Begründungen, Rechtfertigungen und Bekenntnisse zur öffentlichen Ruhe und Ordnung legt in der Tat nahe, die Interpretation von Theo Schiller aufzugreifen, der im Zusammenhang mit der Verabschiedung eines ganzen „Pakets" von Gesetzen zur Inneren Sicherheit davon gesprochen hat, daß Carl Schmitt nunmehr wohl auf dem Wege nach Bonn sei.

> „Denn der Staat der Bundesrepublik Deutschland manifestiert mit zunehmender Deutlichkeit jenes Merkmal des ‚Politischen', dem Carl Schmitt literarische Denkmäler setzte: ein Staatsverständnis aus dem Gegensatz zum Feind."[9]

Dieses Staatsverständnis findet sich gleichermaßen in der Exekutive und in der Legislative. Das politische und soziale Leben wird aus der Perspektive des Ausnahmefalles, des „Ernstfalles"[10] betrachtet. Dafür zwei Beispiele:

Der Präsident der Akademie für zivile Verteidigung hat in einem dreiteiligen Grundsatz-Artikel im Jahr 1970 „Die verteidigungspolitische Situation der Bundesrepublik Deutschland und ihre Auswirkungen auf die zivile Verteidigung" darzustellen versucht. In diesem Artikel konstatiert er eine durch die Verfassungsprinzipien der Grundrechts-Garantie, der Gewaltenteilung und des Föderalismus bedingte „Schwerfälligkeit des Staatsapparates", die das Grundgesetz im Interesse größtmöglicher Freiheit des einzelnen in Kauf nähme.

> „Sie steht jedoch den Erfordernissen der Verteidigung diametral entgegen. Denn vom Standpunkt der Verteidigung sind die Einheitlichkeit und Schnelligkeit der Willensbildung, die Durchsetzbarkeit des politischen Willens bis in die unterste Ebene und ein reibungsloser Vollzug nahezu unverzichtbare Voraussetzungen."[11]

Also, ist zu folgern, entspricht die innere Struktur der Bundesrepublik nicht den Erfordernissen einer modernen Verteidigung. Unmittelbar schließen sich an solche Grundüberlegungen des Autors solche über Strategie an: die verschiedenen Formen einer möglichen östlichen Aggression werden nacheinander angesprochen. In unserem Kontext interessiert vor allem die letzte Form:

---

8 Ebd., Abschnitt 15.

9 Theo *Schiller*, Allparteienregierung für die ‚innere Sicherheit'?, in: *Blätter für deutsche und internationale Politik*, 17. Jg. 1972, S. 676.

10 Eine sprach-kritische Untersuchung, so ist zu vermuten, würde die staats-autoritäre Perspektive solcher Betrachtung weiter bloßlegen können.

11 Ulrich *Eichstädt*, Die verteidigungspolitische Situation der Bundesrepublik Deutschland und ihre Auswirkungen auf die zivile Verteidigung, in: *Zivilverteidigung*, H. 1/2 – 1970, S. 19.

„Endlich ist eine gewaltsame Auseinandersetzung mit subversiven Mitteln unterhalb der Schwelle eines Krieges vorstellbar, die das Gefüge unserer Staatsordnung erschüttern könnte. Ein derartiger ‚Verdeckter Kampf' ist in Mitteleuropa jedoch so lange unwahrscheinlich, wie die innenpolitischen Verhältnisse keinen Ansatz zu von außen gesteuerten revolutionären Umsturzversuchen bieten und die Staatsorgane in der Lage sind, Ordnung und Sicherheit aufrechtzuerhalten."[12]

Zivilverteidigung – als ein Teil der Gesamtverteidigung – und Innere Sicherheit sind in dieser Sicht Instrumente gegen letztlich exogene Gewaltfaktoren. Nach innen heil und rosig, muß unsere Gesellschaftsordnung nach außen harsch und unzugänglich sein. Diese Außen/Innen-Polarisierung wird jedoch ein zweites Mal benutzt, nämlich in der Unterscheidung der innergesellschaftlichen (guten) Schafe und (bösen) Wölfe.

Wenn aber doch civil violence im Innern auftaucht, richten sich die Verurteilungen aus dem gouvernementalen Bereich nicht nur gegen ihre Träger, sondern auch gegen all jene, die die Wurzeln solcher Gewalt nicht außerhalb, sondern innerhalb dieser Gesellschaft zu erkennen glauben. Die Sitzung des 6. Deutschen Bundestages vom 7. Juni 1972, in der über Fragen der Inneren Sicherheit beraten wurde, ist dafür eine Illustration. Der damalige Bundesinnenminister Genscher formulierte noch einigermaßen zurückhaltend:

„Das zentrale Problem, mit dem wir uns auseinanderzusetzen haben, ist die vorbehaltlose und uneingeschränkte Ablehnung der Anwendung von Gewalt als Mittel der politischen Auseinandersetzung. In dem aktuellen Fall der Baader-Meinhof-Bande haben wir es mit dem Ergebnis eines Prozesses zunehmender Enttabuisierung der Gewaltanwendung zu tun, mit einem Prozeß, der nicht nur die Täter selbst erfaßt, sondern vor allem auch jene Umgebung, in der sie sich bewegen, die ihnen hilft und die ihr Verhalten zu rechtfertigen, zumindest aber zu bagatellisieren versucht. Die Bemühungen, der Anwendung von Gewalt unter bestimmten Voraussetzungen oder von bestimmter Seite den Schein der Rechtfertigung zu geben, haben jenes breite Sympathisantenfeld geschaffen, das die Arbeit der Polizei so sehr erschwert."[13]

An dieser Stelle notiert das Protokoll den Zwischenruf des Abg. Wohlrabe: „Die intellektuellen Steinwerfer!" In der anschließenden Debatte erscheinen dann Intellektuelle und Schriftsteller wie Böll und Grass – „Die ganze Trojanische Kavallerie" – als die eigentlichen Vorreiter der Enttabuisierung und Gewalt.

Bemerkenswert ist aber dann, daß fast alle Redner in dieser Debatte über die Innere Sicherheit auf ein anderes Thema kommen, nämlich die Beschäftigung von „Radikalen" im öffentlichen Dienst. Nicht einfach gegen *manifest* gewordene zivile Gewalt richtet sich das Programm der Inneren Sicherheit, sondern gegen alles, was den herrschaftlichen status quo nachhaltiger, als es im jeweiligen Augenblick opportun erscheint, in Frage stellt. Am allerdeutlichsten hat das anläßlich der Auflösung des 6. Deutschen Bundestags am 20. September 1972 der damalige Oppositionsführer Rainer Barzel ausgedrückt. In seiner Generalabrechnung mit der ersten Regierung Brandts führte er zum Thema der Inneren Sicherheit u.a. aus:

„Wir dürfen auch nicht die Augen vor denen verschließen, die gewaltlos – mit dem ‚Marsch durch die Institutionen' – diese Gesellschaftsordnung unterwandern und aushöhlen. Auch

12 Ulrich Eichstädt, Die verteidigungspolitische Situation ..., Teil 2, in: *Zivilverteidigung*, H. 3 – 1970, S. 10.

13 Bundestagsprotokolle, a.a.O., S. 10978 f.

wir sind dafür, daß das Instrumentarium der streitbaren Demokratie möglichst differenziert angewandt wird. Wir sind dafür, durch politische Auseinandersetzungen den Radikalismus zu schlagen – möglichst im Wege der Solidarität der Demokraten. Aber wir können doch nicht das in der Verfassung verankerte Damoklesschwert des Verbots, das an einem Seidenfaden hängen muß, nun plötzlich mit einem festen Tau anbinden und denen auch noch sagen: Da bleibt's auch. Das heißt doch, ein Stück der Möglichkeiten des differenzierten Kampfes auszuschalten."[14] Es folgen dann längere Ausführungen über die Abwehr (gewaltloser) „verfassungsfeindlicher Kräfte".

Es können hier nur einige Schlaglichter auf die politische Atmosphäre geworfen werden, aus der heraus das Problem der Inneren Sicherheit zu einem zentralen politischen Thema in der Bundesrepublik gemacht wurde. Neben einer Reihe von äußeren Anlässen (die übrigens deutlich machen, daß civil violence und ihre Ursachen kein regionales Phänomen sind) scheint auch eine starke Irritation der Staatsgewalt (im umfassenden Sinne einer herrschenden Elite) über ihre inner-gesellschaftlichen Integrationsschwierigkeiten die Verabschiedung der Gesetze zur Reform der Inneren Sicherheit beschleunigt zu haben. Merkmale dieser Irritation sind:

- die Einebnung der Problematik auf ihre technische Dimension im exekutiven Bereich[15];
- die Versuche, „Ernstfälle" als Normalfälle zu antizipieren;
- die Rationalisierung der Maßnahmen zur Sicherung der Inneren Sicherheit als bloße Reaktion auf Akte ziviler Gewalt;
- die Vermischung der Probleme der zivilen Gewalt mit solchen der politischen Auseinandersetzung mit Alternativ-Konzepten.

3. Der „differenzierte Kampf" um die Innere Sicherheit

Nach der Auskunft des damaligen Bundesinnenministers Genscher umfaßt die Konzeption der Bundesregierung für die Innere Sicherheit vier Bereiche:

„erstens die Verbesserung der Sicherheitseinrichtungen des Bundes durch personelle, finanzielle, technische und organisatorische Maßnahmen,

zweitens die Fortsetzung der Zusammenarbeit zwischen Bund und Ländern auf allen Gebieten der Inneren Sicherheit nach den Grundsätzen eines kooperativen Föderalismus, um angesichts der notwendigerweise föderalistischen Struktur des Aufbaus unserer Sicherheitsorgane Reibungsverluste zu vermeiden,

drittens die schnelle Verabschiedung schon im Parlament liegender Gesetzentwürfe, die uns in die Lage versetzen sollen, die erreichten personellen und technischen Kapazitäten voll einzusetzen, und die andererseits erkannte Lücken in einigen für die innere Sicherheit wichtigen Rechtsgebieten schließen sollen.

Viertens sind diese Maßnahmen eingebettet in eine umfassende gesellschaftspolitische Zielprojektion, die darauf abgestellt ist, das demokratische Engagement des einzelnen Bürgers zu fördern und die gesellschaftlichen Bedingungen zu erkennen und zu verändern, unter denen Kriminalität und politischer Radikalismus entstehen oder sich ausbreiten."[16]

---

14 Zit. nach: *Das Parlament* v. 30.9.1972, S. 11.

15 Vgl. z.B. Rolf *Waldschmidt*, Mehr Sicherheit durch Koordinierung der Sicherheitskräfte, in: *Wehrkunde*, 20. Jg. 1971, S. 526 f. Dieser Aufsatz beginnt mit der lapidaren Feststellung: „Ein Sicherheitskonzept ist gut, wenn es ein optimales Maß an Sicherheit garantiert und dennoch billig ist."

16 Bundestagsprotokoll v. 7.6.1972, a.a.O., S. 10975.

Unter den Sicherheitseinrichtungen des Bundes, die erheblich ausgeweitet wurden, ist an erster Stelle das Bundeskriminalamt zu erwähnen, das sich „zu einer modernen Behörde wirksamer Verbrechensbekämpfung" entwickeln soll.

Tabelle 1: Erweiterung und Ausbau des Bundeskriminalamtes

Jahr	Personal (Beamte)	Kosten (Mio DM)
1969	933	22,4
1972	1585	75,2
1973	2062	119,4
1975	2237	136,8

(Quelle: Bulletin des Presse- und Informationsamtes der Bundesregierung, Nr. 158 vom 15.11.1972, Nr. 137 vom 25.10.1973; Die Zeit, 2.5.1975).

In der am 24.5.1973 in zweiter und dritter Lesung vom Deutschen Bundestag verabschiedeten Novelle zum Gesetz über das Bundeskriminalamt (einstimmig verabschiedet) sind folgende Neuerungen enthalten:

„1. Das Bundeskriminalamt wird zu einer Zentralstelle für die Zusammenarbeit mit den Kriminalpolizeien der Länder mit wichtigen Hilfsfunktionen, vor allem für die Nachrichtensammlung und -auswertung mit den modernsten Mitteln der elektronischen Datenverarbeitung.
2. Dem Bundeskriminalamt werden erstmals originäre Ermittlungszuständigkeiten in den besonders sozialschädlichen Bereichen des internationalen Rauschgift- und Waffenhandels sowie der internationalen Herstellung und Verbreitung von Falschgeld übertragen. Außerdem wird das Bundeskriminalamt künftig unmittelbar bei politischen Attentaten ermitteln.
3. Die schon bisher wahrgenommenen Sicherungsaufgaben für politische Persönlichkeiten werden auf eine klare gesetzliche Grundlage gestellt, die zugleich für die eingesetzten Beamten echte polizeiliche Befugnisse zur Gefahrenabwehr schafft."[17]

Bei der Beratung über diese Novelle wies Minster Genscher vor dem Bundestag nicht nur darauf hin, daß die sozialliberale Koalition für die Innere Sicherheit der BRD in den letzten drei Jahren mehr getan habe als die Bundesregierungen in den fünf Legislaturperioden davor, sondern er gab auch der Meinung Ausdruck, daß das Bundeskriminalamt im Begriff sei, „zur modernsten Zentralstelle der Verbrechensbekämpfung in der Welt zu werden."[18]

Ausgebaut wurden ferner das *Bundesamt für Verfassungsschutz*, der *Bundesgrenzschutz* und die *Bereitschaftspolizeien* der Länder.

Grundlagen für diese Maßnahmen bildeten:

a) die verschiedenen, zwischen 1970 und 1972 abgeschlossenen Verwaltungsabkommen über die Bereitschaftspolizei der einzelnen Länder mit dem Bund
b) das Gesetz über den Bundesgrenzschutz (BGSG) vom 18.8.72
c) das Gesetz über die Zusammenarbeit des Bundes und der Länder in Angelegenheiten des Verfassungsschutzes – Änderung vom 7.8.1972

17 *Bulletin des Presse- und Informationsamtes der Bundesregierung* Nr. 63 v. 26.5.1973, S. 623.
18 Zit. nach ebd., vgl. auch die Ausgabe Nr. 33 vom 17.8.1974 der Wochenzeitschrift „*Das Parlament*", in der schwerpunktmäßig über „Die Polizei in unserem Rechtsstaat" berichtet wird.

Zusammen mit einigen anderen neueren Gesetzen zur Inneren Sicherheit (wie der Verschärfung des Haftrechts u.a.m.) und der seit 1968 geltenden Notstandsverfassung scheint somit ein Instrumentarium vorzuliegen, das die Aufrechterhaltung der Inneren Sicherheit auch in „Notzeiten" zu gewährleisten scheint.

> „Die zur Aufrechterhaltung der öffentlichen Sicherheit und Ordnung notwendigen Regelungen sind getroffen, die Verwaltungseinrichtungen im wesentlichen einsatzbereit. Sollte sich das Gemeinwesen einmal stärkeren Belastungen nicht gewachsen zeigen, wird man die Ursachen seines Scheiterns woanders suchen müssen."[19]

4. *Möglichkeiten des innenpolitischen Einsatzes bewaffneter Einheiten in der BRD*

Die Aufrechterhaltung der öffentlichen Sicherheit und Ordnung obliegt hauptsächlich, aber nicht ausschließlich, den Ländern. Dort liegt auch das Schwergewicht der Zuständigkeiten. Allerdings erweitern sich die Zuständigkeiten des Bundes nach der Verfassung in besonderen Fällen. So heißt es in Artikel 35 GG:

> (1) Alle Behörden des Bundes und der Länder leisten sich gegenseitig Rechts- und Amtshilfe.
> (2) Zur Aufrechterhaltung oder Wiederherstellung der öffentlichen Sicherheit und Ordnung kann ein Land in Fällen von besonderer Bedeutung Kräfte und Einrichtungen des Bundesgrenzschutzes zur Unterstützung seiner Polizei anfordern, wenn die Polizei ohne diese Unterstützung eine Aufgabe nicht oder nur unter erheblichen Schwierigkeiten erfüllen könnte ...
> (3) ...

Entsprechende Maßnahmen können nach Art. 91 GG im Falle des inneren Notstandes ergriffen werden. Bewaffnete Einheiten, auf die in diesem Fall zurückgegriffen werden kann, sind die Bereitschaftspolizeien der Länder, des BGS und die Streitkräfte.

a) Die Bereitschaftspolizeien der Länder

Auf der Grundlage der oben genannten Verwaltungsabkommen existieren in den Ländern organisatorisch selbständige, in Gemeinschaftsunterkünften zusammengefaßte Polizeikräfte, die im „Normalfall" für eigene Zwecke der Länder (Ausbildung der Berufsanfänger, Reserve für besondere Belastungssituationen) verwendet werden.

> „Im Hinblick darauf aber, daß der Bund ... in bestimmten Notzeiten auf Polizeikräfte der Länder zurückgreifen kann (und gegebenenfalls muß) und daß in derartigen Notzeiten Störungen der öffentlichen Sicherheit und Ordnung zu meistern sein werden, deren man nur mit geschlossenen Polizeiverbänden Herr werden kann, hat auch er ein großes Interesse daran, daß die Länder entsprechend verwendungsfähige einheitlich ausgerüstete und ständig einsatzbereite Formationen unterhalten."[20]

Der Bund hat deshalb die Ausrüstung der Bereitschaftspolizeien übernommen; die Länder sind für Personal- und Unterbringungskosten zuständig.

---

19 Gerd-Dieter *Schoen*, Peter *Frisch*, Aufrechterhaltung der öffentlichen Sicherheit und Ordnung, Heft K der Reihe *Zivilschutz und Zivilverteidigung*, Bad Honnef 1973, S. 45. Diese Arbeit wird den Ausführungen im folgenden zugrunde gelegt.

20 *Schoen, Frisch*, a.a.O., S. 37.

„Die Gegenleistung der Länder dem Bund gegenüber besteht im wesentlichen darin, daß sie die Bereitschaftspolizeieinheiten in einer Stärke unterhalten, die – berücksichtigt man nur ihren eigenen Bedarf – nicht unbedingt erforderlich wäre ..."[21]

Im Jahre 1973 umfaßte die Bereitschaftspolizei ca. 21.000 Mann. In den letzten Jahren sind in allen Ländern Spezialeinheiten zur Terroristenbekämpfung – insgesamt ca. 1.500 Mann – aufgestellt worden, in deren Ausbildung auch die Tötung eines Gegners geübt wird.

b) Bundesgrenzschutz

„Die Bedeutung, die dem Bundesgrenzschutz im Sicherheitssystem unseres Staates zukommt, wird in Zukunft eher noch zu- als abnehmen."[22] Mit dem neuen, seit dem 1. April 1973 gültigen Bundesgrenzschutz-Gesetz ist in der Tat eine gesetzliche Grundlage für einen ganz neuen Funktionen-Bereich des BGS geschaffen worden. Ursprünglich gedacht als reine Grenzpolizeitruppe, hat sich der BGS zu einer „Polizei des Bundes" entwickelt. Nach dem neuen BGS-Gesetz sind die Truppen – ungeachtet ihres Kombattanten-Status im Kriegsfalle – vor allem in dieser bundespolizeilichen Funktion zu sehen:

„Die Forderung nach ständiger Bereitschaft für die Wahrnehmung polizeilicher Aufgaben im Innern unseres Landes wird das Bild des Bundesgrenzschutzes in wachsendem Maße prägen. Die Verbände haben sich auf polizeiliche Lagen und Einsatzformen im Innern des Bundesgebietes einzustellen und vorzubereiten, bei denen sie sozusagen parallel mit den Bereitschaftspolizeien der Länder und oft auch gemeinsam mit diesen zur Aufrechterhaltung der öffentlichen Sicherheit und Ordnung beitragen."[23]

Aus diesem Grunde ist auch eine Veränderung der Ausstattung des BGS eingeleitet worden: nicht-geländefähige Kraftfahrzeuge (wie z.B. Busse), Wasserwerfer, Lichtmast-Kraftwagen, polizeitypisches Sperrgerät, Polizeischutzschilde und -helme sowie eine wachsende Zahl von die Mobilität der Truppe erheblich steigernden Hubschraubern gehören von nun an zur Ausrüstung des BGS. Dem Charakter einer solchen professionalisierten Schutz-Truppe entspricht es auch nicht mehr, Dienstpflichtige zur Ableistung des Grenzschutz-Grunddienstes heranzuziehen. Seit dem 1. Januar 1974 wird darauf verzichtet.

„Notwendige Änderungen bei den Verbänden wurden eingeleitet, um dem gestiegenen Kräftebedarf gerecht zu werden. So wurde z.B. die Technische Grenzschutzabteilung Mitte im Jahre 1973 umorganisiert; dadurch wurde bewirkt, daß die Abteilung noch mehr als bisher für die im Großraum Köln/Bonn anfallenden Sicherungsaufgaben zur Verfügung steht. Auch die Aufstellung der Grenzschutztruppe 9, die den Ländern zur Terroristenbekämpfung seit dem 1. September 1973 zur Verfügung steht, und die im Jahre 1973 erfolgte Verstärkung der GS-Fliegertruppe sind in diesem Zusammenhang zu sehen."[24]

21 Ebd., S. 37 f.

22 Rede von Bundesinnenminister *Genscher* am 7.3.1974 in Gifhorn, in: *Bulletin des Presse- und Informationsamtes der Bundesregierung* Nr. 33 v. 12.3.1974, S. 310.

23 Erklärung des Bundesministers des Innern, in: *Bulletin des BPA*, Nr. 108 v. 13.9.1973, S. 1077.

24 Tätigkeitsbericht des Bundesgrenzschutzes 1973, Pressedienst des Bundesministerium des Inneren, 7.2.1974, S. 3.

Tabelle 2: Personalstärke des BGS

Jahr	Sollstärke	Iststärke
1969	20.000	16.700
1971	20.000	18.500
1972	20.000	19.000
1973	20.000	22.282

(Quelle: Tätigkeitsbericht des BGS 1973)

c) Streitkräfte

Nach Artikel 87 a, Absatz 4 GG kann auch die Bundeswehr in Notzeiten zur Aufrechterhaltung der öffentlichen Sicherheit und Ordnung herangezogen werden. Der Absatz lautet:

> „Zur Abwehr einer drohenden Gefahr für den Bestand oder die freiheitliche demokratische Grundordnung des Bundes oder eines Landes kann die Bundesregierung, wenn die Voraussetzungen des Art. 91 Abs. 2 vorliegen und die Polizeikräfte sowie der Bundesgrenzschutz nicht ausreichen, Streitkräfte zur Unterstützung der Polizei und des Bundesgrenzschutzes beim Schutze von zivilen Objekten und bei der Bekämpfung organisierter und militärisch bewaffneter Aufständischer einsetzen. Der Einsatz von Streitkräften ist einzustellen, wenn der Bundestag oder der Bundesrat es verlangen."

Dabei, heißt es in den Erläuterungen der Zivilschutzexperten Schoen und Frisch, brauche nicht vorher erprobt zu werden, ob Polizei und BGS die Lage meistern können. Ergäbe eine vorausschauende Prüfung, daß sie dies nicht zu leisten imstande sein werden, so könne die Bundeswehr sofort herangezogen werden.[25] Für solche Aufgaben kommt hier insbesondere das Territorialheer in Betracht (das nationalem Kommando untersteht). In diesem Zusammenhang sei auf eine Bemerkung im Weißbuch 1970 verwiesen:

> „Im übrigen muß eine nationale Führungsapparatur gewährleisten, daß die Bundesrepublik zu angemessener Verteidigungsvorbereitung auch schon in solchen Krisenphasen befähigt ist, in denen die NATO noch nicht in Aktion tritt. ... Der Ausbau der nationalen Führungsapparatur hat begonnen und wird in den nächsten Jahren zielstrebig vorangetrieben werden."[26]

5. *Anmerkungen zur Diskussion über civil violence, ihre Ursachen und ihre Bekämpfung*

Die kurzgefaßte Übersicht über die Möglichkeiten des Einsatzes bewaffneter Einheiten in der Bundesrepublik Deutschland – es sind dabei nur obrigkeitliche Organe in den Blick genommen worden, die auf „privater" Ebene wirkenden Truppen blieben unberücksichtigt[27] – verliert etwas von ihrer Trockenheit, wenn man sie in

25 *Schoen, Frisch*, a.a.O., S. 42.

26 Weißbuch 1970 zur Sicherung der Bundesrepublik Deutschland und zur Lage der Bundeswehr, Bonn 1970, Abschnitt 62.

27 Vgl. hierzu: Karsten *Kullmann*, Zum heutigen Stand und zur Entwicklung des betrieblichen Objektschutzes als Teil der ‚inneren Verteidigung' in der BRD, in: *Blätter fur deutsche und*

einen Zusammenhang stellt, nämlich einmal in den Zusammenhang der je nach Überzeugung als symptomatische oder als Ausnahme-Fälle eingestuften Veröffentlichungen über „Notstandsübungen" von Polizeikräften und Bundeswehr. Während etwa ein durchaus kritisch eingestellter Kommentator der Notstandsgesetze zu dem Schluß gelangt, daß die Definition des inneren Notstandes nicht so ausgelegt werden könne, daß man die Notstandsgesetzgebung als ein innenpolitisches Machtmittel gegen Arbeiter und Gewerkschaften einsetzen darf[28], erscheint anderen der Ausbau der Inneren Sicherheit als ein Versuch, die bestehenden Herrschaftsverhältnisse mit staatsautoritärer Gewalt oder Gewaltandrohung zu festigen. „Letztlich werden hier Notstandsmittel bereitgestellt, in denen in Normalsituationen eingegriffen werden kann. Der latente Ausnahmezustand zeichnet sich ab."[29]

Hier scheinen ein wenig deutlicher die Zwangs-Konturen staatlicher Organisation unter den gegenwärtigen politischen, sozialen und ökonomischen Bedingungen durch. Diese Bedingungen jedoch, darauf weist uns gerade die partielle Widersprüchlichkeit der Politik der sozial-liberalen Koalition hin, konkretisieren sich sowohl inner-gesellschaftlich wie auf der Ebene internationaler Politik. Dies so zu deuten: die Politik eines innenpolitischen roll-back und die Etablierung eines innerstaatlichen Feindbildes sollen den Verlust des außenpolitischen Feindbildes ausgleichen, scheint jedoch die Kompliziertheit des Tatbestandes noch nicht ganz zu fassen[30].

Sicherlich ist unbestreitbar, daß die existierenden bewaffneten Einheiten auch – und mit unausgesprochenem Nachdruck – eine ordnungspolitische Funktion ausüben. Mit Bezug auf die Bundeswehr etwa haben Bielfeldt/Senghaas konstatiert: „Als herrschaftsstabilisierender Faktor wirkt Militär durch seine bloße Existenz, ohne daß es nach außen oder innen aktiv zu werden brauchte ..."[31], was im übrigen, wenn auch in anderer Terminologie, in jedem Weißbuch der Bundesregierung zur Sicherungspolitik ebenfalls ausgesagt wird.

Heißt „herrschaftsstabilisierend" in diesem Kontext, daß zugleich auch alle gesellschaftlichen Entwicklungen in Richtung auf eine tiefgreifende gesellschaftliche und ökonomische Macht-Umverteilung notfalls mit Gewalt unterbunden werden? (Und wo liegt die Schwelle, jenseits der der „Notfall" für die herrschende Elite eintritt?) Um solche in der Tradition bürgerlicher Emanzipationsbewegungen

---

internationale Politik, 14. Jg. 1969, S. 1068 ff. Ferner: Harald *Freiling*, Funktion und Struktur des Werkschutzes, in: *Blätter für deutsche und internationale Politik*, 19. Jg. 1974, S. 733 ff. Danach läßt sich deutlich erkennen, daß die Reorganisation des Werkschutzes parallel zu den staatlichen Ausbaumaßnahmen der Institutionen der Inneren Sicherheit verlaufen ist. Als Dokument zur „Mentalität" dieses privatwirtschaftlichen Sicherheits-Dienstes vgl. Günter *Wallraff*, Wehe, wenn sie losgelassen?, in: 13 unerwünschte Reportagen, Köln/Berlin 1969, S. 163 ff.

28 Reinhard *Hoffmann*, Innerer Notstand, Naturkatastrophen und Notstandsgesetze, Frankfurt/M. 1968, S. 88.

29 Theo *Schiller*, a.a.O., (s. Anm. 9) S. 678.

30 Vgl. hierzu jetzt Rüdiger *Pusch*, Die Totalisierung der Gewalt-Anmerkungen zum Ausbau der staatlichen Gewaltpotentiale in der BRD, in: *Albrecht/Schierholz/Thielen* (Hrsg.), Anti-Wehrkunde. Basistexte zur politischen Bildung, Darmstadt/Neuwied 1975, S. 127 ff.

31 Carola *Bielfeldt*, Dieter *Senghaas*, Kann die BRD abrüsten?, in: *Leviathan*, 1. Jg. 1973, S. 297 f.

und der Arbeiterbewegung immer wieder auftauchende Fragen ging es auch, als im Oktober 1973 von einigen Mitgliedern der Sozialdemokratischen Partei aus Anlaß des Militärputsches in Chile[32] die Frage nach der „demokratischen Zuverlässigkeit" der Streitkräfte in der BRD aufgeworfen wurde[33]. Die sich daraus ergebende öffentliche Diskussion wurde heftig und emotional geführt – und zwar hauptsächlich zwischen Sozialdemokraten. Belastet war sie vor allem durch eine Reihe von das grundsätzliche Problem eher verdunkelnden Akzenten, nach denen die historischen und regionalen Besonderheiten der bundesdeutschen Streitkräfte einzig auf das Verhalten der einen oder anderen Führungsfigur projiziert wurden. Wenn sie nicht auf internationale Zusammenhänge (auf NATO-Ebene, auf westeuropäischer Ebene) detailliert eingeht, bleibt eine solche Diskussion unangemessen vordergründig. Sie hat denn auch in der Bundesrepublik bei den Mißtrauischen nur das Mißtrauen verstärkt und bei den direkt Angesprochenen zumeist nur Empörung und Beleidigtsein hervorgerufen.[34]

Gehen wir zurück zur internationalen Debatte über civil violence. Die Prognose der Fachleute der unterschiedlichsten Couleur sagen für die kommenden Jahre für fast alle Staaten wachsende Schwierigkeiten bei der Sicherung der Massenloyalität voraus, damit aber auch ein Ansteigen der civil violence in ihren beiden Formen: Gewalt gegen die etablierten Mächte und Gewalt (nach innen) der etablierten Mächte. Studien wie die von Frank Kitson über low intensity operations[35] oder André Beaufre über die Revolutionierung des Kriegsbildes[36] oder – in der BRD – von Müller-Borchert über „Guerilla im Industriestaat"[37] sind Hinweise darauf, daß nicht nur dem Exotismus anhängende Studenten sich mit den Strategien der Tupamaros beschäftigen. In der ein wenig feuilletonisierenden Sprache der FAZ sieht die Zukunft der Inneren Sicherheit so aus:

> „Ohne Zweifel wächst die Legitimationskrise der westlichen Gesellschaften, und je weniger die Vertreter der staatlichen Autorität fähig sind, die ‚Ordnung' – sprich: den Funktionszusammenhang – aufrecht zu erhalten, desto mehr wächst diese Krise an ... In solcher Lage muß man wieder beginnen, Politik vom Ausnahmezustand her zu denken. Doch gerade demokratische Systeme tun sich hier schwer."[38]

Dennoch: man hat bereits damit begonnen.

---

32 Vgl. in diesem Zusammenhang: Volker *Lühr*, Chile: Legalität, Legitimität und Bürgerkrieg. Zur Durchsetzbarkeit sozialistischer Reformpolitik in einer parlamentarischen Demokratie, Darmstadt/Neuwied 1973, bes. S. 196 ff.

33 Wilfried *von Bredow*, Polemik und Verwirrung – über den Stil militärpolitischer Diskussionen in der BRD, unveröff. Manuskript.

34 Vgl. dazu: J. *Moneta*, E. *Horn*, K.H. *Hansen*, Bundeswehr in der Demokratie – Macht ohne Kontrolle?, Frankfurt/M. u. Köln 1974.

35 deutsch: Im Vorfeld des Krieges, Stuttgart 1974.

36 Stuttgart 1973.

37 Hamburg 1973.

38 So Günter *Maschke* in seiner Rezension des Buches von *Müller-Borchert*, in: *Frankfurter Allgemeine Zeitung* v. 8.3.1974.

Theodor Ebert

Widerstandsmöglichkeiten gegen innenpolitisches Eingreifen mit bewaffneten Einheiten

Der Militärputsch in Chile im Herbst 1973 hat das Arbeitsprogramm einiger Friedensforscher, die sich mit Problemen des zivilen Widerstandes befassen, schwer erschüttert. Dennoch war es für jene Forscher nicht in derselben Weise ein „Chile-Schock" wie für die Jungsozialisten, die diesen Ausdruck gebrauchten, um ihre Empfindungen zu bezeichnen. Die Widerstandsforscher hatten ziemlich früh schon, wenn auch ohne eingehende Studien, auf die Gefahr eines Staatsstreiches und die Notwendigkeit von Widerstandsvorbereitungen hingewiesen.

Erschütternd waren dann beim Eintreten des Vorhergesagten doch zwei Dinge. Zum einen war es die Feststellung, daß die Regierung Allende dem Widerstand weder zivilen, noch militärischen Widerstand in größerem Umfang entgegenzusetzen vermochte. Als Allende vom Putsch hörte, fuhr er mit 23 bewaffneten Getreuen in den Moneda-Palast, wo er von einigen Flugzeugen und 200 Infantristen niedergekämpft wurde. Noch ein paar Widerstandsnester in Arbeitervierteln – der Rest ist Hetzjagd nach Proskriptionslisten. Das soll das Ende einer Volksfrontregierung sein, die zweifellos Repräsentant einer Massenbewegung auf breiter partizipatorischer Basis war?

Diese Unfähigkeit der Regierung Allende zur Verteidigung erfahren zu müssen, war für mich, und nicht nur für mich, sehr deprimierend. Ich will mich aber nicht diesem deprimierenden Eindruck des Untergangs der Volksfrontregierung dadurch entziehen, daß ich in pathetischen Worten den faschistischen Charakter des chilenischen Militärregimes anprangere oder die Solidarität mit den Verfolgten beschwöre, sondern ich will versuchen, Konsequenzen aus der chilenischen Erfahrung zu ziehen. Das Niederdrückende dieser Erfahrung wurde dadurch verstärkt, daß ich auf eine mir selbst und meinen Freunden vorgelegte Frage nur mit dem Eingeständnis des eigenen Versagens antworten konnte. Was hätten denn wir Widerstandsforscher der Regierung Allende und den mit ihr verbundenen Großorganisationen und Basisgruppen für Vorschläge machen können? Aus den vielen tausend Seiten wissenschaftlicher Literatur zum zivilen Widerstand und insbesondere zur Sozialen Verteidigung könnte man höchstens 20 Seiten operationalisierte Ratschläge speziell zum zivilen Widerstand gegen einen solchen Staatsstreich zusammenstellen. Und dies als das Ergebnis einer zehnjährigen Forschungsarbeit von einem halben Dutzend ständig an Widerstandsproblemen arbeitenden Sozialwissenschaftlern!

Aber nun zu den Konsequenzen. Es gibt Friedensforscher, welche die bewaffnete Verteidigung der Revolution (oder sagen wir mal vorsichtiger: einiger Errungenschaften auf dem Wege zur Revolution) für unvermeidlich halten.[1] Ich würde mit diesen Kollegen zunächst soweit einig gehen, daß man das Problem der Verteidigung von gesellschaftlichen Transformationsprozessen vordringlich untersuchen muß. Ob der Widerstand bewaffnet oder zivil sein soll oder beides zugleich, sollte man nicht vorweg entscheiden, sondern anhand von Szenarien und ausgearbeiteten Widerstandskonzeptionen.

Es gibt zweifellos eine wehrpolitische Lücke in den sozialistischen Transformationskonzepten der deutschen Gegenwart[2]. Operationalisierbare Widerstandskonzepte für die verschiedenen vorstellbaren Fälle bewaffneter Intervention in Prozesse antikapitalistischer Strukturreformen gibt es meines Erachtens weder bei den Jungsozialisten noch bei der DKP – und nicht einmal beim Sozialistischen Büro, wo Egbert Jahn immerhin durch seine Einschätzung der Erfahrungen von Chile den Grund für die Entwicklung einer zivilen Widerstandskonzeption gelegt hat[3].

Man könnte sich jetzt auf den Standpunkt stellen: Wir haben angesichts der legalistischen Rollback-Versuche der Konservativen Wichtigeres zu tun als über die Verteidigung antikapitalistischer Strukturreformen gegen militärische Interventionen nachzudenken. Und in der Tat gibt es sehr aktuelle Widerstandsprobleme. Warum sollte man Konzepte für den Widerstand gegen Staatsstreiche entwickeln, solange man noch nicht einmal weiß, wie man ein besetztes Haus verteidigen, das Eingreifen von Polizei bei Spontanstreiks verhindern oder die Stillegung dem Volke nützlicher, aber unrentabler Betriebe verhindern soll?

Nun will ich gar nicht behaupten, daß die Erforschung des zivilen Widerstands gegen Staatsstreiche oder vergleichbare innenpolitische Interventionen bewaffneter Organisationen ein vorrangiges Schwerpunktprogramm der Friedensforschung sein muß. Mir geht es einzig um das Nota-bene, daß auch dieses Forschungsprogramm ein unverzichtbarer Bestandteil der Friedensforschung ist. Im übrigen wissen wir nicht, wieviel Zeit wir haben, um die wehrpolitische Lücke zu schließen. Geht es doch nicht erst um die Abwehr der Konter*revolution*, sondern schon der Konter*reform*. Man wird einkalkulieren müssen, daß es bei der Einleitung eines antikapitalistischen Transformationsprozesses schon präventiv zu konterreformistischen Interventionen kommen kann, die den take-off eines Demokratisierungs- und Sozialisierungsprozesses verhindern sollen.

Entwicklungsvarianten und Interventionspunkte

Das erste Problem, vor dem wir stehen, wenn wir heute in der BRD Widerstandskonzepte entwickeln wollen, die in näherer oder fernerer Zukunft relevant sein sollen, ist ganz simpel: Wie wird dieser gesellschaftliche Prozeß verlaufen?

---

1 Zur allgemeinen historischen und theoretischen Grundlegung dieser Position siehe Sven *Papcke*, Progressive Gewalt. Studien zum sozialen Widerstandsrecht, Frankfurt/M 1973. Speziell zu den Lehren des Militärputsches in Chile siehe Ekkehart *Krippendorff*, Chile, Violence and Peace Research, in: *Journal of Peace Research*, Oslo 2, 1974, S. 95–103.

2 Vgl. Theodor *Ebert*, Die wehrpolitische Lücke im Programm antikapitalistischer Strukturreformen, in: Th. *Ebert* (Hg), Wehrpolitik ohne Waffen. Vom passiven Widerstand zur Sozialen Verteidigung, Opladen 1972, S. 147–163.

3 Egbert *Jahn*, Die chilenische „Lehre" für die sozialistische Militärpolitik in der BRD und Westeuropa, in: Links, Nr. 57 Juli/August 1974, S. 13–16.

Um das herauszufinden wird einem nun in der kritischen sozialwissenschaftlichen Tradition empfohlen, eine Realanalyse nach allen Regeln der Kunst anzufertigen, um daraus Vorstellungen über die gesellschaftlichen Trends und eine ihnen angemessene Praxis zu gewinnen.

Dieser Empfehlung sollte man durchaus folgen, aber man wird seine Ansprüche an die Realanalyse nicht allzu hoch schrauben dürfen. Jeder wird zugeben, daß ein nationaler Ansatz bei dieser Analyse nicht genügt und daß globale Tiefenschärfe erforderlich wäre. Dies ist aber vom Forschungsaufwand her innerhalb begrenzter Zeit nicht zu schaffen. Das meine ich sehr ernst. Man sollte einmal darüber nachdenken, warum „Das Kapital" ein Fragment blieb, während Marx eine Fremdsprache nach der anderen lernte.

Der Widerstandsforscher wird sich also mit realanalytisch angeleiteten Vermutungen begnügen müssen. Dies macht es allerdings auch erforderlich, daß er diese laufend revidiert – anhand von anfallenden empirisch-analytischen Zwischenergebnissen.

Wenn man also herausfinden will, wie man gegen das innenpolitische Eingreifen bewaffeneter Verbände (von der Bundeswehr, ausländischen Truppen über den Bundesgrenzschutz bis zur Polizei) Widerstand leisten kann, dann wird man nicht mit *einer* richtigen Trendanalyse arbeiten können, sondern wird es mit einigen, in gewissem Umfang realanalytisch angeleiteten Szenarien in mehreren Varianten versuchen müssen.

Weil wir bislang dem Mythos der Realanalyse aufgesessen sind, ist leider bisher auch die Methode der Entwicklung solcher vermuteter Szenarien unterentwickelt geblieben. Stellen wir uns doch einmal zusammen die Frage: Im Verlauf welcher vorstellbarer Entwicklungen kann es zum Eingreifen bewaffneter Verbände kommen?

Ich möchte jetzt davon ausgehen, daß Geschichte nach dem Grundmuster des Klassenkampfes interpretiert werden kann und daß es konkret in der Bundesrepublik um die Abschaffung des Privateigentums an den Produktionsmitteln als einer unverzichtbaren Voraussetzung humaner und friedlicher Gesellschaftsordnung geht.

Von diesem Grundmuster ausgehend, möchte ich zunächst einmal zwischen einer optimistischen und einer pessimistischen Variante der Entwicklung unterscheiden.

Die pessimistische Variante nimmt einen Desintegrationsprozeß der bourgeoisen Formaldemokratie bis zu einem abschließenden Putsch an. Marx hat einen solchen Prozeß dargestellt in der Abhandlung über den „Achtzehnten Brumaire des Louise Bonaparte". Wenn man eine ähnliche Entwicklung für die Bundesrepublik Deutschland annehmen wollte, dann wäre die Grundannahme, daß immer neue Krisen die Handlungsschwäche der Regierung offenbaren und daß diese sich sogar zur Unterdrückung aufständischer Basisgruppen unfähig erweisen würde. Das vorläufige Ende der Entwicklung wäre dann, daß die Bourgeoisie zugunsten des Militärs abdankt.

Eine solche Entwicklungsfigur halte ich für konstruierbar (und es gibt zumindest in unseren Nachbarstaaten Anhaltspunkte für solche Entwicklungen). Es fehlt mir allerdings der Optimismus von Marx, daß es im Verlauf solcher Prozesse zu einem wachsenden Klassenbewußtsein kommt und daß die Opfer erträglich bleiben.

Daher möchte ich annehmen, daß wir uns nicht mit der distanzierten Analyse historischer Abläufe begnügen, sondern einen solchen Desintegrationsprozeß zu stoppen und die faschistische Machtergreifung zu verhindern suchen würden. Es ist im übrigen wohl auch so, daß im Unterschied zum Frankreich des Jahres 1852 die Klasse an sich vorhanden ist, um einen achtzehnten Brumaire zu verhindern. Die Sozialisten und Kommunisten in Italien trauen sich das auch zu.

Wenn man aber einmal davon ausgeht, daß es im Rahmen eines Desintegrationsprozesses bourgeoiser Formaldemokratie zu einem Militärputsch kommt, dann wird man auch annehmen müssen, daß das Widerstandspotential bescheiden und nur in einigen Basisgruppen und intermediären Verbänden zu suchen ist.

Ich möchte mich bei dieser pessimistischen Variante nicht lange aufhalten, weil ich meine, daß wir für die Konkretisierung auf einiges im Rahmen der Diskussion um die Notstandsgesetze Gesagte zurückgreifen können[4].

Die pessimistischen Erwartungen der Gegner der Notstandsgesetze haben sich bislang nicht erfüllt, wodurch diese Zeitbombe allerdings nicht entschärft wird. Dennoch kann uns die bisherige Entwicklung, die mit der Bildung der sozial-liberalen Koalition ja weit günstiger verlief, als wir bei der Verabschiedung der Notstandsgesetze erwarteten, auch dazu ermutigen, über optimistische Varianten der Entwicklung nachzudenken.

Bei dieser *optimistischen Variante* der Entwicklung könnte man annehmen, daß der Demokratisierungsprozeß im Sinne etwa von Fritz Vilmars multifrontaler Strategie[5] oder Hans-Eckehard Bahrs „Politisierung des Alltags"[6] Fortschritte macht, bis die sozialistische Linke unmittelbar vor der Regierungsübernahme steht. Hier gäbe es nun zwei mögliche Zeiträume für die Intervention bewaffneter Verbände.

Der erste Zeitraum wäre die Periode zwischen dem sich abzeichnenden Wahlerfolg der Linken und der tatsächlichen Regierungsübernahme. Meinungsbefragungen lassen solche Trends in der populären Willensbildung erkennen, allerdings nicht mit so großer Sicherheit, daß nicht auch eine abwartende Einstellung bei potentiellen Putschisten sich durchsetzen könnte. Es gibt jedoch ein warnendes Beispiel für den Präventivschlag aus der jüngeren Vergangenheit. Ich erinnere an den Militärputsch in Griechenland in den Ostertagen des Jahres 1967. Damals zeichnete sich ein Wahlerfolg der Zentrums-Union bereits ab, und es war auch bekannt, daß in dieser Partei ein Rückzug aus der NATO erwogen wurde[7].

Der zweite Zeitraum wäre die Periode nach dem Wahlerfolg, in der erste radikale Strukturveränderungen vorangetrieben würden, vor allem auf dem Gebiet der Investitionslenkung, der Arbeiterselbstverwaltung und der Abrüstung.

Anhand dieser zweiten Variante im Rahmen der optimistischen Annahme für den Verlauf der Entwicklung möchte ich im Folgenden die Widerstandsmöglichkei-

4 Siehe auch Theodor *Ebert*, Strategie der außerparlamentarischen Opposition im Notstandsstaat, in: Th. *Ebert* (Hg), Wehrpolitik ohne Waffen, a.a.O., S. 126–133.

5 Fritz *Vilmar*, Strategien der Demokratisierung, 2 Bde., Darmstadt und Neuwied 1973.

6 Hans-Eckehard *Bahr*, Politisierung des Alltags. Gesellschaftliche Bedingungen des Friedens, Darmstadt und Neuwied 1972.

7 Adam *Roberts*, Ziviler Widerstand gegen Staatsstreiche. Die Lehren des Militärputsches in Griechenland für gefährdete Demokratien, in: *Neue Sammlung* März/April 1968, S. 183–190.

ten erörtern. Das hat neben psychostimulierenden auch forschungspraktische Gründe. Diese Variante bietet die größten Entfaltungsmöglichkeiten für den Widerstand. Anhand dieses Modells ließe sich dann das reduzierte Widerstandspotential in den anderen Varianten eher einschätzen.

Hinzu kommt, daß es für diese Variante der Widerstandsszenarien die meisten Vorarbeiten gibt. Dieses Szenario weist nämlich die stärksten Parallelen zu dem bislang im Konzept der Sozialen Verteidigung behandelten Widerstand gegen Interventionen auswärtiger Usurpatoren, also Besatzungsmächte, auf.

Unterschiede zur Sozialen Verteidigung gegen auswärtige Aggressoren

Dennoch, es gibt wohl zu bedenkende Unterschiede zum Widerstand gegen auswärtige Aggressoren[8]:

(1) Beim Widerstand gegen einheimische Putschisten ist der Klassenkampfcharakter des Konflikts deutlich. Bei auswärtigen Interventionen können Klassenkonflikte nationalistisch überlagert werden wie zum Beispiel im Ruhrkampf 1923[9]. Beim Widerstand gegen Staatsstreiche verbietet es sich von vornherein, im Widerstandsmodell von einem irgendwie geschlossenen Widerstand des gesamten Volkes auszugehen – was man im übrigen auch bei Interventionen von außen nicht tun sollte.

(2) Beim Widerstand gegen einen Staatsstreich muß eine innenpolitische Krisensituation Bestandteil des Modells sein. Das ist bei auswärtigen Interventionen – man denke an die Okkupation Dänemarks und Norwegens im Zweiten Weltkrieg[10] – nicht unbedingt der Fall.

(3) Während bei Szenarien der Sozialen Verteidigung gegen auswärtige Aggressoren häufig davon ausgegangen wird, daß es im besetzten Land gar keine Armee mehr gibt, ist gerade die Existenz einer einheimischen Armee und eventuell mit ihr verbündeter auswärtiger Truppen Bestandteil des Modells des zivilen Widerstands gegen Staatsstreiche.

(4) Beim Widerstand gegen Staatsstreiche liegen die Usurpatoren schon vor der Intervention im direkten Zugriffsbereich der Widerstandskämpfer. Die Basisgruppen, aber auch Regierungsorgane können direkten Kontakt zu ihnen aufnehmen. Es gibt keine Sprachprobleme, es gibt verwandtschaftliche Beziehungen, und das Überlaufen ist viel einfacher.

---

8 Vgl. Roland *Vogt*, Konzepte der Sozialen Verteidigung, in: Th. *Ebert* u.a., Demokratische Sicherheitspolitik. Von der territorialen zur sozialen Verteidigung, München 1974, S. 11–39.

9 Vgl. Wolfgang *Sternstein*, Der Ruhrkampf. Wirtschaftsprobleme der Sozialen Verteidigung, in: A. *Roberts* (Hg), Gewaltloser Widerstand gegen Aggressoren, Göttingen 1971, S. 50–86.

10 Vgl. die Bibliographie zum zivilen Widerstand gegen die deutsche Besetzung im Zweiten Weltkrieg, in: Rolf *Niemann*, Bibliographie zur Sozialen Verteidigung, in: Th. *Ebert* u.a., Demokratische Sicherheitspolitik, a.a.O., S. 212–215.

(5) Es ist weniger wahrscheinlich, daß beim Putschmodell die Änderung der Außenhandelsströme Bestandteil des Konflikts ist. Wirtschaftliche Kampfmaßnahmen (Streiks) vermögen wahrscheinlich einheimische Putschisten und ihre Hintermänner in der Wirtschaft stärker eher zu treffen als einen auswärtigen Angreifer.

Das sind so viele Modifikationen und Abweichungen, daß man sich fragen muß, ob man für den zivilen Widerstand gegen das innenpolitische Eingreifen bewaffneter Verbände überhaupt noch den verengten, militärisch besetzten Begriff der „Verteidigung" verwenden sollte. Dieses Problem besteht schon bei Modellen der Sozialen Verteidigung gegen auswärtige Aggressoren, ist aber noch deutlicher bei innenpolitischen Konflikten mit bewaffneten Verbänden. Der Unterschied zwischen „Gewaltfreiem Aufstand" und „Sozialer Verteidigung" ist nicht mehr so klar, besonders wenn man noch an die Variante denkt, in welcher die militärische Intervention einer Regierungsbildung präveniert, wenn also der gewaltfreie Aufstand zur Fundamentaldemokratisierung der kapitalistischen Formaldemokratie von herrschenden Gruppen mit Verfassungsbruch beantwortet wird. Als spezifisch für die Soziale Verteidigung kann nur festgehalten werden, daß sich hier – im Unterschied zum gewaltfreien Aufstand – der zivile Widerstand gegen das Außerkraftsetzen der Verfassung durch exekutive Organe richtet, die sich dazu auf den Einsatz bewaffneter Verbände stützen. (Ob sich allerdings ein solcher Verfassungsbruch in der Bundesrepublik eindeutig konstatieren läßt, ist bei der Auslegungsfähigkeit der Notstandsgesetzgebung sehr fraglich.) Gemeinsam wären „Gewaltfreiem Aufstand" und „Sozialer Verteidigung", daß sie beide – zum einen offensiv, zum anderen defensiv – Ausdrucksformen ein und desselben sozialistisch-zivilistischen Transformationsprozesses sind.

Diese Überlegungen waren an die Kenner der Kontroversen um das Verhältnis von „Sozialem Angriff" und „Sozialer Verteidigung" gerichtet.[11] Wenn ich damit die Fragestellung meines Referats in den Forschungszusammenhang der Überlegungen um die Soziale Verteidigung gestellt habe, möchte ich damit doch nicht die Widerstandsmöglichkeiten von vornherein auf die zivilen gewaltfreien Methoden beschränken. Ich möchte vielmehr nachher die Frage der angemessenen Widerstandsmethoden separat behandeln.

Widerstand im Vorfeld der bewaffneten Intervention

Zuvor soll jedoch noch ein weiterer Gedankengang dazwischengeschoben werden. Wenn man von der Verteidigung des Transformationsprozesses gegen bewaffnete Interventionen spricht, dann muß man bedenken, daß das Eingreifen bewaffneter Verbände ihrerseits nur die extremste Form der Konterreform ist. Die Konterreform selbst hat mehrere institutionelle Ansatzpunkte für ihren Angriff auf parlamentarischer und außerparlamentarischer Ebene. Dafür ist die chilenische Erfahrung sehr

11 Vgl. Egbert *Jahn*: Civilian defense and civilian offensive, in: *Journal of Peace Research* 3, 1973, S. 285–294.

instruktiv – und gerade zur Erkenntnis der Interdependenz der Ansatzpunkte der Konterreform würde sich eine Fallstudie über das chilenische Vorspiel des Putsches lohnen.

Man muß rechnen mit parlamentarischer Obstruktion, dauerndem Anzweifeln der Legitimität und Verfassungskonformität der Regierung. Der Dauerappell an das Bundesverfassungsgericht kann Strukturreformen sehr erschweren: Das Institutionsgefüge des Grundgesetzes mit seinen „checks and balances" begünstigt konservative Politik gegenüber Strukturreformen. Bei klaren Mehrheiten für die Strukturreformer ließen sich diese Blockaden bei etwas Geduld überwinden, aber man darf nicht annehmen, daß sich der Klassenkampf auf parlamentarische oder judikative Gefechte beschränken wird.

In Chile hat sich deutlich gezeigt, daß sich die Konterreform außerparlamentarischer Kampfmittel bedient – und zwar interessanterweise auch zu gewaltlosen Kampftechniken greift und sich nicht mehr zu fein ist, auf die Straße zu gehen und Radau zu machen.

Märsche der leeren Kochtöpfe von mittelständischen Hausfrauen wie in Santiago können dem Image einer sozialistischen Regierung schaden – auch wenn die Heuchelei der Aktion der Regierung offensichtlich scheint. Konterreformistische Aktionen wie Ärztestreiks oder die Stillegung der Transportkapazität durch die privaten Fahrunternehmer sind Schritte, die Gegenmaßnahmen erfordern, welche ins Vorfeld der Sozialen Verteidigung gehören.

Je effektiver die konstruktiven Gegenmaßnahmen der Träger der Strukturreformen sind, desto wahrscheinlicher ist es, daß die außerparlamentarische Obstruktion auch noch *terroristische* Züge annimmt: Anschläge auf prominente Politiker oder auch wahllose Attentate und Sprengungen. Hier käme es darauf an, die „law and order"-Parole gegen die Terroristen zu wenden und diese vom bürgerlichen Lager zu isolieren.

Ich möchte diese außerparlamentarischen, aber nicht militärischen Formen der Konterreform hier nicht ausführlich behandeln, da es in der Literatur zum gewaltfreien Widerstand Untersuchungen gibt, welche diese Probleme erörtern. Ich wollte durch das Erwähnen dieser Kampftechniken der Konterreform nur zeigen, daß bewaffnete Verbände erst nach ihren Stimmungsmachern auftreten. Die parlamentarischen und außerparlamentarischen Aktionen der Konterreform sind Testaktivitäten, welche Schwächen der Regierung und ihrer Formationen offenbaren sollen.

Bewaffneter oder gewaltloser Widerstand?

Zu der Frage, ob bewaffneter oder gewaltloser Widerstand – oder ein Gemenge aus beidem angewandt werden sollen, findet man in der Literatur zur Sozialen Verteidigung und zum Gewaltfreien Aufstand eine Fülle von Überlegungen; ich will hier nur Gesichtspunkte im Blick auf den Widerstand gegen Staatsstreiche nachtragen.

Für den bewaffneten Widerstand gegen einen Staatsstreich spricht zunächst, daß bei den bewaffneten Organisationen in der BRD dies ihrem dienstlichen Auftrag entspräche. Es schiene absurd, von Leuten, die an Waffen ausgebildet wurden, zu erwarten, daß sie, wenn es ernst wird, zivilen Widerstand leisten. Auch Gandhi, der für mich zwar kein Kirchenvater ist, aber doch der erfahrenste gewaltfreie Akteur, den die Geschichte kennt, konnte einmal nicht umhin zu sagen, daß Leute, die nun mal an ihre Waffen glauben, auch damit kämpfen sollen und daß dies immer noch besser sei, als sich zu unterwerfen.

Der englische Historiker Adam Roberts hat das tatsächliche Verhalten von verfassungsloyalen Soldaten bei Staatsstreichen in einigen Fällen untersucht und ist dabei zu dem vorläufigen Ergebnis gekommen, daß der Einsatz von Waffengewalt nicht einfach als die Regel angenommen werden darf, sondern daß eher ein abwartendes Verhalten typisch zu sein scheint und unbewaffnete Obstruktions- und Widerstandshandlungen von Soldaten gar nicht so selten sind[12]. Das ist nicht so verwunderlich. Die Soldaten und Offiziere haben eine Abneigung, auf Kameraden zu schießen und manche Länder haben in ihrer Geschichte solch verheerende Bürgerkriege erlebt, daß das Zögern von Offizieren, einem Putsch mit Waffengewalt zu begegnen, verständlich ist.

Die Zurückhaltung vorläufig noch loyaler Truppenteile ist auch damit zu erklären, daß ein Staatsstreich zunächst einmal den Charakter des „Pronunciamento", daß heißt der demonstrativen Ankündigung des Machtwechsels hat. Die unentschiedenen Truppenteile warten nun gewöhnlich die Gegenerklärung der amtierenden Regierung und die Reaktion der Öffentlichkeit ab.

Das Problem ist zunächst einmal: Soll die Regierung loyale Truppenteile und eventuell auch die Polizei zum bewaffneten Widerstand aufrufen, beziehungsweise soll sie im voraus zu erkennen geben, daß sie dies im Ernstfall tun wird?

Meine Antwort wäre: Wenn eine Regierung die Chance sieht, daß ziviler Widerstand die Verfassung und ihre Organe zu schützen vermag, sollte sie die Waffenträger nicht zum Einsatz aufrufen. Aus zwei Gründen: Erstens sind die zum Waffengang bereiten Sympathisanten der Regierung in einer Armee im Falle eines Putsches am gefährdetsten. Wer einen Putsch durch sozialistische Durchdringung der Armee verhindern möchte, der sollte sich auch daran erinnern, daß die ersten Liquidierten des Putsches in Chile Allende-treue Soldaten waren.

Der zweite Grund, der eine Regierung zögern lassen sollte, auf ihre bewaffnete Verteidigung zu bauen, ist der Umstand, daß eine sozialistische Regierung, die sich vom Militär retten läßt, von diesem abhängig wird und vielleicht loyale, aber doch wahrscheinlich relativ konservative Militärs in die Regierung aufnehmen muß.

Es blieben Polizei und Bundesgrenzschutz. Im Falle eines Staatsstreiches der Truppe (und nicht etwa eines Putsch-Versuches bewaffneter Zivilisten, einen Sonderfall, den ich hier einmal ausklammern will, der aber relevant ist, wie die kürzlichen Vorgänge in Mozambik oder der Marsch auf Rom der Schwarzhemden Mussolinis zeigten) – also im Falle des Staatsstreichs der Truppe ist die Polizei in ihrer Bewaffnung so unterlegen, daß Widerstand aussichtslos wäre. Wenn man einmal annimmt, daß es zu massenhaften zivilen Widerstandsaktionen kommt, dann hätte

---

12 A. *Roberts*, Ziviler Widerstand gegen Staatsstreiche, in: Th. *Ebert* u.a., Demokratische Sicherheitspolitik a.a.O., S. 86.

eine loyale Polizei auch alle Hände voll zu tun, diese gewaltlosen Aktionen zu unterstützen und Gegenkundgebungen zugunsten der Putschisten in Schranken zu halten.

Manche Sozialisten haben aus dem Untergang der Volksfront-Regierung in Chile den Schluß gezogen, daß das Volk zu bewaffnen sei. Ich kann das nicht für jedes Volk und jeden traditionellen Zusammenhang ablehnen. Aber wir in der Bundesrepublik haben weder die Tradition der Schweiz[13] noch Guerillakriegserfahrung. Ich sehe keine Möglichkeit, wie in Mitteleuropa eine sozialistische Linke sich in der Zeit vor der Regierungsübernahme auf den bewaffneten Widerstand gegen einen Staatsstreich vorbereiten könnte. An den konterproduktiven Ergebnissen des Experiments der „Roten Armee Fraktion" ließe sich auch bei einer etwas anderen Anlage des Unternehmens nicht viel ändern. Es gibt in der Bundesrepublik keine Berge, Wälder, Wüsten oder verlassene Städte, in denen eine solche Ausbildung sich unbeobachtet und ununterbrochen vollziehen könnte. Die französischen und italienischen kommunistischen und sozialistischen Parteien und Gewerkschaften können ihre Mitglieder doch auch nicht im bewaffneten Widerstand gegen Staatsstreiche ausbilden. Ich glaube auch nicht, daß ohne schweres militärisches Gerät die militärische Ausbildung, die ein sozialistisch gesonnener Soldat in der Bundeswehr erhält, ihm beim Widerstand gegen Staatsstreiche von großem Nutzen sein könnte. Es wäre darum interessant zu erfahren, wie Ekkehart Krippendorff sich den bewaffneten Volkswiderstand vorstellt – und er müßte ja wohl operationalisierte Vorstellungen haben, wenn er im „Journal of Peace Research" aus dem Putsch in Chile den etwas unvermittelten Schluß zieht, daß das Konzept der Sozialen Verteidigung als gescheitert betrachtet werden müsse[14].

Notwendigkeit der Operationalisierung der Widerstandskonzeption

Ich habe überhaupt den Eindruck, daß man in der deutschen Linken gar nicht operationalisierend an das Problem des Widerstandes gegen Staatsstreiche herangeht. Lassen Sie mich ein Beispiel geben. Klaus Rainer Röhl hat unter dem Stichwort „Wann putscht die Bundeswehr?" das Widerstandsverhalten in dem Magazin „das da" zu skizzieren versucht. Er fragt unter anderem nach dem Verhalten der Ortsverbände der Gewerkschaften.

> „Ich stelle mir vor, daß sie auf eine Entscheidung der DGB-Zentrale warten. Die machen eine Sitzung – wer ist für den Generalstreik, wer dagegen? Man debattiert den ganzen Tag, die Frage ist kompliziert – und dann ist das Telefon abgeknipst und einige freundliche Herren lösen die Versammlung auf"[15].

---

13 Kritisches zu dieser Tradition in: Angelika *Kohlhoff* / Christian *Rabe*, Defensiv aber militärisch. Überlegungen zum schweizerischen Wehrsystem, in: Horst *Afheldt* u.a., Eine andere Verteidigung. Alternativen zur atomaren Abschreckung, München 1973. S. 117–156.

14 Vgl. Anm. 1. Daß Krippendorff für Soziale Verteidigung die Bezeichnung „civil defense" verwendet, obwohl in der Fachliteratur ausdrücklich und durchgängig von „civilian defense" gesprochen wird, ist möglicherweise symptomatisch für die Intensität, mit der sich dieser Kritiker mit dem verworfenen Konzept befaßt hat.

15 *Das da*, Hamburg, 1, 1974 (dokumentiert in: *Gewaltfreie Aktion*, Berlin, 19/20, 1. und 2. Quartal 1974, S. 68).

– Effekt? Wir grinsen über die Gewerkschaftsführung! Operationalisierte Konsequenz? Keine! Dabei wäre das Problem doch: Wie kann man es einrichten, daß der Prozeß der Information, Entscheidungsfindung und Mobilisierung in den Gewerkschaften möglichst rasch verläuft und die Mobilmachung eventuell unabhängig gemacht werden kann von einer liquidationsgefährdeten Zentrale und einem ausschaltbaren System der Nachrichtenvermittlung. Ich halte *dieses* Problem für lösbar. Nun nehme ich einmal an, daß man es fertigbringt, den gesamten Prozeß in 90 Minuten ablaufen zu lassen. Dies würde bedeuten, daß innerhalb dieser Zeit Millionen von Gewerkschaftsmigliedern die Stadtzentren füllen könnten. Die Vorbereitung auf ein solches Gegen-Pronunciamento müßte auf alle Putschisten, die erfahrungsgemäß für den Anfang nur kleinere Teile des Heeres in die Verschwörung einbeziehen können, abschreckend wirken. Etwas Vergleichbares war in Chile nicht vorbereitet und man kann nur hoffen, daß es in Italien und Portugal jetzt geschieht.

Der Widerstand wird sich im übrigen auf verschiedenen Ebenen abspielen, erstens auf der Ebene der Regierung und der Parlamente, zweitens der intermediären Verbände (Parteien, Gewerkschaften, Kirchen usw.) und drittens auf der Ebene der lokalen Widerstandsgruppen am Arbeitsplatz und im Wohnbereich.

Für alle diese Ebenen müßten operationalisierte Widerstandspläne da sein. Finanzierungsfragen sind zum Beispiel entscheidend und sie müssen durchdacht sein von der Widerstandskasse einer Ortsgruppe bis zu den Devisenvorräten der Bundesbank.

Ein solcher alle Ebenen umfassender Operationalisierungsversuch kann hier nicht unternommen werden. Es ginge um die Strategien des Generalstreiks, der dynamischen Weiterarbeit ohne Kollaboration, der Konfrontation und der verschiedenen Kombinationsformen dieser Vorgehensweisen, wie sie in der Literatur zur Sozialen Verteidigung dargestellt werden[16]. Jedoch soll wenigstens gezeigt werden, wie das zivile Widerstandsverhalten auf Regierungsebene aussehen könnte. Ich wähle die Regierungsebene, weil hier die Rahmenbedingungen für das Verhalten der intermediären Verbände und der Basisgruppen geschaffen werden.

Widerstandsmaßnahmen auf der Ebene der Regierungen und Parlamente

1. Ins Volk holen

Wenn die Soziale Verteidigung in die Alarmphase tritt, gibt es für die staatlichen Organe grundsätzlich zwei Möglichkeiten: Sie können sich auf die Weiterarbeit innerhalb oder außerhalb des Zugriffs der Usurpatoren vorbereiten.

Im Zugriffsbereich der Putschisten, das heißt in der Konfrontation mit ihnen und unter der dauernden Gefahr der Liquidierung lassen sich eventuell noch eine Reihe von Verteidigungsmaßnahmen treffen. Das „Kabinett" kann sich in das Parlamentsforum begeben, die Regierung eine Verbreiterung ihrer parlamentarischen Basis suchen und eventuell eine Widerstandsregierung bilden. Zu erwägen wäre

16 Ausführliche und sorgfältig dokumentierte Darstellung der Methoden der Gewaltfreien Aktion in: Gene *Sharp*, The Politics of Nonviolent Action, Boston 1973.

auch, ob das Parlament nicht „ins Volk geholt" werden kann. Zur Zeit haben die Parlamente nur kleine Zuschauertribünen. Es wäre zu prüfen, ob die parlamentarischen Vertretungen sich im Alarmfall nicht stärkeren populären Rückhalts versichern sollten und ihre Sitzugen beispielsweise in eine viele tausend Personen fassende Halle verlegt werden könnte, die normalerweise anderen Veranstaltungen dient.

Das Fußballstadion in Santiago ist als Gefangenenlager zum Symbol der Unterdrückung der Unitad Popular geworden. Das hätte auch ganz anders aussehen können. Wenn Widerstandskämpfer sich demonstrativ in einem Stadion um ihre Volksvertreter versammeln, unterscheidet sich ein solch aktives Verhalten fundamental von dem äußerlich ähnlichen Umstand, daß eine Junta in einem solchen Stadion Verhaftete zusammentreibt, nachdem die Regierung vergebens versucht hatte, den Sitz der Regierung militärisch zu verteidigen. Häufig sind solche Regierungs- und Parlamentsgebäude schon architektonisch allenfalls Symbole einer etwas elitären bourgeoisen Demokratie. Wahrscheinlich muß die Verbindung von Regierung und Volk in der Verteidigung auch einen neuen städtebaulichen Ausdruck finden. Vorläufig wird man andere Versammlungsorte umfunktionieren müssen. Die gewaltlose Widerstandskampagne der „Positiven Aktion", welche zur politischen Unabhängigkeit Ghanas führte, hatte ihre Höhepunkte in Massenkundgebungen im Fußballstadion von Accra[17], und auch der deutsche Evangelische Kirchentag hat im Jahre 1968 recht eindrucksvoll das Stuttgarter Messegelände auf dem Killesberg und das Neckarstadion für seine Arbeit genutzt. Ideal sind sicher Versammlungsorte, wo die Masse der Anwesenden nicht nur passiv zuhören und en bloc agieren, sondern sich auch in arbeitsteiligen Gruppen organisieren kann. Insofern ist sicher ein Messegelände einem Fußballstadion vorzuziehen. In Berlin wäre das Gelände um den Funkturm mit Messehallen, Kongreßzentrum und SFB ein viel geeigneter Widerstandsort als das Rathaus Schöneberg oder das Reichtagsgebäude.

Es gibt in jeder Stadt geräumige Versammlungsorte, wo im Alarmfall (eventuell vorher ausgewählte) Bürger zusammenkommen könnten. Notfalls müßten Markthallen, Großgaragen, Fabrikationsräume mit mobilen Kommunikationsanlagen ausgerüstet werden. Die dauernde Anwesenheit einer großen Menschenmenge und im Konfrontationsfall das Bilden einer dichten Menschenmauer würde den gewaltsamen Zugriff der Putschisten erschweren, wenn auch nicht völlig ausschließen. Die demonstrierenden Bürger könnten den Volksvertretern moralischen Rückhalt geben, und sie stünden als Befragungsgruppen für die schwierigen Entscheidungen dem Parlament und der Regierung zur Verfügung. Ferner könnten auf dem Widerstandsgelände verteilte Bürgergruppen von sich aus Widerstandsaktionen organisieren. Die technischen Mittel des Funks und des Fernsehens müßten optimal genutzt werden, um den Kontakt zwischen den Repräsentanten und Basisgruppen im ganzen Land herzustellen. Die Basisgruppen dürften im übrigen nicht passiv das Geschehen im Parlament beobachten, sondern müßten die von dort ausgehenden Impulse in eigenen Verteidigungsmaßnahmen aufgreifen und ihre Schritte den Volksvertretern mitteilen.

---

17 Kwame *Nkrumah*, Schwarze Fanfare. Meine Lebensgeschichte, München 1958, S. 117.

Die demonstrative Weiterarbeit der staatlichen Repräsentanten und der Parteigremien hat den Vorteil, daß die Volksvertreter selbst im Falle ihrer Liquiditierung dem Basiswiderstand durch ihren Opfermut ein verpflichtendes Vorbild sind. Die Soziale Verteidigung hat nichts so sehr zu fürchten als die Furcht selbst. Aus diesem Grunde ist die offene Weiterarbeit die optimale Lösung. Es gibt jedoch auch Umstände, die es empfehlenswert erscheinen lassen, daß zumindest ein Teil der staatlichen Organe sich dem Zugriff der Aggressoren entzieht.

2. *Ausweichen in unkontrollierte Landesteile*

Wenn die Usurpatoren nur einen Teil des Landes kontrollieren, sollte die Regierung und das Parlament in einen unkontrollierten Landesteil ausweichen, und es sollten nur einzelne Abgeordnete des besetzten Gebietes zusammen mit der Bevölkerung den Aggressoren entgegentreten. Während des Kapp-Lüttwitz-Putsches im Jahr 1920 hat es sich als sehr vorteilhaft erwiesen, daß die Reichsregierung nur Vizekanzler Schiffer in Berlin zurückließ, in das demokratisch gesonnene Württemberg flüchtete und bis zum Abzug der Putschisten bei der Landesregierung in Stuttgart hospitierte. General Lüttwitz, der die Reichsregierung weniger stürzen, als mit einigen neuen „Fachministern" zu seinem Werkzeug machen wollte, beurteilte im Rückblick die Entscheidung der Regierung Ebert-Bauer folgendermaßen:

> „Durch die Flucht hatte sich die Regierung unserer Abhängigkeit entzogen. Das war sehr unangenehm, denn wir konnten nicht direkt auf sie einwirken. Mir wurde sofort klar, daß unser Unternehmen dadurch erschwert, unser Ziel weiter in die Ferne gerückt war. Wir waren gezwungen, sofort wenigstens provisorisch eine neue Regierung zu bilden. Geheimrat Kapp machte sich zum Reichskanzler und ernannte mich zum Reichswehrminister"[18].

Man muß hier allerdings noch hinzufügen, daß Kapp dieses Ziel, eine eigene Regierung zu bilden, seit vielen Monaten verfolgt hatte und daß die Flucht der Regierung es ihm nun erst ermöglichte, sich gegen die zögernden Militärs durchzusetzen.

Die Absetzbewegung einer Regierung in einen (noch) unbesetzten Landesteil wird immer die jeweiligen besonderen geographischen und politischen Verhältnisse zu berücksichtigen haben. Es gibt mitunter Situationen, die überraschende Lösungen gestatten. Als deutsche Friedensforscher in einem Krisenspiel die Möglichkeiten der Sozialen Verteidigung gegen einen Putsch der Bundeswehr, die sich gegen ihre Auflösung wehrt, bedachten, wurde der so verblüffende wie einfache Vorschlag gemacht, daß die nicht verhafteten Mitglieder der Bundesregierung und des Parlaments von Berlin aus ihre Arbeit fortsetzen[19]. Wenn eine solche Absetzbewegung im Alarmfall vorgesehen ist, wären Transport und Kommunikation manövermäßig vorzubereiten.

---

18 Walter von *Lüttwitz*, Im Kampf gegen die November-Revolution, Berlin 1934, S. 121. Zit. n.: Johannes *Erger*, Der Kapp-Lüttwitz-Putsch. Ein Beitrag zur deutschen Innenpolitik 1919/20, Düsseldorf 1967, S. 152.

19 Gernot *Jochheim*, Bundeswehr putscht gegen Abrüstung. Aufzeichnungen eines Krisenspiels zur Sozialen Verteidigung, in: Th. *Ebert* (Hg), Wehrpolitik ohne Waffen, a.a.O., (s. Anm. 2) S. 143.

Die Regierung kann sich dem Zugriff von Putschisten auch durch eine rechtzeitige Absetzung ins Exil entziehen. Die Geschichte des Zweiten Weltkriegs bietet dafür mehrere instruktive Beispiele[20].

Das Exil kann mit der Flucht über die Landesgrenze beginnen, aber auch mit der Asylsuche auf dem exterritorialen Gelände einer Botschaft. Auch von Allende wurde zunächst einmal gemeldet, er habe sich in eine Botschaft geflüchtet. Mir ist diese Falschmeldung in Erinnerung geblieben, weil ich früher an diese Möglichkeit nicht gedacht hatte. Vermutlich hätte ein solch konventionelles und wenig heldisches Verhalten dennoch den Putschisten größere Schwierigkeiten bereitet als der Gewaltakt im Moneda-Palast.

Auch die Neubildung einer Exilregierung kann für den Fall vorgesehen werden, daß die alte Regierung vollständig liquidiert wird oder in ihrer Mehrheit mit dem Aggressor kollaboriert. Selbst für die Einberufung einer Parlamentssitzung im Ausland gibt es den Präzendenzfall der Sitzung des spanischen Exilparlaments in Mexico am 17.8.1945, wo ein provisorischer Präsident gewählt und eine neue Regierung gebildet wurde. Auch wenn die Soziale Verteidigung zunächst das Weiteramtieren der staatlichen Organe im Zugriff des Aggressors vorsieht, könnte doch im Alarmfall schon ein Teil der Regierung und des Parlaments außer Landes geschickt werden. Diese Gruppe könnte einerseits die internationale Öffentlichkeit und die befreundeten Regierungen informieren und andererseits im Notfall Exilregierung und Exilparlament bilden. Bei der Okkupation der CSSR hat es sich als vorteilhaft erwiesen, daß mehrere Regierungsmitglieder zufällig gerade ihre Ferien im Ausland verbrachten und Außenminister Hajek sofort zu den Vereinten Nationen nach New York reisen konnte, um dort den Standpunkt der tschechoslowakischen Regierung zu vertreten.

Die Vorbereitung dieser Maßnahme würde entsprechende Regelungen in der Verfassung, die Auswahl geeigneter Personen und vor allem Verträge oder Absprachen mit dem Staat oder den Staaten erfordern, welche die Exilregierung aufnehmen und usurpatorischen Regimen die Anerkennung de iure und de facto verweigern sollen.

Im übrigen sollte eine Exilregierung möglichst nicht nur über ein eigenen Startkapital, sondern auch über laufende Einkünfte verfügen. Die norwegische Exilregierung verschaffte sich im Zweiten Weltkrieg beides, indem sie einerseits ihre Goldvorräte ins Ausland schaffte und andererseits die norwegische Handelsmarine zu besteuern vermochte. Die Planungen der Regierung müßten jedenfalls so gestaltet und parlamentarisch legitimiert sein, daß nicht der Eindruck entstehen könnte, eine regierende Clique wolle dem Risiko des Widerstandes ausweichen und sich im Ausland einen ruhigen Lebensabend sichern.

20 Vgl. Karl-Heinz *Mattern*, Die Exilregierung, Tübingen 1953.

4. Leitung aus dem Untergrund

Als letzte Möglichkeit für die Kontinuität einer Regierung (und eventuell auch ihrer Neubildung) bleibt, daß neben oder hinter den offenen Widerstand Leistenden geheime Leitungsgremien stehen. Dieser Lösung näherte man sich in Dänemark am Ende des Zweiten Weltkrieges. Parallel zur Anpassungspolitik des „offiziellen Dänemark" bildete sich im Untergrund der „Dänische Freiheitsrat", der Vertreter des Widerstandes von den Kommunisten bis zu den Konservativen umfaßte. Während der Massenstreiks des Jahres 1944 konnte der Freiheitsrat seinen Führungsanspruch durchsetzen und seinen Einfluß auch auf die führenden Parteipolitiker und den Verwaltungsrat der Staatssekretäre (Departmentchefstyre) ausdehnen.

Als sich das Kriegsende näherte, bildeten Parteipolitiker, Departmentchefstyre und Freiheitsrat einen geheimen „Kontaktausschuß", der sich noch vor dem Einmarsch der Alliierten auf die Kabinettsliste der „Befreiungsregierung" Buhl einigte[21]. Die Leitung des Widerstandes aus dem Untergrund hat jedoch einige nicht zu unterschätzende Nachteile. Untergrundorganisationen tendieren zu einer hierarchischen Gliederung und zur Rekrutierung durch Kooperation. Beides wirkt der demokratischen Legitimation des Widerstandes entgegen.

Die Usurpatoren werden wahrscheinlich durch Folterungen und Spitzel die Organisation aufzurollen suchen. Wenn jemand in einer gewalttätigen Organisation als Spitzel entlarvt wird (oder auch nur in den Verdacht gerät, ein Spitzel oder ein Verräter zu sein), wird er gewöhnlich liquidiert. Die Resistance im Zweiten Weltkrieg kennt dafür viele Beispiele. Ihren literarischen Ausdruck hat diese Problematik in Jean Paul Sartres Drama „Die schmutzigen Hände" gefunden. Als die deutsche Polizei in Dänemark zur Sabotagebekämpfung dänische Spitzel einsetzte und Dr. Best am 14. Dezember 1943 über „erfreuliche Erfolge der erst seit acht Wochen eingesetzten Sicherheitspolizei" nach Berlin berichtete, meinten die dänischen Widerstandskämpfer elf „Stikker" (Spitzel) aus der „Judas-Brigade" liquidieren zu müssen[22]. Eine gewaltfreie Geheimorganisation müßte sich darauf beschränken, entlarvte Spitzel oder Verdächtige zu isolieren, indem sie die Beziehungen zu ihnen abbricht und notfalls ihre Namen öffentlich bekannt gibt. Aber selbst wenn diese Schutzvorkehrungen Erfolg haben, schaffen doch schon das dauernde Mißtrauen jedes gegen jeden und die Heimlichtuerei eine Atmosphäre der Verstellung und der Furchtsamkeit, welche dem gewaltfreien Widerstand abträglich ist. Die Bildung einer Untergrundorganisation bleibt also eine Notlösung.

Verhandlungen mit dem Aggressor

Wie auch immer für die Kontinuität der repräsentativen staatlichen Organe gesorgt wird, ihr Vorhandensein ist nicht nur am Beginn und im Verlauf des zivilen Widerstandes erforderlich, sondern auch bei seiner Einstellung in Folge von Verhandlun-

21 Vgl. Ulrich *Poch*, Der dänische Widerstand in den Jahren 1943–1945 unter besonderer Berücksichtigung der Volksstreiks, Diplomarbeit am Otto-Suhr-Institut der Freien Universität Berlin, Mai 1970, S. 131–132.

22 Vgl. Ulrich *Poch*, Der dänische Widerstand in den Jahren 1943–1945. Report 2 der Studiengruppe Soziale Verteidigung der VdW, Berlin (West), 1971.

gen. Diese Phase der gewaltfreien Konfrontationen kann sich schon nach wenigen Tagen, aber auch erst nach Jahren ihrem Ende zuneigen. Der Widerstand gegen den Kapp-Putsch und der Widerstand gegen die griechischen Obristen, der Widerstand gegen die französische und belgische Ruhrbesetzung und der Widerstand gegen die deutsche Besetzung Dänemarks und Norwegens im Zweiten Weltkrieg bieten Beispiele für die Unterschiede von Dauer und Intensität von Widerstandsaktionen. In jedem Falle wird aber einmal der Zeitpunkt kommen, zu dem versucht werden sollte, über die Abdankung der Usurpatoren, über Zugeständnisse der Verteidiger oder gar die Bedingungen der Unterbrechung des Widerstandes zu verhandeln. Kämpfen und Verhandeln schließen sich beim zivilen Widerstand nicht aus. Zu Beginn des zivilen Widerstandes gilt es jedoch, den Usurpatoren zunächst einmal die volle Kampfkraft zu demonstrieren. Die Repräsentanten der Verteidiger müssen zwar sorgfältig darauf achten, daß ihre Verhandlungen nicht als Anerkennung der Usurpatoren gedeutet werden, aber sich auch davor hüten, einfach auf den Rückzug der Usurpatoren zu warten.

Gandhi hat es als eine Riesendummheit bezeichnet,wenn man die heroische, mit großen Opfern verbundene Konfrontationstaktik in einer Situation fortsetzt, die schon die Aufnahme von Verhandlungen gestattet[23]. Er stimmt hier mit dem englischen Militärstrategen Basil H. Liddell Hart überein, der ein elementares Prinzip der Strategie darin sieht, „daß man einem Gegner in einer nur mit schweren Verlusten zu überwindenden, gut ausgebauten Stellung immer einen Rückzugsweg offen lassen sollte. Das jedenfalls ist der schnellste Weg, seinen Widerstand zu lockern. Es sollte darum gleichermaßen ein Prinzip der Politik sein, ganz besonders auch im Kriege, dem Gegner eine Brücke zu bauen"[24].

Es dürfte nicht immer einfach sein, zwischen einem faulen Kompromiß, der wesentliche Interessen des Volkes preisgibt, und einem konstruktiven Abschluß beziehungsweise einer ehrenhaften Unterbrechung der Kampfhandlungen zu unterscheiden. Gandhi hat eine Formel für diese Unterscheidung entwickelt: „Das Ende einer Satyagraha-Kampagne kann nur dann würdig genannt werden, wenn es die Satyagrahis stärker und mutiger hinterläßt, als sie zu Beginn waren"[25].

Auch solche Abkommen, in denen die Verteidiger sich einigen Forderungen der Usurpatoren fügen müssen, dürfen weder in ihren Formulierungen, noch in ihren praktischen Auswirkungen ausschließen, daß der gewaltfreie Widerstand zu einem späteren Zeitpunkt oder nach einem Bruch des Übereinkommens wieder aufgenommen wird. Dies verbietet es vorn vornherein, daß mit den Usurpatoren irgendwelche „Geheimabkommen" getroffen werden, weil sich mit diesen die Repräsentanten des Volkes von ihrer Basis lösen würden.

Mit diesen Überlegungen zum Widerstandsverhalten auf Regierungsebene wollte ich nur einmal konkretisieren, mit welchen Problemen sich die Widerstandsforschung zu befassen hätte. Und hier halte ich es für entscheidend, daß wir in relativ

---

23 Auf einer Pressekonferenz am 5. März 1931 zum Delhi Pakt. Zit. n.: Gene *Sharp*, Gandhi Wields the Weapon of Moral Power, Three Case Histories, Ahmedabad 1960, S. 220–221.
24 Strategie, Wiesbaden o.J. (engl. Original. London 1955) S. 438.
25 M.K. *Gandhi*, Autobiographie. Die Geschichte meiner Experimente mit der Wahrheit, Freiburg 1960, S. 384.

ruhigen Zeiten über die Probleme nachdenken und uns überlegen, wie die organisatorische Zuständigkeit in Krisenzeiten beschaffen sein könnte. Ich erkläre mir das Ausbleiben von zivilem Widerstand bei militärischen Interventionen in der Vergangenheit unter anderem auch damit, daß die bedrohten Institutionen dermaßen mit Alltagssorgen belastet waren, daß sie keine freie Arbeitskapazität mehr hatten, um sich auf die dunkle Drohung eines Militärputsches vorzubereiten. Das kann sich als sehr verhängnisvoll erweisen. Darum ist es meiner Ansicht nach geradezu eine sozialistische Pflichtübung für Intellektuelle, nicht nur über die Gesellschaftsveränderung nachzudenken, sondern auch – wie Leo Trotzki es einmal formuliert hat – die proletarische Revolution als „belagerte Festung" zu begreifen.

Nachtrag aus aktuellem Anlaß:

Die zivile Linke zwischen Konterreform und Stadtguerilla

Der Anlaß

Am 7. März 1975, zwei Tage nach der Freilassung des Berliner CDU-Vorsitzenden Peter Lorenz aus der Hand der „Bewegung 2. Juni", besuchten mehrere Berliner Friedensforscher und Teilnehmer des Frankfurter AFK-Kolloquiums Einsatzorte der Großfahndung der Berliner Polizei, zwei Jugendwohnkollektive und ein selbstverwaltetes Jugendzentrum. In den Aufzeichnungen über die Begehung heißt es unter anderem:

> „Über den Ablauf des Polizeieinsatzes im Weißbecker-Haus (Wilhelmstraße 9) berichtete uns der 21jährige Bauarbeiter Lutz Lorenz. In seinem Zimmer hatten sich die Jugendlichen an der Wand aufstellen müssen. Ein Polizeibeamter habe sie mit der Maschinenpistole bedroht und wiederholt folgendes gesagt: ‚Eins, zwei, drei, vier, fünf, sechs, sieben, acht kleine fette Scheißhausratten. Ich hab' für jeden von Euch 'ne Kugel im Lauf.'
>
> Lorenz berichtete ferner, daß in einen anderen unbeleuchteten etwa 45 qm großen Schlafraum 10 Tränengasbehälter geworfen worden seien. Wir haben mehrere Wurfkörper gesehen und einen an uns genommen. Er trägt die Aufschrift ‚Nur im Freien verwenden'"[26].

Der Bericht der Friedensforscher wurde Teil einer Dokumentation der Liga für Menschen rechte und der Humanistischen Union. Die Dokumentation dieser „Aktion Wasserschlag"[27] erfaßt 57 von insgesamt 79 durchsuchten Wohnungen, Wohnkollektiven und Geschäftsräumen. In der statistischen Zusammenfassung heißt es:

> „Für keine der 57 Wohnungen konnte ein Durchsuchungsbefehl vorgelegt werden. In 22 Fällen wurde den Bewohnern die Anwesenheit bei der Durchsuchung verwehrt ... In 23 der 57 Fälle sind Zerstörungen festgestellt worden ... In den erfaßten Wohnungen wurden 154 Personen festgenommen ... Bis auf ganz wenige Ausnahmen wurden alle diese Personen erkennungsdienstlich behandelt, obgleich sie fast ausnahmslos in der Lage waren, sich auszuweisen. Rechtsbelehrungen sind, von wenigen Ausnahmefällen abgesehen, nicht erteilt

---

26 Theodor *Ebert*, Man sieht deutlich die Absatzspuren ..., Eindrücke von einem Großeinsatz der Berliner Polizei in zwei Wohnkollektiven, in: *Hobo. Berliner Wochenmagazin*, 15.3.1975, S. 13/14.

27 Otto Jörg *Weis*, Fast nur Trümmer bei der „Aktion Wasserschlag". in: *Frankfurter Rundschau*, 7.3.1975.

worden ... Bei den meisten Berichten liegen Hinweise vor, daß die Betroffenen akute Furcht um Leib und Leben hatten. Dies gilt im besonderen für die Handhabung der Maschinenpistolen durch die Polizeibeamten"[28].

Der Anstoß zu der Dokumentation, die schließlich einen unabhängigen Untersuchungsausschuß fordert, ging von einer Sitzung der Studiengruppe „Soziale Verteidigung" aus, die am 7. März zusammengekommen war, um über ein Forschungsprogramm zum zivilen Widerstand gegen Staatsstreiche zu beraten. Wie 1973 der Putsch in Chile, so zwang nun diese Erfahrung der staatlichen Reaktion auf Stadtguerillatätigkeiten zu einer Revision des Forschungsprogramms. Wenn Polizeibeamte auf die Frage nach dem (richterlichen) Hausdurchsuchungsbefehl antworten konnten „Wir haben einen für ganz Berlin!"[29] und der Polizeipräsident den ganzen Umfang der Rechtsverletzungen später rundweg bestreiten konnte[30], dann zeichnete sich hier weit im Vorfeld von Staatsstreichen schon eine Möglichkeit der zeitweiligen Machtergreifung des Staatsschutzapparates ab. Würde die Bekämpfung der Stadtguerilla konterreformistisch genutzt, könnte hier die ganze zivile Linke militärisch getroffen werden.

Szenario 1976

Überträgt man die Lorenzentführung im Berliner Landtagswahlkampf im Februar/ März 1975 auf den Bundestagswahlkampf 1976 und nimmt man einmal an, der Spitzenkandidat der CDU/CSU würde entführt und ermordet oder beim Entführungsversuch erschossen wie von Drenkmann, dann waäre ein hoher Wahlsieg der CDU/CSU und die Kanzlerschaft eines derjenigen Politiker, welche heute schon (im Widerspruch zum Grundgesetz) die Todesstrafe befürworten, höchst wahrscheinlich. Die anschließende Welle der Restauration ließe sich populär legitimieren mit dem Kampf gegen die Stadtguerillos, und diese würden ihrerseits durch die allgemeinen Repressionen von rechts in ihrer Einschätzung der Entwicklungsmöglichkeiten der BRD bestätigt. Rauhbeinige Polizeifahndungen, Berufsverbote und Arbeitslosigkeit würden ein günstiges Rekrutierungsklima für die Stadtguerilla schaffen.

Wenn eine solche Entwicklung ein gewisses Maß an Wahrscheinlichkeit hat, dann ist es auch vordringlich, die Widerstandsmöglichkeiten in Aktionsforschungsprojekten zu erkunden. Würde die Friedensforschung hier versagen, wären Vorschläge für spätere Phasen des Widerstandes einer sich sozialistisch transformierenden BRD gegen einen Staatsstreich oder eine Intervention von außen ohnehin unglaubwürdig oder überflüssig. Insofern war es folgerichtig, daß sich die Widerstandsforscher im Frühsommer 1975 zunächst einmal selbst an der Dokumentation der Berliner Polizeifahndung beteiligten, auch die Wirkung einer solchen Arbeit durch eine „aktivie-

28 Demokratischer Rechtsstaat zwischen individuellem Terror und Polizeigewalt. Dokumentation über die Fahndungsmaßnahmen im Zusammenhang mit der Lorenz-Entführung. hrsg. von der *Humanistischen Union/Landesverband Berlin*, 2. erw. Auflage, Juni 1975.

29 Ebd.

30 Bericht der vom Polizeipräsidenten eingesetzten Untersuchungskommission. in: Humanistische Union (Hg), a.a.O. (s. Anm. 28).

rende Befragung" unter Berliner SPD-Mitgliedern weiter testeten und verstärkten, ferner sondierten, wie für Krisensituationen in Zusammenarbeit mit kirchlichen Kreisen eine Informations- und Beratungsgruppe für die Bevölkerung gebildet werden könnte[31].

Zweifrontenkampf der zivilen Linken

Dieser Widerstandsforschung liegen eine Reihe von Überlegungen zugrunde, die hier thesenartig formuliert werden sollen.

Mit konterreformistischen Bestrebungen wäre auch dann zu rechnen, wenn es keine Aktionen von Stadtguerillos gäbe. Die Konterreform ist durch noch so viel Aufklärung und auch durch strikt gewaltfreies Vorgehen nicht zu vermeiden. Sie ist die Reaktion auf die befürchteten oder tatsächlichen Verluste von Privilegien. Die Stadtguerilla ist nicht die Ursache der Konterreform, aber sie verschafft dieser den populären Rückhalt. Die Privilegierten und damit direkt an der Konterreform Interessierten sind zahlenmäßig recht begrenzt und in der Regel als Personen auch für Unterdrückungsaktionen nicht organisiert und damit auf sich allein gestellt zu schwach, um sich einer breiten gewaltfreien und basisdemokratischen Bewegung für antikapitalistische Strukturreformen zu widersetzen.

Sicher würden sich die Konterreformer auch ohne Stadtguerilla bemühen, wirtschaftliche Schwierigkeiten (Inflation, Arbeitslosigkeit etc.) den Reformern in die Schuhe zu schieben, obwohl sie diese selbst häufig durch ihre Entscheidungen mit bewirken, aber solchen Versuchen der Volksverdummung ließe sich von den Reformern mit aufklärerischen Argumenten und dem Verweis auf die langfristig lohnenden Ziele wohl begegnen. Erst die Stadtguerilla schafft die emotionale Legitimation für die Konterreform. Deswegen ist sie so gefährlich. Durch die physische Bedrohung der Privilegierten mobilisiert sie in diesen selbst natürliche Abwehrenergien, die bei einer gewaltfreien, allein auf die Privilegien, aber nicht auf die Person zielenden Bewegung so nicht geweckt werden. Und auch die breite Masse der Bevölkerung solidarisiert sich emotional mit den „bedrohten Spitzen der Gesellschaft". Letzteres läßt sich sogar in extremen Diktaturen für erstaunlich breite Bevölkerungskreise nachweisen. Während mit gewaltfreien direkten Aktionen (wie z.B. die Besetzung der Bauplätze von Atomkraftwerken) sich die Legitimation einer Regierung sehr wirksam in Frage stellen und gewaltsame Repressionen (wie die polizeiliche Räumung solcher Anlagen) die Legitimationsdecke noch kürzer werden lassen, verstärkt sich die Popularität von Politikern, welche von Stadtguerilleros bedroht werden, augenblicklich.

Die Stadtguerilla ist der zivilen, teilweise außerparlamentarisch aktiven Linken so gefährlich, weil sie mit ihr identifiziert wird. Dies liegt nicht nur daran, daß die Stadtguerilleros behaupten, eine „Fraktion" und die bewaffnete Hilfsorganisation der Linken zu sein. Dies liegt vor allem daran, daß, historisch gesehen, die Stadtgue-

31 Vgl. Themaheft von „*Kommunität*", *Vierteljahreszeitschrift der Evangelischen Akademie* Berlin (i.E.).

rilla sich aus der linken außerparlamentarischen Opposition entwickelt hat und sich mit Geschick durch Zitate sozialistischer Klassiker und Vorbilder in der Dritten Welt legitimiert[32]. Man darf dieses Problem nicht ausblenden, indem man wie die Bremer Jungsozialisten erklärt: „Für uns gibt es auch keine Differenzierung zwischen ‚rechtem' ... und ‚ultralinkem' Terror"[33]. Es mag nicht entscheidend sein für die Ablehnung, „was in den Köpfen derjenigen vorgeht, die individuellen Terror ausüben"[34], aber das Wissen um die Motive ist enorm wichtig, wenn man eine nicht gewaltsam-repressive Gegenstrategie entwickeln möchte.

Die zivile Linke muß es erst noch lernen, sich mit der Stadtguerilla zu befassen. Die bisherigen Stellungnahmen politischer Gruppen waren meist nur situationsbezogen und sehr knapp in der Argumentation. Die wichtigsten sind wohl die „Entschließung des Bremer Juso-Rats vom 10. Dezember 1974 zum Bombenanschlag auf den Bremer Hauptbahnhof" und das „links"-Extrablatt des Sozialistischen Büros mit der Stellungnahme „Die Entführung von Peter Lorenz nützt nur der Rechten und nicht der Linken"[35].

Die Jusos faßten ihre Ablehnung der Stadtguerilla in vier Punkten zusammen:

> „1. Der Reaktion werden Vorwände geliefert zur Stärkung des staatlichen Machtapparates, der unter kapitalistischen Bedingungen immer gegen streikende Arbeiter und gegen die fortschrittlichen Kräfte insgesamt angewendet zu werden droht.
>
> 2. Der verschärfte Abbau demokratischer Rechte (Einschränkung der Demonstrations-, Versammlungs- und Meinungsfreiheit und der Rechte von Strafverteidigern), von der CDU/CSU verstärkt propagiert und teilweise durchgesetzt, stößt durch die künstlich erzeugte Massenhysterie auf Zustimmung in breiten Teilen der Bevölkerung.
>
> 3. Jegliche Bestrebungen zur Reform und Humanisierung des Strafvollzugs (deren Notwendigkeit schon lange vor dem Tode von Holger Meins offensichtlich geworden war) werden um Jahre zurückgeworfen.
>
> Demokraten wie Heinrich Böll und Helmut Gollwitzer und christliche Humanisten wie Bischof Scharf werden als Baader/Meinhof-Sympathisanten diffamiert.
>
> 4. Es wird abgelenkt von den brennenden gesellschaftlichen Problemen wie z.B. Arbeitslosigkeit und Inflation. Die Reaktionäre und Faschisten in der CDU/CSU und „Bund Freies Deutschland" spielen sich auf als Hüter von Freiheit und Demokratie und erhalten Aufwind in ihrem Versuch, die fortschrittliche Bewegung zu kriminalisieren, die mit den Anarchisten nichts anderes gemeinsam hat als das beiden von der Reaktion verliehene Attribut „linksradikal".
>
> Die Jusos stellen fest: Die Reaktion nimmt die jüngsten Ereignisse zum Anlaß, um Hysterie und Angst in der Bevölkerung zu erzeugen und sich als einzige Kraft darzustellen, die in der Lage ist, „Recht und Ordnung" wieder herzustellen."[36]

Die Argumentationsstruktur des Sozialistischen Büros ist ziemlich ähnlich. Etwas differenzierter wird jedoch auf die Überlegung der Stadtguerillos eingegangen, daß die Entwicklung zum autoritären Staat ohnehin im Gange sei und darum die Linke sich nicht um die Bewaffnung drücken könne. Was jedoch beim Sozialistischen Büro wie bei den Jungsozialisten fehlt,ist eine Antwort auf die Frage, wie der gewaltfreie

32 *Kollektiv RAF*, Über den bewaffneten Kampf in Westeuropa, Berlin, Wagenbach (Rotbuch 29), Oktober 1971, S. 14–23.

33 Entschließung des *Bremer Juso-Rats* vom 10. Dezember 1974 zum Bombenanschlag auf dem Bremer Hauptbahnhof, in: *Blätter für deutsche und internationale Politik*, 1, 1975. S. 117.

34 Ebd.

35 1. März 1975

36 *Bremer Juso-Rat*, a.a.O. (s. Anm. 33), S. 117 f.

Übergang vom Kapitalismus zum Sozialismus vor sich gehen soll. Der individuelle Terror wird abgelehnt, weil er bei der gegenwärtigen Bewußtseinslage der Arbeiterklasse diese nicht zu revolutionärer Tätigkeit aktivieren kann, aber es fehlt eine grundsätzliche Auseinandersetzung mit den Argumenten für die Unvermeidbarkeit des bewaffneten Kampfes, wie sie in den Schriften der RAF formuliert sind. Bei der Stadtguerilla handelt es sich um ein langfristiges Konzept und dies läßt sich nicht dadurch widerlegen, daß man seine derzeitigen Befürworter als „ausgeflippte Individuen" und „Desparados" bezeichnet[37] oder von der „Wahnsinnsstrategie der Baader/Meinhof-Anarchisten" spricht[38].

Es müßte grundsätzlich geklärt werden, ob dem bewaffneten Kampf in der sozialistischen Transformation Westeuropas noch eine Funktion zukommt oder ob dieser Wandlungsprozeß konsequent mit gewaltfreien Methoden voranzutreiben und abzusichern ist. Letztere Position wird von einigen Friedensforschern und mit ihnen verbundenen Organisationen vertreten, aber die Linke hat sich bislang um diese Diskussion eher gedrückt als auf sie eingelassen. Die kritische Theorie der Frankfurter Schule hat so viele Reflektionsbarrieren vor der Praxis errichtet, daß der bewaffnete Aktionismus der Stadtguerilla auch als eine extreme Reaktion auf das Primat der kritischen Analyse und der verbalen Aufklärung begriffen werden kann[39]. Wenn man nun weiter mit den Methoden der kritischen Theorie auch die RAF zu widerlegen sucht, hieße dies eine Allergie mit Penicillin behandeln. Die politischen Organisationen der Linken müßten das Konzept Stadtguerilla auf der machtpolitisch-strategischen Ebene kritisieren und ihm eine durchdachte Alternative entgegenstellen. Die Jungsozialisten haben mit ihrem Konzept der „Doppelstrategie" und das Sozialistische Büro mit seinem Konzept der Koordination verschiedener Basisgruppen hier zwar einen Anfang gemacht, aber es fehlt noch viel zu einer konsequenten Strategie gewaltfreier Gesellschaftsveränderung, der Entwicklung der Perspektive des „Zivilismus"[40] statt eines sich militarisierenden Sozialismus und der Absicherung antikapitalistischer Strukturreformen durch eine Soziale Verteidigung[41].

Die Friedensforschung könnte hier Formulierungshilfe geben. Die Auseinandersetzung um die Funktion von bewaffneten und gewaltfreien Aktionen in Prozessen gesellschaftlichen Wandels und Umbruchs ist um einiges älter als das Konzept Stadtguerilla. Gerade die anarchistischen Sozialisten in den Niederlanden haben zwischen den beiden Weltkriegen hier wichtige Vorarbeiten geleistet, die von der Friedensforschung auch wieder erschlossen wurden[42]. Erinnert sei vor allem an die Arbeiten von Bart de Ligt und Henriette und Roland Holst. Und auch seit APO-Zeiten hat

---

37 (s. Anm. 35)

38 *Bremer Juso-Rat*, a.a.O. (s. Anm. 33), S. 117.

39 Vgl. Theodor *Ebert*, Aktionsforschung, in: *Jahrbuch für Friedens- und Konfliktforschung* Bd. IV, Düsseldorf 1974, S. 112–125.

40 Egbert *Jahn*, Kommunismus – und was dann? Reinbek 1974, S. 104–147.

41 Theodor *Ebert* u.a. Demokratische Sicherheitspolitik. Von der territorialen zur sozialen Verteidigung, München 1974.

42 Gernot *Jochheim*, Antimilitaristische Aktionstheorie, Soziale Revolution und Soziale Verteidigung (in den Niederlanden 1890–1940). Dissertationsmanuskript, Berlin 1975. Vgl. auch *Friedensanalysen* 4, 1977.

sich bei Friedensforschern ein Argumentationsschatz angesammelt, der zum Teil in kurzlebigen Publikationen begraben ist, und mit dem jetzt gewuchert werden muß[43].

Die Wirksamkeit dieser Argumente und die Rezeption gewaltfreier Methoden wird allerdings weitgehend von der Praxis ihrer Vertreter abhängen. Seit gewaltfreie Aktionsgruppen am Oberrhein beim Widerstand gegen Kernkraftwerke in vorderster Front stehen, scheint das Überzeugen durch die Praxis heute aussichtsreicher zu sein als zur Zeit der Studentenrebellion[44].

Auch die gewaltfreie Linke hat bislang kein Konzept speziell für den Zweifrontenkampf gegen Konterreform und Stadtguerilla erarbeitet. Der „Soziale Angriff" mit Bürgerinitiativen war ihr wichtiger als diese akute Form der „Sozialen Verteidigung"[45]. Sie muß jetzt damit rechnen, daß sie nicht nur aufgrund ihrer eigenen gewaltfreien Kampagnen in den Einzugsbereich von Staatsschutzmaßnahmen (polizeiliche Fahndung, Beobachtung durch den Verfassungsschutz und Berufsverbot) gerät, sondern daß sie getroffen wird von einer breit gefächerten Repression gegen Stadtguerilleros „und sonstige Linke" – und daß dies alles noch verstärkt wird durch Rufmordkampagnen rechtsgerichteter publizistischer Organe[46]. Die gewaltfreie Linke muß aber darüber hinaus auch damit rechnen, daß Stadtguerilleros direkt oder indirekt in ihre gewaltfreien Kampagnen hineinpfuschen. Es kann sich hier um ein Bombenattentat wie auf die Baustelle des Kernkraftwerks in Fessenheim handeln oder um isolierte Terroranschläge, welche mit ihren Schlagzeilen die öffentliche Aufmerksamkeit von gleichzeitigen gewaltfreien Kampagnen ablenken. So wurde zur Zeit der Entführung von Peter Lorenz in der überregionalen Presse fast nichts über den Widerstand gegen das Kernkraftwerk in Whyl berichtet, obwohl in diese Zeit eine Sondersitzung des Stuttgarter Landtages zu diesem Thema fiel.

Für diesen neuartigen Zweifrontenkampf muß der richtige Standort gewählt werden. Dies kann nicht der Standpunkt einer „Roten Hilfe" sein, welche mit dem Konzept Stadtguerilla sympathisiert, und es kann auch nicht der Standpunkt von Zuträgern eines Staatsschutzes sein, welcher mit dem Konzept der „Kapitalistischen Revolution" sympathisiert[47]. Der Standort wird bestimmt sein durch das Eintreten für das unbedingte und fortlaufende Gelten der Grundrechte der Verfassung, durch die Kritik struktureller und personaler Gewalt und durch die Versuche, sie mittels gewaltfreier Aktionen zu beseitigen. Das muß nicht bedeuten, daß man alle in der Verfassung vorgesehenen Institutionen (mit Ausnahme des förderalen Aufbaus) für unabänderlich hält und dies kann notfalls auch „begrenzte Regelverletzungen", „zivilen Ungehorsam" gegenüber bestimmten Gesetzen und Verwal-

43 Vgl. Bibliographie von Rolf *Niemann* zur Sozialen Verteidigung, in: Theodor *Ebert*, a.a.O. (s. Anm. 10), S. 198, 231.

44 Zu den Erfahrungen von 1967/68 vgl. Rolf *Niemann*, Sitzprotest des Komitees der 100 vor der Griechischen Militärmission, in: Theodor *Ebert* u. Hans-Jürgen *Benedict* (Hg), Macht von unten. Hamburg 1968, S. 131–178.

45 Egbert *Jahn*, a.a.O. (s. Anm. 11), S. 285–294.

46 Ein Musterbeispiel ist die Kampagne der *Quick*, Nr. 21 vom 15.5.1975 gegen Helmut *Simon*: „Der Bundesrichter und die Terroristin. Eine Geschichte in Briefen".

47 Helmut *Gollwitzer*, Die kapitalistische Revolution, München 1974.

tungsvorschriften einschließen, wenn damit eine Verbesserung der Rechts- und Sozialordnung angestrebt wird. Damit dürfte auch eine zulängliche Abgrenzung von kommunistischen Organisationen gegeben sein, die zwar den individuellen Terror der Stadtguerilla ablehnen, aber dann doch die bewaffnete Massenaktion nicht ausschließen und die Verletzung von Menschenrechten in staatssozialistischen Ländern nicht verurteilen. Abgegrenzt wäre dieser Standort selbstverständlich auch von denjenigen „Demokraten", welche Militärdiktaturen im „Westen" verharmlosen und Jungsozialisten verteufeln.

Maßnahmen

Die Verteidigungsmaßnahmen der zivilen Linken könnten auf drei Feldern Gestalt annehmen: erstens dem Widerstand gegen Übergriffe des Staatsschutzes und Diffamierungskampagnen reaktionärer Publizistik; zweitens, der Untersuchung der Rekrutierung der Stadtguerillaorganisationen und der gezielten Einwirkung auf potentiellen Guerillanachwuchs; drittens, das Vorantreiben erfolgversprechender gewaltfreier Kampagnen.

Auf den Widerstand gegen Übergriffe des Staatsschutzes und auf Verleumdungskampagnen ist die zivile Linke schlecht vorbereitet. Das zeigte sich an den Anlaufschwierigkeiten beispielsweise bei der Verhaftung kirchlicher Mitarbeiter und der Hetze gegen Bischof Scharf nach der Erschießung von Kammergerichtspräsident von Drenkmann und auch nach der „Aktion Wasserschlag". In der zivilen Linken fehlen Institutionen, welche den Krisenstäben der Regierung vergleichbar wären. Die traditionelle Vorstandsarbeit der Liga für Menschenrechte, der Humanistischen Union, pazifistischer und christlicher Organisationen ist viel zu schwerfällig. Die zivile Linke muß es lernen, ihre Gegeninformationen ohne Verzögerung zu sammeln und dann in alle ihr zugänglichen Informationssysteme einzufüttern. Der Werdegang und die Wirkungsgeschichte der eingangs genannten Dokumentation der Liga für Menschenrechte und der Humanistischen Union verdiente die selbstkritische Reflexion[48].

Beim Widerstand gegen die Stadtguerilla wird die zivile Linke ihren Beitrag darin sehen müssen, daß sie ein Problem aufgreift, das die offiziellen Staatsschützer – in ihrer Unfähigkeit zur Selbstkritik – überhaupt nicht angemessen behandeln können: die Motivation und die Sozialisation der Stadtguerilleros. Die zivile Linke ist in der Lage, die Systemkritik der Stadtguerilleros intellektuell nachzuvollziehen und dann die entscheidende Frage zu stellen: Wie kommt es, daß die einen Kritiker von Kapitalismus und Imperialismus mit zivilen Mitteln ihre Ziele verfolgen und die anderen zu den Waffen greifen? Warum und wie werden aus zivilen Linken wie Gudrun Ensslin, Ulrike Meinhof und Horst Mahler Stadtguerilleros? Und wie sieht dieser Werdegang bei weniger prominenten Mitgliedern dieser Organisation aus?

---

48 Dokumentation über die Art der Fahndungsmaßnahmen im Zusammenhang mit der Lorenz-Entführung, hrsg. im Auftrage der Internationalen *Liga für Menschenrechte Sektion West-Berlin* und der *Humanistischen Union Landesverband Berlin*, April 1975.

Es wäre möglich, daß (noch) zivilen Linken die Hoffnung auf die Veränderung der Gesellschaft durch gewaltlosen Druck verloren geht, wenn sie mit extremer polizeilicher Härte konfrontiert werden, ihre bürgerliche Existenz verlieren durch Berufsverbote, längere Haftstrafen oder Schadenersatzforderungen, und dann auch noch keinen Freundeskreis haben, der sich an Theorien einer gewaltfreien „Graswurzelrevolution" orientiert und in den dauernden Frustrationen moralischen Halt bietet. Wenn dem aber so wäre, dann könnte man ja gerade die offiziellen Staatsschützer als die besten Rekrutierungshelfer der Stadtguerilla bezeichnen. Noch gibt es keine zulängliche Untersuchung. Immerhin und leider muß man jedoch davon ausgehen, daß der Staatsschutz überhaupt keine Vorstellungen hat, unter welchen Bedingungen ein ziviler Gesellschaftskritiker zum Stadtguerillero wird. Schon allein der Umstand, daß die Stadtguerilleros von vielen Staatsschützern, aber auch den Bremer Jungsozialisten pauschal als „Anarchisten" bezeichnet werden[49], beweist die weitverbreitete Unfähigkeit, spezifische Rekrutierungsbedingungen der Stadtguerilla zu erkennen.

Nun will der Gesetzgeber die Verbreitung von Schriften von Guerillatheoretikern verbieten. Doch nicht in der Annahme, die Bomben der RAF wären „Lesefrüchte"? Wenn man die volltönenden Reden über die Innere Sicherheit in den Parlamenten einmal daraufhin durchsieht, was sie zu den Ursachen und der Rekrutierung der Stadtguerilla zu sagen haben, stößt man vor allem auf die wechselseitige Versicherung, daß die Stadtguerilla eigentlich nicht nötig wäre, denn wir lebten doch in der besten Demokratie, die es in Deutschland je gab. Am einsichtigsten haben sich bislang einige Christen gezeigt, die sich daran erinnerten, daß die Gründer ihrer Religionsgemeinschaft zusammen mit Guerilleros im Gefängnis saßen oder gekreuzigt wurden. Dietrich Schirmer, Studienleiter der Evangelischen Akademie in Berlin-Wannsee, hat im Anschluß an längere Beratungen über das Verhältnis der Kirche zu den Terroristen die bevorstehenden Aufgaben in einer auch für Friedensforscher verpflichtenden Weise formuliert:

> „Müssen wir nicht fragen, *warum* sie die Geduld verloren haben mit unserem Staat, welche Erfahrungen sie dazu getrieben haben, die Herbeiführung gerechterer Verhältnisse nicht mehr mit legalen Mitteln, sondern mit Gewalt zu suchen? Es wird notwendig sein, darüber in ein ernsthaftes Gespräch auch mit ihnen einzutreten. Denn das Abprallen leidenschaftlicher politischer Impulse von der Gesellschaftsstruktur ist ein gravierendes Moment bei der Entwicklung von Gewalttätigkeit.
>
> Der Terrorismus ist ein Produkt unserer Gesellschaft. Er zeigt – wie das Fieber – unsere eigene Krankheit an. Wir tun dem Rechtsstaat keinen Dienst, wenn wir nur versuchten, das Fieber herunterzuschlagen, statt den Krankheitsherd anzugehen. Gesellschaftliche Ungleichheit, d.h. ungerechte Verteilung wirtschaftlicher und politischer Macht, ist der Nährboden für Gewalttaten. Nur wenn es gelingt, mit gewaltlosen Mitteln ein Mehr an sozialer Gerechtigkeit zu erringen, wird der Terrorismus unter uns wieder verschwinden."[50]

Wenn man diesen letzten Vorschlag aufgreift, dann bedeutet dies, daß man die Stadtguerilla überflüssig machen muß, indem man die größere Wirksamkeit gewaltfreier Aktion in der Praxis nachweist. Auch während des indischen Unabhängigkeitskampfes, dem historisch bedeutendsten Fall gewaltfreier Konfliktaustragung, sind

---

49 Vgl. Harry *Pross*, Anarchisten oder Terroristen, in: Die Zeit Nr. 20 vom 9.5.1975.
50 In: *Gewaltfreie Aktion*, 23. 1. Quartal 1975, S. 8.

immer wieder Terroristen einzeln und in Gruppen aufgetreten und sie haben zeitweise großen Einfluß auf die öffentliche Meinung Indiens und die Willensbildung in der Kongreßpartei gehabt. Gandhi und seinen Mitarbeitern ist es nur gelungen, sich mit ihren gewaltfreien Methoden durchzusetzen, weil sie im Rahmen der nicht eindeutig zu ihren Gunsten sprechenden äußeren Bedingungen mehr Tatkraft entwikkelten und für die Massen tragbare Aktivitäten vorschlugen und vorexerzierten. Es gab dann im Unabhängigkeitskampf Indiens auch Fälle, daß Terroristen versuchten, zur gewaltfreien Bewegung überzuwechseln[51], was jedoch durch die andauernde Verfolgung sehr erschwert wurde[52].

Ob sich die gewaltfreie direkte Aktion als Mittel der Gesellschaftsveränderung ausweisen kann, wäre an Widerstandsaktionen zu testen, welche sich gegen menschenfeindliche Industrie- und Wohnanlagen, gegen Massenentlassungen und Berufsverbote, gegen einen inneren und äußeren Militarismus wenden und welche sich, positiv gesprochen, für eine menschenfreundliche Kultur, für eine Beschäftigungspolitik der sinnvollen und ausreichend vergüteten Tätigkeit für alle und auch für eine aktive Friedenspolitik gegenüber der Dritten Welt und dem Warschauer Pakt einsetzen. Eine gewaltfreie Transformationsbewegung gibt es in der Bundesrepublik nur in der Form nahezu unkoordinierter Basisgruppen. Es hätte auch wenig Sinn, diese Aktionsgruppen und -grüppchen in einer dauerhaften Dachorganisation zusammenschließen zu wollen. Dafür sind diese Aktionsgruppen meist viel zu kurzlebig und instabil in ihrer Mitgliedschaft. In Frage kommt vorläufig nur eine ad hoc Koordination. Das setzt eine gute Kenntnis der außerparlamentarischen Szene voraus. In den gewaltfreien Bewegungen anderer Länder haben sich in dieser Aufgabe der Koordination von Basisgruppen mit ihren jeweiligen Besonderheiten, aber gemeinsamer Grundmotivation fulltime field workers bewährt. Im professionalisierten Basisgruppenberater, der seinerseits wieder von einer Fördergruppe materiell und ideell getragen wird, sehe ich die institutionelle Alternative zum bewaffneten Berufsrevolutionär. In der Friedensforschung wurde von Anfang an über die Professionalisierung der Friedensberatung nachgedacht. Im Gespräch war zunächst mehr die Beratung von Regierung und internationalen Organisationen. Der Basisgruppenberater scheint mir eine zwar weniger renommierliche, aber dafür kurzfristig leichter zu realisierende Perspektive[53].

---

51 K. *Shridharani*, War without Violence, New York 1939.
52 Jawaharlal *Nehru*, Indiens Weg zur Freiheit, Frankfurt o.J.
53 Theodor *Ebert*, Gewaltfreie Aktion als Beruf, in: *Gewaltfreie Aktion* 24, 3. Quartal 1975.

Lutz Mez

Schlußfolgerungen aus dem Putsch in Chile für westdeutsche Verbände und Parteien*

Vorbemerkung

Der chilenische Septemberputsch kam nicht sonderlich überraschend, er war kein Betriebsunfall. Er bewegt sich nicht nur im Rahmen historischer Kontinuität, sondern läßt sich auch unschwer aus den strukturell verfestigten Widersprüchen in unterentwickelten Ländern wie Chile ableiten.

Die Warnung vor einer allzu raschen Verallgemeinerung der chilenischen Ereignisse ist berechtigt, doch lassen sich für das Verhalten der herrschenden Klasse in kapitalistischen Gesellschaften im allgemeinen und in der BRD im besonderen einige Aussagen machen, die auch durch Putsche in anderen historischen Zusammenhängen bestärkt werden. Schon eine erste Überprüfung von Anlaß und Zeitpunkt bei der Errichtung reaktionärer Diktaturen in der Geschichte förderte „erstaunliche Gemeinsamkeiten" (Reinhard Kühnl) zutage.[1]

Die chilenische Entwicklung und der Septemberputsch

Als Ausgangspunkt soll hier die chilenische Entwicklung noch einmal kurz ins Gedächtnis gerufen werden, insbesondere die Rolle der Parteien, Organisationen und basis-orientierten Kräfte. Der Unidad Popular (UP) standen die zunächst zerstrittenen bürgerlichen Kräfte gegenüber, die sich jedoch im Laufe des Prozesses formierten. In der Schlußphase der UP-Regierung bahnten sie die aktive Putschvorbereitung mit dem Militär an. Die Christdemokraten zeigten dabei ein etwas differenzierteres Bild als die Nationale Partei. Es gab einen linken Flügel, der zu einer gewissen Zusammenarbeit mit der UP bereit war, während die Führung unter Frei zusammen mit der Nationalen Partei den Sturz der Allende-Regierung betrieb.

Die UP-Regierung wurde von einer Koalition getragen, in der die beiden marxistischen Arbeiterparteien, Kommunistische Partei (KP) und Sozialistische Partei (SP), dominierten.[2] Die politische Linie der KP stellte ein Konglomerat aus der historisch

---

* Der Beitrag wurde in Zusammenarbeit mit Rolf B. Lindner verfaßt. S. a. Rolf B. *Lindner* u. Lutz *Mez*, Die Legende vom „friedlichen Weg" in Chile, in: Chile – Ein Lehrstück für Westeuropa? Ing. von Dag Horeide, Berlin 1975.

1 Vgl. Reinhard *Kuhnl*, Chile als Beispiel und Warnung, in: *Frankfurter Rundschau* vom 29.9.1973.

2 Außerdem ist die MAPU erwähnenswert. Diese Partei spaltete sich im März 1973, wobei eine Fraktion zur KP tendierte; die andere Fraktion bildete zusammen mit Teilen der SP den linken Flügel der UP.

gescheiterten Volksfront-Strategie der Komintern, der auf die innenpolitische Ebene aufgepfropften moskau-orientierten Politik der „friedlichen Koexistenz" und dem Versuch dar, über den bürgerlich-parlamentarischen Regierungsapparat Wirtschaft und Gesellschaft in den Griff zu bekommen, um in einer späteren Etappe in Chile die soziale Revolution einzuleiten. Es erübrigt sich hier, auszuführen, daß die KP-Führung den konservativsten Teil der chilenischen Arbeiterklasse verkörperte und Versuche der revolutionären Linken, den Entwicklungsprozeß zu beschleunigen, nicht nur scharf verurteilte, sondern aktiv bekämpfte.[3]

Die SP bestand aus zwei Flügeln: Der Allende-Flügel strebte eine enge Zusammenarbeit mit der KP an, während der Altamirano-Flügel auf die revolutionäre Umgestaltung abzielte und sich in einer späteren Phase der UP-Regierung der MIR näherte. Die MIR, außerhalb der UP stehend, diese jedoch durch kritische Solidarität stützend, wuchs von einer Intellektuellenorganisation unter der fortschreitend verschärften Gesellschaftsentwicklung zu einer breiteren Bewegung, die Anhänger vor allem unter dem Landproletariat, den Slumbewohnern und teilweise unter den Soldaten gewann. Die antimilitaristische Arbeit in den Streitkräften – erst in der Endphase intensiviert – wurde durch den Putsch vorzeitig unterbrochen und konnte deswegen kaum zur Geltung kommen.

Selbstverständlich darf die wachsende Politisierung an der Basis, bekannt geworden unter dem Begriff „Poder popular" (Volksmacht), nicht losgelöst vom Wirken der UP-Regierung gesehen werden. Nehmen wir z.B. die MIR, die bei ihrer politischen Arbeit in den Slums die günstigen Rahmenbedingungen nutzte, aber andererseits damit den Vorstellungen von KP und Teilen der SP, die diese gesellschaftlichen Randbereiche vernachlässigt hatten, entgegenarbeitete, ganz zu schweigen von den betroffenen Großgrundbesitzern und anderen Rechtskräften. Hier wird einer der vielen Widersprüche der Gesamtentwicklung deutlich. Kurz gesagt, revolutionäre Basisaktivitäten sind von der UP-Führung einerseits ermöglicht, andererseits aber kanalisiert und institutionalisiert worden. Das lief letztlich darauf hinaus, diesen die revolutionäre Spitze – zum Teil mit Gewalt – zu nehmen. So entstand ein permanenter Konflikt, der sich auf den grundsätzlichen Gegensatz bringen läßt: Wirtschafts- und Gesellschaftswandel durch Reform oder soziale Revolution. Der Putsch zog auch unter diese Auseinandersetzung einen vorläufigen Schlußstrich.

In diesem Zusammenhang interessieren die Vorbereitungen, Illusionen und schließlich die Reaktionen der UP und ihrer Anhänger auf den von vielen erwarteten Putsch.

SP und KP wurden von ihm mehr oder weniger überrascht, ein organisierter Widerstand fand nicht statt. Das Militär zerschlug in wenigen Stunden nahezu alle Ansätze von bewaffnetem Widerstand. Viele der UP-Führungskader wurden liquidiert oder gefangen genommen. Das Militär bemächtigte sich der vorhandenen Kommunikationsmittel und Massenmedien und verhinderte damit einen koordinierten Widerstand der UP-Anhänger. Der Aufruf der CUT zum Generalstreik, die Anweisung der Parteizentralen an die Mitglieder und Allendes letzte Botschaft

3 Vgl. z.B. „Der Widerstand bei EX-SUMAR" in: *Chile Nachrichten* Nr. 10, 1973, S. 28 ff. Hier wird das Verhalten von KP-Funktionären beim Putsch geschildert.

erreichten die widerstandsbereiten Massen nicht mehr. Der Mangel an Vorbereitungen gegen einen Putsch betraf nicht nur die Sicherung der Kommunikation, sondern auch die grundsätzliche Einübung von Methoden der Selbstverteidigung. Lediglich die MIR konnte dank ihrer Erfahrung mit politischer Arbeit in der Illegalität ihre Organisation dem Zugriff des putschenden Militärs weitgehend entziehen.[4]

Chile ein politisches Lehrstück?

Sowenig die aktuelle Entwicklung in der BRD mit der in Chile vergleichbar ist, so sehr bildet die Begründung und der Ablauf des Putsches ein politisches Lehrstück. Der Militärputsch hat einen sozialen Prozeß gewaltsam abgebrochen, der das kapitalistische System beseitigen sollte. Auch in der BRD erkennt die herrschende Klasse die von ihr eingesetzten Institutionen wie die „freiheitlich-demokratische Grundordnung" und die „demokratischen Spielregeln" nur so lange an, wie sie mit ihren Interessen vereinbar sind. „Besteht aber die Gefahr, daß die Volksmassen diese Spielregeln in ihrem eigenen Interesse nutzen, so setzen die Herrschenden alle Mittel ein, um Demokratie und Rechtsstaatlichkeit zu vernichten."[5]

Reaktionen in westdeutschen Verbänden und Parteien

Der DGB, als größter Verband der BRD, bekannte sich „voll-inhaltlich zu der in Brüssel abgegebenen Erklärung des Internationalen Bundes Freier Gewerkschaften (IBFG)", in der „diese illegale Militäraktion" aufs schärfste verurteilt und den chilenischen Arbeitern Unterstützung zugesichert wurde.[6] Ferner hatte der IBFG an seine Mitgliedsorganisationen in aller Welt appelliert, auf ihre Regierungen einzuwirken, daß die Junta nicht anerkannt wird. Der IBFG hatte den Putsch vor die UNO gebracht und deren Eingreifen verlangt, bei der Internationalen Arbeitsorganisation (ILO) gegen Chile wegen Verletzung der Gewerkschaftsrechte Klage erhoben und die Weltbank ersucht, Chile vorläufig keine Kredite zu gewähren.[7] Der Vorstand der IG Metall schließt seine Solidaritätserklärung für die chilenischen Gewerkschaftler und Demokraten mit der für die BRD aktuellen Feststellung, daß es empörend sei, „wenn konservative Kreise in der Bundesrepublik den Sturz der Regierung Allende mit kaum verhüllter Befriedigung zur Kenntnis nehmen."[8]

In der BRD hat nicht nur die Linke, sondern vor allem auch die Rechte den Putsch in Chile als Lehrstück verstanden. Dabei sind sich beide in der Beurteilung des Beispielcharakters der chilenischen Erfahrung insofern einig, als der Kern der Entwicklung im Verhältnis von Legalität und Klassengehalt des kapitalistischen

---

4 Die MIR war es auch, die Altamirano, den SP-Generalsekretär, ins Ausland schleuste.
5 Reinhard *Kühnl*, a.a.O.
6 Vgl. *DGB-Nachrichtendienst* v. 12.9.1973.
7 Vgl. *Freie Gewerkschaftswelt*, Nr. 280, 10/1973, S. 2.
8 Pressedienst der IG Metall v. 14.9.1973.

Systems festgemacht wird. Bei der Interpretation der historischen Notwendigkeit eines Putsches stehen die Ansichten allerdings diametral gegeneinander. Die Strategie der Rechten läuft letztlich darauf hinaus, einen Konflikt zwischen System und Verfassung bereits im Ansatz zu ersticken. Zu dieser Strategie gehört als Abschreckungskomponente die Demonstration von Bereitschaft zum Putsch, um jede konsequente Anwendung von Gleichheits- und Gerechtigkeitsprinzipien der Verfassung durch die Linke von vornherein zu verhindern. So folgerte „Die Welt" aus der chilenischen Entwicklung für die BRD: „Man (sollte) die Finger von einem sozialistischen Experiment lieber weglassen."[9]

Da die Errichtung des Sozialismus in der BRD praktisch noch nicht auf der Tagesordnung steht und auch die Linke relativ schwach ist, richteten sich die Aktionen und Äußerungen der CDU/CSU vor allem gegen die SPD. Dabei lernte die CDU/CSU von dem chilenischen Vorbild insbesondere, wie ein Putsch psychologisch und ideologisch vorzubereiten ist und wie gleichzeitig die Selbstenthebung von der Pflicht zur Verfassungstreue praktiziert wird. Am Beispiel der von CDU/CSU inszenierten „Verfassungsdebatte" des Bundestages im Februar 1974 läßt sich die strategische Linie erkennen: Die Verfassungsmäßigkeit der demokratisch legitimierten Regierung wird in Zweifel gezogen, um den eigenen Verfassungsbruch als „Rettung der Verfassung" darstellen zu können.[10] Bereits in der ersten offiziellen CDU-Äußerung des Fraktionsvorsitzenden Carstens zum Putsch in Chile kommt das Hauptargument der Unionsparteien zum Ausdruck: „Unvereinbarkeit von Demokratie und sozialistischem Marxismus".[11] Im Januar 1974 wurde Carstens noch deutlicher: „Im Gegensatz zur SPD und FDP haben wir keine Gruppierungen in unseren Reihen, die den Staat umfunktionieren, das System verändern, die Verfassung brechen wollen."[12]

Die CDU/CSU verfährt hier nach altem, bewährtem Muster:

> „Durch ihre politische Praxis und theoretische Aussagen schränkt sie die Interpretation des Grundgesetzes und damit des Verfassungsgemäßen so ein, daß nach ihrem Selbstverständnis nur noch das eigene politische Spektrum, allenfalls noch nach rechts verlängert bis zur NPD, als verfassungskonform gelten kann. Jede Aktualisierung der im Grundgesetz immerhin latent vorhandenen Komponente in Richtung auf demokratischen Sozialismus gilt dagegen als ‚systemsprengend', mithin als verfassungsfeindlich. Eine parlamentarische Mehrheit, die eine Politik gegen den Geschmack der CDU/CSU betreibt, handelt angeblich verfassungswidrig."[13]

Auf dem rechten Flügel der SPD wird diese Auffassung geteilt. Der SPD-Bundestagsabgeordente Friedrich Beermann, General a.D., zog sich jedenfalls den Schuh an:

9 *Die Welt* vom 29.9.1973.

10 Dieser Zusammenhang ist den akribistisch arbeitenden BRD-Imperialismusforschern in der DDR völlig entgangen, wie die beiden zufällig aufeinanderfolgenden Artikel „Der BRD-Imperialismus und das militärfaschistische Regime in Chile" und „Zu den Hintergründen und Zielen der Verfassungsdebatte in der BRD" in: *IPW-Berichte*, H. 5, 1974, S. 46 ff. und 51 ff. ganz offensichtlich zeigen.

11 Vgl. *Süddeutsche Zeitung* v. 21.9.1973.

12 *Deutschland-Magazin* Nr. 6, Dezember/Januar 1973/74, S. 5.

13 Imanuel *Geiss*, Bundeswehr und Demokratie, in: Jakob *Moneta*, Erwin *Horn* und Karl-Heinz *Hansen*, Bundeswehr in der Demokratie – Macht ohne Kontrolle?, Frankfurt/M. – Köln, 1974, S. IX.

„Die Identifizierung mit Allende könnte bedeuten, daß wir, die SPD, uns mit einem Mann gleichschalten, der eben nicht im Rahmen der Verfassung seines Landes gehandelt hat, sondern sie gröblichst verletzt hat und wir uns daher dem Vorwurf aussetzen, unsere eigene Verfassung hier nicht ernst zu nehmen ..."[14]

Die dabei gleichzeitig geäußerte Einschätzung des Putsches ist mit der der CDU identisch: Nicht die Putschisten haben die Verfassung gebrochen, sondern der gewählte Präsident Allende,[15] die Schuld liegt also nicht bei den Mördern, sondern beim Ermordeten. Beifall für seine Äußerung erhielt Beermann insbesondere im „Bayernkurier", in der „Deutschen National-Zeitung" und den „Deutschen Nachrichten".[16]

Was von derartigen Äußerungen zu halten ist, verdeutlicht eine Passage aus dem Spiegel-Interview mit dem Sprecher der Junta, in der letztlich die chilenische Konsequenz ausgedrückt ist, in Zeiten sozialer Veränderung notfalls den Prozeß durch die Erklärung des „inneren Kriegszustandes" abzubrechen.[17] Als weitere Komponente der Strategie von CDU/CSU ist die ideologische Vorbereitung auf einen Verfassungsbruch zu nennen. Das Kernstück dieser Argumentation am Beispiel des chilenischen Putsches ist die Berufung auf eine Art von übergesetzlichem Notstand. Das Militär mußte sich über die Buchstaben der Verfassung hinwegsetzen, um ihren Geist retten zu können. Vervollständigt wird dieses Konstruktum durch einen Analogieschluß zwischen Pinochet und Stauffenberg:

„Den 20. Juli 1944 mit dem 11. September 1973 in Chile zu vergleichen, zeugt allerdings entweder von intellektueller Verwirrung oder von makabrem Zynismus, dem zur Rechtfertigung reaktionären Tuns offenbar alles recht ist, auch die diffamierende Gleichsetzung von Faschismus und Sozialismus."[18]

Die SPD-Bundestagsfraktion verabschiedete am 18.9.1973 eine Entschließung, in der Putsch und Vorgehen der Junta „auf das entschiedenste verurteilt" werden. Weiter heißt es in der Entschließung: „Jede Hilfe, die als Billigung oder Unterstützung des Militärregimes durch demokratische Staaten verstanden werden kann, muß unterbleiben."[19] Aber bereits am 24.9. berichtete die Süddeutsche Zeitung unter der Überschrift „Bonn setzt Entwicklungshilfe fort": „Die Bundesregierung wird vorerst ihre Entwicklungsprojekte in Chile nicht einstellen." Ende September forderten Außenhandelsexperten im Bundeswirtschaftsministerium, die Aussetzung der Deckungsgarantie für Exportgeschäfte mit Chile, die nach dem Staatsstreich verfügt worden war, wieder aufzuheben.[20] Eine Weizenlieferung von insgesamt 15.000 t,

---

14 Aus dem Protokoll des SPD-Landesparteitages Schleswig-Holstein vom 10.11.1973. Zitiert nach Der Putsch in Chile – Vorbild oder Warnung für die Bundesrepublik?, Schriftenreihe des Pressedienstes Demokratische Aktion, Nr. 17, o.J., S. 25.

15 Der Sprecher der chilenischen Junta äußerte in einem Spiegel-Interview dagegen: „Man kann nicht sagen, daß Allende die Verfassung offen gebrochen hat, aber er hat den Geist der Verfassung gebrochen." *Der Spiegel*, Nr. 13, 1974, S. 100.

16 Vgl. Der Putsch in Chile, S. 25 f.

17 „Wenn Sie so wollen, haben wir (die Junta – Anm. LM) den Rahmen der Verfassung tatsächlich verlassen, aber nur insofern, als wir eine Regierung abgesetzt haben." – *Der Spiegel*, a.a.O.

18 Imanuel *Geiss*, a.a.O., S. IX.

19 Zitiert nach ppa vom 21.9.1973.

20 Vgl. *Süddeutsche Zeitung* vom 27.9.1973.

die noch der Regierung Allende zugesagt worden war, kam „gerade rechtzeitig ..., um den Generälen bei der großen Versorgungskrise zu helfen."[21] Betrachtet man die Haltung der SPD im ersten Jahr nach dem Putsch, so folgten den verbalen Protesten kaum Taten. Mehr als „halbherzige Solidarität" zollten lediglich einige Landesverbände, z.B. Hessen. Auf der Pariser Chile-Solidaritätskonferenz, an der 700 Vertreter von 108 Organisationen aus 29 Ländern teilnahmen, war die SPD als einzige große westeuropäische Arbeiterpartei nicht vertreten, wie der chilenische Gewerkschafter Galvarino Melo, vor dem Putsch Generalsekretär der Bergarbeitergewerkschaft, feststellte.[22]

Die SPD-Bundestagsabgeordneten Karl-Heinz Hansen und Erwin Horn stehen jedoch exemplarisch für jene Fraktion der Sozialdemokraten, die aus dem chilenischen Septemberputsch Lehren für die Militärpolitik in der BRD ziehen will. Zunächst hatte der ehemalige Juso-Vorsitzende Karsten Voigt auf einer Kundgebung erklärt:

> „Der Putsch wurde durchgeführt von Verfassungsfeinden im öffentlichen Dienst: von Generälen, Admirälen und Polizeichefs. (...) Dies sollte uns auch für die Bundesrepublik zu denken geben. Deshalb ist es nur zu verständlich, daß wir jetzt verstärkt fragen und prüfen müssen, von welchem Gedanken die Bundeswehr und der Bundesgrenzschutz bestimmt werden."[23]

Bundesverteidigungsminister Georg Leber hielt es nicht für nötig, inhaltlich auf diese Anregung einzugehen, sondern formulierte apodiktisch: „Die Bundeswehr ist die Armee unseres Staates. Sie muß daher bei der Klarheit, mit der sie selbst ihren Auftrag begreift, gegen üble Verdächtigungen von welcher Seite auch immer, in Schutz genommen werden."[24] Als Antwort auf einen Artikel von Erwin Horn in der Frankfurter Rundschau vom 19.10.1973 erweiterte Leber seine Aussage folgendermaßen:

> „Unsere Bundeswehr steht zu unserer Verfassung. (...) Ich sage das hier von der Bundeswehr, auch wenn ich weiß, daß diese Bundeswehr eine große Gemeinschaft von 500.000 Menschen darstellt, in der es an der Peripherie auch einige Soldaten gibt, deren politische Überzeugung mit unserer Verfassung in Einklang zu bringen mir schwerfällt. Dies sage ich auch, aber ich stelle mich hier bewußt und aus Überzeugung vor 99,9 Prozent unserer Soldaten."[25]

Diesen Worten stehen Äußerungen von Bundeswehr-Offizieren gegenüber wie: „Wenn Sie einen freiheitlichen Sozialismus in der Bundesrepublik einführen wollen, müssen wir uns als Bundeswehr überlegen, ob wir nicht von unserem Recht auf Widerstand Gebrauch machen."[26] Die ideologische Beeinflussung der Bundeswehr durch reaktionäre Organe der „Studiengesellschaft für staatspolitische Öffentlichkeitsarbeit" oder der „Deutschlandstiftung" u.a. sind mit dem Leber-Statement nicht in Einklang zu bringen.

---

21 *Frankfurter Allgemeine Zeitung* vom 6.10.1973.

22 Vgl. *Berliner Extra-Dienst*, Nr. 56, 1974, S. 18 f.

23 Karsten D. *Voigt*, Verfassungsfeinde im Öffentlichen Dienst, in: *Juso*, H. 11/12, 1973, S. 25.

24 Zitiert nach Erwin *Horn*, Die Bundeswehr und Chile, in: Der Putsch in Chile, S. 28.

25 Georg Leber am 26.10.1973 vor dem Bundestag, zitiert nach: Der Putsch in Chile, S. 31.

26 Zitiert nach Karl-Heinz *Hansen*, Engagierte Wachsamkeit gegen Verfassungsbruch durch die Bundeswehr, in: Jakob *Moneta*, Erwin *Horn* und Karl-Heinz *Hansen*, a.a.O., S. 109. Dort sind auch weitere Äußerungen dieser Art dokumentiert.

Neben den kritschen Äußerungen der SPD-Linken zur Bundeswehr erhob auch die DKP warnend ihre Stimme gegen den Militarismus.

> „In unserem Land erweisen sich die Ultra-Rechten um Strauß und Dregger, ihre Pressekonzerne, allen voran die Springer-Presse, wieder und wieder als verschworene Feinde der Demokratie und der Völker. Sie reden von ‚Freiheit' und ‚Demokratie', doch in Wahrheit haben sie gestern den Terror der chilenischen Reaktion gegen die Volksregierung unterstützt und als legal bezeichnet, und spenden heute dem blutigen Putsch der Militaristen Beifall. Sie handeln als Komplizen des reaktionären Terrors in Chile. Der Militarismus ist unser aller Feind! Notstandsgesetze und reaktionäre Bundeswehrführung sind eine Bedrohung der Demokratie auch in unserem Land. Deshalb ist jetzt aktive Solidarität mit dem chilenischen Volk zugleich Kampf für Demokratie und Freiheit, gegen Militarismus und ultrarechte Reaktion im eigenen Land."[27]

Nicht nur bei der DKP oder – wie oben bereits erwähnt – bei der SPD, sondern bei der ganzen bundesrepublikanischen Linken stellten sich rasch Schwierigkeiten ein, „wie denn das schnell gesprochene Wort von der internationalen Solidarität mit Inhalt zu füllen sei."[28] Darauf wird später noch einzugehen sein. Auch der „Marxistische Studentenbund Spartakus" und der „Regionalausschuß BRD der Christlichen Friedenskonferenz" (CFK) nannten als aktuellen Inhalt der Solidarität mit Chile den „Kampf gegen die verfassungsfeindlichen Kräfte in der Bundesrepublik".[29] In dem offenen Brief des Präsidiums des „VVN – Bund der Antifaschisten" an Bundeskanzler Brandt wird die Bundesregierung nicht nur aufgefordert,

> „ähnlich wie die Regierungen Schwedens, Hollands, Italiens und anderer Länder, ... jegliche Entwicklungshilfe und Kredite sofort zu stornieren", sondern auch unter Heranziehung von Art. 15 GG, „die zum ITT-Konzern gehörenden Betriebe in der BRD zu enteignen und in Gemeinbesitz zu überführen."[30]

Es blieb bei dieser Forderung. Sie wurde nicht durch Boykott- oder andere Kampagnen gegen die in Chile aktiven multinationalen Konzerne wenigstens im Ansatz praktiziert.

Eine weitere Schlußfolgerung aus dem chilenischen Putsch, wenn nicht gar die wichtigste, benannte der Westberliner Jungsozialist Hans-Jürgen Krüger: „Für die westeuropäischen Sozialisten bedeutet das Scheitern der UP in der Machtfrage die Aufforderung, rechtzeitig eine militärpolitische Strategie zu entwickeln und in die politische Praxis umzusetzen."[31]

---

27 Aus der Erklärung des Präsidiums der DKP unmittelbar nach dem Putsch; zitiert nach ppa vom 12.9.1973.

28 Andreas *Buro* und Klaus *Vack*, Solidarität mit Chile – was ist das?, in: *Links*, Nr. 48, Oktober 1973, S. 6.

29 Erklärung des Regionalausschusses der Christlichen Friedenskonferenz vom 20.9.1973; zitiert nach Ist Chile bei uns möglich?, Reaktion auf den militärfaschistischen Putsch in Chile. Oder: Wie hält es die bundesdeutsche Rechte mit der Demokratie? Ein kritischer Report v. Peter C. *Walther*, Frankfurt/M. 1973, S. 52. Der Appell des MSB Spartakus an alle Studenten ist abgedruckt a.a.O., S. 51 f.

30 Zitiert nach ebd., S. 50.

31 Hans-Jürgen *Krüger*, Mitschuld am eigenen Sturz? Zur Militärpolitik der chilenischen Linken, in: *Juso*, H. 3, 1974, S. 12.

Der Frankfurter Friedensforscher Egbert Jahn kam auf der Internationalen Chile-Konferenz in Frankfurt im April 1974 dieser Aufforderung nach und zog „Die chilenische ‚Lehre' für die sozialistische Militärpolitik in der BRD und in Westeuropa".[32] Als „strategisches Ziel der Aufklärungsarbeit in den Streitkräften" benennt er „das Beim-Wort-Nehmen der bürgerlich-demokratischen Verfassung."[33] Das beinhaltet vor allem zwei Dinge: „Das Militär muß wenigstens soweit politisiert werden, daß es den Unterschied zwischen verfassungsmäßigen und verfassungswidrigen Befehlen klar verstehen lernt." Und „die Kriegsdienstverweigerung ist ... im Falle eines Angriffskrieges ... eine gesellschaftliche Pflicht."[34]

Als großen Fehler der heutigen Sozialismusdiskussion bezeichnete Egbert Jahn, daß als mögliche Alternativen lediglich die bewaffnete Revolution oder der parlamentarische Reformismus gesehen werden. Anknüpfend an die Forschungen der Studiengruppe Soziale Verteidigung der VDW über die Kampfmethoden der internationalen Arbeiterbewegung formuliert er abschließend: „Die einzige Chance der sozialistischen Bewegung in den spätkapitalistischen hochmilitarisierten Ländern besteht in der klaren und offenen Absage an den Mythos der revolutionären Waffengewalt."[35] Wenn aber der bewaffnete Kampf in der BRD von vornherein zum Scheitern verurteilt ist, was für Mittel bzw. Strategien sind anwendbar, um ein „Prometheus"[36] in unserem Land zu verhindern? Welche gesellschaftlichen Gruppen und Institutionen sind als Träger einer putschabwehrenden Strategie vorhanden und fähig, diese auch zu praktizieren?

An dieser Stelle ist es notwendig, sich ein paar wesentliche Lehren aus der chilenischen Entwicklung unter dem Aspekt des Militärputsches zu vergegenwärtigen: Zwei teilweise widersprüchliche Tendenzen sind von zentraler Bedeutung. Einerseits gab es jene, die den Prozeß vorantrieb, andererseits eine, die der Entwicklung die revolutionäre Dynamik nahm. So strebte die UP-Regierung danach, im Rahmen einer bürgerlich-parlamentarischen Demokratie „das Erreichte zu festigen, um den Prozeß voranzutreiben", während Basiskräfte wie die Poder popular „den Prozeß voranzutreiben, um das Erreichte zu festigen" suchten. Bei letzteren sind Ansätze für eine revolutionäre Organisation erkennbar, während erstere zeitweise demobilisierend und eher systemstabilisierend wirkte. Der Putsch – und das ist die chilenische Tragödie – wurde u.a. auch dadurch begünstigt, daß die „etablierte" Avantgarde der Arbeiterbewegung – KP und Teile der SP – den revolutionären Kräften der Basis durch Beharren auf historisch überholten Strategien, die Selbstbeschränkung auf bürgerliche Legalitätsvorstellungen und Ignorierung der historischen Lehren der internationalen Arbeiterbewegung (z.B. Spanien 1936–39) weitgehende Fesseln

32 Abgedruckt in *Links*, Nr. 57, Juli/August 1974, S. 13–16.
33 Ebd., S. 15.
34 Ebd.
35 Ebd., S. 16.
36 Unter diesem Code lief am 21.4.1967 der Putsch in Griechenland ab. Es ist anzunehmen, daß für alle NATO-Länder solche Pläne existieren. Vgl. Walter *Möller* und Fritz *Vilmar*, Sozialistische Friedenspolitik für Europa, Frankfurt/M. 1972, S. 33 f.

auferlegte. Damit wurden dem Lernprozeß einer sich durch Klassenkampf bewußtwerdenden Arbeiterbewegung enge Grenzen – auch zeitlicher Art – gesetzt. So entstand sehr bald eine Schere zwischen der UP-Regierung, deren Existenz günstige Voraussetzungen für Systemveränderung schuf, und den revolutionären Aktionen, die weitgehend durch die Basis initiiert und vorangetrieben wurden.

Eine grundsätzliche Lehre ist die Tatsache, daß bei einer Verschärfung der sozialen Gegensätze wie in Chile – und das gilt uneingeschränkt auch für hochentwickelte Industriegesellschaften Westeuropas – ein Rechtsputsch aktuell ist. Deshalb gilt es für diesen Fall langfristig umfassende Vorbereitungen zu treffen, einerseits, um einen Putsch von vornherein aussichtslos erscheinen zu lassen, andererseits, um im Ernstfall sofort aktiven Widerstand leisten zu können. Unter solchen Vorbereitungen ist vor allem die konsequente „Einübung" der verschiedenen Kampfformen Sozialer Verteidigung zu verstehen.

In Chile hat die „reaktionäre Dreieinigkeit von konservativen Militärkreisen, der nationalistischen und christ-demokratischen Opposition und internationalen Konzerne"[37] gegen die gewählte UP-Regierung geputscht und einen Krieg gegen das chilenische Volk geführt.

Die Reaktion und das Verhalten der Rechten in Westeuropa einschließlich der Bundesrepublik verdeutlichen, daß auch hier mit Putschen zu rechnen ist. Das erfordert im Rahmen der Verteidigung eines gesellschaftlichen Emanzipationsprozesses in unserem Land eine alternative Strategie zur gegenwärtigen Militärpolitik. Unter dem Eindruck des Chile-Schocks entstand ansatzweise bei fortschrittlichen Jungsozialisten ein Bewußtsein um „die wehrpolitische Lücke im Programm antikapitalistischer Strukturreformen."[38] Es wäre verhängnisvoll, bei der theoretischen Diskussion stehenzubleiben, und auch die Formulierung: „Es gilt also zu verhindern, daß bewaffnete Institutionen die Schiedsrichter der Nation spielen"[39] ist nicht inhaltlich belegt. Dagegen stellt das Konzept der Sozialen Verteidigung eine konkrete Alternative dar, die zudem den gesellschaftlichen Entwicklungstendenzen hochentwickelter Industriegesellschaften entspricht.[40]

Das Konzept der Sozialen Verteidigung beinhaltet zunächst einmal eine konsequente antimilitaristische Arbeit, d.h. eine radikale Demokratisierung der Streitkräfte im Rahmen des gesellschaftlichen Emanzipationsprozesses. Die Erziehung und Politisierung der Soldaten zur Widerstandsbereitschaft im Falle verfassungswidriger Befehle durch Putschisten kann z.B. durch Änderung des Fahneneides, Wekkung des Problembewußtseins für sozialen Systemwandel u.ä. erreicht werden. Konservative und reaktionäre Traditionen und damit verbundenes Gedankengut, das in der Bundeswehr immer noch gepflegt wird, – z.B. „Die Armee ist die Schule der Nation", die Seeckt'sche Haltung „Reichswehr als Staat im Staate" – müssen abge-

37 Karsten *Voigt*, a.a.O., S. 25.

38 Vgl. in diesem Zusammenhang den gleichnamigen Aufsatz von Theodor *Ebert*, in: Wehrpolitik ohne Waffen, hrsg. von Theodor *Ebert*, Opladen 1972, S. 147–163.

39 Ivo *Gönner*, Verhältnis Jusos – Bundeswehr, Sitzung der Studiengruppe Soziale Verteidigung am 13.7.1974, s. Prot.

40 Vgl. u.a. Demokratische Sicherheitspolitik. Von der territorialen zur Sozialen Verteidigung, München 1974.

baut werden. Kritisch muß in diesem Zusammenhang deshalb auch die Entwicklung der Bundeswehrhochschulen im Auge behalten werden. Hier zeigt sich die Tendenz, einerseits das Offizierscorps der Bundeswehr auf die Übernahme ziviler Aufgaben vorzubereiten, andererseits aber auch die Möglichkeit, diese militärischen Hochschulabsolventen bei Streiks und im Falle eines Rechtsputsches zur Aufrechterhaltung der Produktion und des Kommunikations- und Transportwesens einzusetzen.[41] Ein wichtiger Faktor ist hier der Aufbau von Basisorganisationen in Bundeswehr, Grenzschutz und Polizei durch Gewerkschaften und politische Organisationen.

An dieser Stelle ist es notwendig, die potentiellen Träger Sozialer Verteidigung in der BRD zu benennen. Zunächst bieten die Gewerkschaften denkbar gute Voraussetzungen, weite Teile der Bevölkerung mit der Konzeption der Sozialen Verteidigung vertraut zu machen und diese bewußtseinsmäßig zu verankern. Ferner kommen noch politische Gruppierungen bzw. Parteien und die Kriegsdienstverweigerer in Betracht; gemäß dem Stand der Klassenkämpfe in der BRD gewinnen auch Basisgruppen im Reproduktions- und Produktionssektor – z.B. Bürgerinitiativen, ad-hoc-Bewegungen, Selbstorganisationsexperimente – entscheidende Bedeutung.

Die Gewerkschaften als Organisation der Arbeiterschaft und anderer Lohnabhängiger sind in der Lage, einen Putsch zu verhindern. Dazu bedarf es eines aktiven Einsatzes auf zumindest zwei Ebenen: Im Rahmen des „Sozialen Angriffs" ist die umfassende Veränderung der Gesellschaft und Wirtschaft auch gegen den Widerstand der herrschenden Klasse durchzusetzen. Und zweitens beinhaltet „Soziale Verteidigung" die systematische Verankerung und konsequente Internalisierung der Kampfmethoden des gewaltfreien Aufstandes in der organisierten Arbeiterschaft und darüber hinaus in der Bevölkerung.[42] Es genügt keineswegs, nur Lohnforderungen zu stellen und auf verbaler Ebene Gesellschaftsveränderung durch Mitbestimmung zu propagieren. Aber auch die rein politische Streikwaffe vermittelt, wie die Erfahrungen der internationalen Arbeiterbewegung zeigen, sogar in Form des Generalstreiks ein trügerisches Sicherheitsgefühl.

Eine der wichtigsten Lehren aus dem chilenischen Septemberputsch ist die Erkenntnis, daß der organisierte Selbstschutz der Arbeiterklasse eine elementare Bedingung der Selbsterhaltung ist. Die Möglichkeiten reichen von den traditionellen Mitteln des Arbeitskampfes über die Durchsetzung der Arbeiterkontrolle, politische Streiks bis hin zur defensiven Bewaffnung, sofern diese im Rahmen der gesellschaftlichen Entwicklungsstufe notwendig erscheint. Ferner zeigen die Vorgänge in Chile wie auch in der CSSR 1968/69, welche ausschlaggebende Bedeutung die Sicherung der Kommunikationsmöglichkeiten hat. Das heißt Aufrechterhaltung der Verbin-

---

41 Vgl. die „harmlose" Bemerkung der Springer-Zeitung *Welt am Sonntag* vom 3.2.1974: „Nun will ja niemand etwa für besseren Lohn streikende Arbeiter von Truppen ‚niederkartätschen' lassen, aber wenn es demnächst hierzulande ... zur Arbeitsniederlegung im gesamten öffentlichen Dienst inklusive Post und Bahn (kommt), dann würde doch wohl nichts Böses dahinterstecken, wenn Bundeswehr und Bundesgrenzschutz einspringen könnten ..."

Der englische Brigadegeneral Frank *Kitson* hat diese „Möglichkeit" in seinem Buch Im Vorfeld des Krieges, Stuttgart 1974, in Form eines „Anti-Subversions-Leitfadens" zu konkreten Handlungsanweisungen ausgearbeitet.

42 Vgl. auch Egbert *Jahn*, Civilian Defense and civil offensive, in: Journal of Peace Research 3/1973, S. 285–294.

dung zur politischen Führung und umgekehrt zur Basis in den Betrieben und Wohnvierteln, die Installierung von Funkanlagen, mobilen Sendern, Druckereien usw.[43]

Parallel dazu bedarf es einer strukturellen Veränderung im Gewerkschaftsapparat, so daß die Diskrepanz zwischen Bürokraten und Basisinitiativen, sowohl innerhalb der Gewerkschaften als auch zu nicht-gewerkschaftsgebundenen Betriebsgruppen und zu Initiativen im Reproduktionsbereich, abgebaut wird. Ein weiterer Bereich ist die Bekämpfung der restriktiven Systembedingungen, wie sie in Arbeitsgerichtspraxis, Rechtsprechung und Rechtssetzung zum Ausdruck kommen. In diesem Zusammenhang ist es eine unabdingbare Notwendigkeit, daß politische Gruppierungen, Einzelkämpfer und Parteiansätze die BRD-Gesellschaft nicht als revolutionäre Spielwiese benutzen und das Sektierertum immer neue Triumphe feiern lassen – die Vermehrung durch Spaltung ist objektiv eine Schwächung und arbeitet der Reaktion in die Hände – sondern stattdessen im Rahmen einer Realanalyse eine historisch notwendige Organisation aufbauen.[44]

Die Ansätze auf der Linken leiden unter dem intellektualistischen Voluntarismus und verlieren viel von der ihr potentiell innewohnenden politischen Schlagkraft. Durch Zusammenarbeit und Vereinheitlichung könnten die bestehenden engen Grenzen überwunden werden.[45] Hier sind auch die Jugendorganisationen der etablierten Parteien angesprochen, d.h. Jungdemokraten, Jungsozialisten und vielleicht auch Teile der Jungen Union. Weiter wären beispielsweise noch Gewerkschaftsjugend, Falken, Studentenverbände, Kriegsdienstverweigerer und kirchliche Gruppierungen zu nennen.

Der Chile-Schock hat zwar spontane Solidaritätsäußerungen bei zahlreichen Organisationen ausgelöst. Die praktische Solidarität zeigte sich jedoch fast ausschließlich bei Basisgruppen ohne parteipolitische Bindung. Das gilt insbesondere für die Chilekomitees sowie für Betriebsgruppen, Stadtteilgruppen und Wohnkollektive. Bewegen sich Solidarität und konkrete Aktionen vielfach auf emotionaler Ebene, so zeichneten sich doch hoffnungsvolle Ansätze eines auf unsere Gesellschaft bezogenen Lernprozesses ab, der den Basisgruppen langfristig neben den Gewerkschaften eine Trägerfunktion im sozialen Emanzipationsprozeß zuweist.

---

43 Vgl. dazu Klaus Rainer *Röbl*, Wann putscht die Bundeswehr?, in *das da*, Nr. 1, 1974, S. 15.

44 Vgl. dazu auch die Beiträge zur Organisationsfrage in: Für eine neue sozialistische Linke. Analysen, Strategien, Modelle, hrsg. vom Sozialistischen Büro, Frankfurt/M. 1973.

45 In der Vietnam- und nun auch in der Chile-Arbeit sind Ansätze der Zusammenarbeit mit sozialistischen und kommunistischen Gruppierungen praktiziert worden. Konkrete Beispiele sind u.a. Konferenzen, Demonstrationen, Zeitungen, Stadtteilarbeit usw. Erwähnenswert ist die Gründung des „Sozialistischen Wahlverbandes" in Norwegen; vgl. auch *Links* Nr. 56, Juni 1974, S. 2 sowie *Links* Nr. 61, Dezember 1974, S. 21 f.

Paulus Engelhardt

Prüfung des Gewissens – Auftrag des Grundgesetzes oder Mittel der Militarisierung?

Als der Bundesminister der Verteidigung Georg Leber am 30.9.1974 bzw. am 2.10.1974 der Öffentlichkeit einen „Vorschlag für die Modifizierung des Prüfungsverfahrens für Kriegsdienstverweigerer"[1] vorlegte, konnte der Eindruck entstehen, die vielfältigen Bemühungen von Parteien und Kirchen[2] zur Abschaffung des Prüfungsverfahrens hätten einen Teilerfolg erreicht. Die am 4.11.1976 erfolgte Weigerung des Bundespräsidenten, das am 8.4.1976 vom Bundestag verabschiedete und am 16.7. vom Bundesrat mehrheitlich abgelehnte „Gesetz zur Änderung des Wehrpflichtgesetzes und des Zivildienstgesetzes"[3] zu unterschreiben, zerstört zunächst diesen Schein, verstärkt die Rechtsunsicherheit für Wehrpflichtige, die sich zur Kriegsdienstverweigerung entschieden haben, und führt zur Fortschreibung einer Praxis, in der Gewissen mit unklaren, widersprüchlichen und ständig verengten Kriterien „geprüft" werden. So ist es zum Erscheinungstermin dieses 1975 fertiggestellten Beitrages leider immer noch notwendig, auf einige dieser Unklarheiten, Widersprüche und Entwicklungen hinzuweisen.

Umstrittenes Grundrecht

> „Niemand darf gegen sein Gewissen zum Kriegsdienst mit der Waffe gezwungen werden. Das Nähere regelt ein Bundesgesetz" (Art. 4, Abs. 3 GG).
> „In keinem Fall darf ein Grundrecht in seinem Wesensgehalt angetastet werden" (Art. 19, Abs. 2 GG).

Die Geschichtslegende, nach der die Väter des Grundgesetzes an eine Aufrüstung der Bundesrepublik nicht denken konnten und nur unter die Erfahrungen der Vergangenheit einen sichtbaren Schlußstrich setzen wollten, stimmt nicht. Die Beratungen des

1 *Bundesministerium der Verteidigung. Informations- und Pressestab*, Mitteilungen an die Presse, 30.9.1974; *Bulletin der Bundesregierung*, 2.10.1974, S. 1164.

2 FDP-Entwurf. Abgedruckt in: *Frankfurter Rundschau*, 5.10.1974, S. 16; SPD-Gruppenantrag. Veröffentlicht durch Manfred *Coppik*, MdB, 27.3.1974; Beschluß der Synode der Evangelischen Kirche in Deutschland am 2.6.1973 in Coburg; Beschluß der Landessynode der Evangelischen Kirche im Rheinland 1974. In der katholischen Kirche liegt erst mit dem Synodenbeschluß „Der Beitrag der katholischen Kirche in der Bundesrepublik Deutschland für Entwicklung und Frieden" (19.11.1975) Nr. 2.2.4.3. ein entsprechender öffentlicher Beschluß vor; vgl. vorher Erklärung des Pax-Christi-Präsidiums, 23.9.1974. Der Antrag des Bundesparteitages der SPD vom April 1973 stellte auf Antrag des Genossen Georg Leber den Bedingungszusammenhang zwischen der Zahl der Ersatzdienstplätze und der Abschaffung des Prüfungsverfahrens her, was eine weitere innerparteiliche Diskussion hervorrief.

3 Drucksache 7/3730; vgl. 7/4841.

Parlamentarischen Rates begannen am 1. September 1948 (genau 9 Jahre nach Kriegsbeginn) und endeten mit dem Beschluß des Grundgesetzes am 8. Mai 1949 (genau 4 Jahre nach der Kapitulation der deutschen Wehrmacht). Spätestens seit Sommer 1948 wurde in ausländischen Zeitungen, spätestens seit Herbst desselben Jahres in der westdeutschen Presse über eine westdeutsche Wiederaufrüstung im Rahmen westlicher Verteidigungsbemühungen diskutiert.[4] Konrad Adenauer, der Präsident des Parlamentarischen Rates, dürfte ebenfalls seit Herbst 1948 eine Aufstellung deutscher Truppen in seine Politik einbezogen haben. Dementsprechend versuchte er die CDU/CSU-Fraktion des Parlamentarischen Rates für eine Bundeskompetenz für den „Schutz des Bundes nach außen" zu gewinnen.[5] Die Diskussionen des Zuständigkeitsausschusses vom 22.9.–17.11.1948 und des Hauptausschusses vom 19.11.1948 „widerlegen den Irrtum, daß der Parlamentarische Rat die Probleme nicht erkannt habe oder sich durch die Besatzungsmächte an ihrer Lösung verhindert gesehen hätte. Im Gegenteil ist es nach eingehender Prüfung absichtlich durch eine eigene und freie Entscheidung unterlassen worden, im Grundgesetz auch nur andeutungsweise eine Wehrgewalt oder eine Sicherungsgewalt des Bundes zu konstituieren"[6]. Diese Schlußfolgerung der Niedersächsischen Landesregierung vom 21.8.1952 im Gutachtenverfahren zur Frage der Verfassungsmäßigkeit des Deutschlandvertrages und EVG-Vertrages ist nicht widerlegt worden.

Die von Adenauer und der CDU/CSU-Fraktion sowie von den entsprechenden Landesregierungen ständig wiederholte Argumentation, Art. 4, Abs. 3 GG setze logisch die Wehrhoheit des Bundes und eine mögliche Wehrpflicht voraus, läßt sich jedenfalls nicht für das Grundgesetz, wie es zuerst konzipiert wurde (als Provisorium), nachweisen. Die Argumentationen werden hier nur soweit angeführt, als sie für die Deutung von „Gewissen" und die Frage der Gewissensprüfung Bedeutung gewinnen können.

Verfassungslogisch „ist der Grundrechtsteil nicht technisch verzahnt mit dem positiveren Organisationssystem der folgenden Teile, und er gestattet daher keine Schlüsse auf technische Ansatzstücke, wie den Schluß von der Kriegsdienstverweigerung als Ausnahme auf ein Kriegsdienstforderungsrecht der Bundesrepublik als Regel"[7]. „Es handelt sich vielmehr um eine ‚*Wenn-Dann'-Vorschrift*, d.h. es wird

---

4 Vgl. E. *Kogon*, Man braucht Deutschland – auch deutsche Soldaten? Frankfurter Hefte 4 (1949) S. 18–33 (Januarheft), bs. S. 26 ff.; abgedruckt in: E. *Kogon*, Die unvollendete Erneuerung. Deutschland im Kräftefeld 1945–1963. Frankfurt/M. 1964, S. 80 ff.; Stellungnahme der Niedersächsischen Landesregierung vom 21.8.1952 zum Gutachtenverfahren vor dem Bundesverfassungsgericht. In: Der Kampf um den Wehrbeitrag (Veröffentlichungen des Instituts für Staatslehre und Politik e.V. in Mainz, Bd. 2). 2. Halbband: Das Gutachtenverfahren (30.7.–15.12.1952). München 1953, S. 421 ff.

5 Vgl. Stellungnahme der Niedersächsischen Landesregierung, a.a.O., S. 423 ff.; A. *Baring*, Außenpolitik in Adenauers Kanzlerdemokratie. Bonns Beitrag zur Europäischen Verteidigungsgemeinschaft (Schriften des Forschungsinstituts der deutschen Gesellschaft für auswärtige Politik e.V., Bd. 28). München und Wien 1969, S. 21, 68.

6 Stellungnahme ... a.a.O. (s. Anm. 5), S. 430.

7 Gutachten von Prof. Dr. *Smend*, Göttingen, vom 6.6.1952 zur Feststellungsklage vor dem BVerfG. In: Der Kampf um den Wehrbeitrag. 1. Halbband: Die Feststellungsklage. München 1952, S. 149 = 2. Halbband, S. 560.

eine Regelung festgelegt, falls ein bestimmter Tatbestand eintritt, womit aber keine Entscheidung darüber gefällt wird, ob ein solcher Tatbestand herbeizuführen ist"[8].

Das Kriegsdienstverweigerungsrecht „erscheint im Zusammenhang des Art. 4 als ein integrierender Bestandteil der Gewissensfreiheit oder als eine Folgerung aus ihr ... Die zweite Sinnrichtung des Art. 4, Abs. 3 ist die der Sicherung des Kriegsdienstverweigerers für die Zukunft mit Rücksicht auf alle Gewissensnot so mancher Kriegsteilnehmer in der jüngsten Vergangenheit – ganz einerlei woher künftig eine Inanspruchnahme für Kriegsdienst kommen möge"[9].

Ächtung des Krieges?

> „Handlungen, die geeignet sind und in der Absicht vorgenommen werden, das friedliche Zusammenleben der Völker zu stören, insbesondere die Führung eines Angriffskrieges vorzubereiten, sind verfassungswidrig. Sie sind unter Strafe zu stellen" (Art. 26, Abs. 1 GG).

Art. 26 des Herrenchiemseer Entwurfs hatte gelautet:

> „Handlungen, die mit der Absicht vorgenommen werden, das friedliche Zusammenleben der Völker zu stören, insbesondere die Führung eines Krieges vorzubereiten, werden unter Strafe gestellt."

Nach mehreren Diskussionen setzten sich die Initiativen der Abgeordenten Dr. Heinrich von Brentano und Dr. Thomas Dehler durch, das Wort „Krieg" durch „Angriffskrieg" zu ersetzen.[10] Aufgrund dieser Entwicklung kommt W. Krücken[11] mit Recht zu dem Schluß:

> „Die Mehrheit sah die Kriegsdienstverweigerung nicht unter dem Aspekt einer radikalen Selbstbeschränkung des Staates, der auf militärische Gewalt im Rahmen einer nationalen Sicherheitspolitik verzichten sollte, sie sah in der rechtlichen Regelung der Kriegsdienstverweigerung vielmehr eine Schutzbestimmung für den einzelnen Bürger."

Aus dem herrschenden Verständnis der Grundrechte als Rechte des Individuums (gegenüber dem Staat) und der Nichtächtung des Krieges entwickelte sich das Verständnis von Art. 4, Abs. 3 GG als Schutz des Einzelgewissens gegenüber dem Staat. Die gesellschaftliche Bedeutung des Grundrechtes auf Kriegsdienstverweigerung läßt sich aber in Hinblick auf andere Grundrechte wie das Recht der freien Meinungsäußerung (Art. 5), das Recht der Versammlungs- und Vereinigungsfreiheit (Art. 8, 9) aufzeigen.

Die gesellschaftliche Bedeutungslosigkeit des *Gewissens* wurde sowohl in den Diskussionen des Parlamentarischen Rates als auch in nachträglichen interpretierenden Stellungnahmen vor allem durch zwei Theorien zugunsten staatlicher „Wehrhoheit" unterstrichen: durch die Theorie von der allgemeinen Wehrpflicht als *Wesensmerkmal der neuzeitlichen Demokratie* und durch die Theorie von der *naturrechtlichen Begründung* der Verteidigungspflicht des Staates sowie durch Mischformen beider Theorien.

---

8 Gutachten von Prof. Dr. *Menzel*, Hamburg, vom Juni 1952 zur Feststellungsklage, a.a.O., S. 283.

9 Gutachten *Smend*, a.a.O. I S. 148 f. = II S. 559 f.

10 Gutachten von Prof. Dr. *Weber*, Göttingen, a.a.O., II S. 180 f.

11 W. *Krücken*, Wehrdienst und Gewissen (*Freiheit und Ordnung* Nr. 79). Mannheim-Ludwigshafen 1972, S. 10.

Berühmt ist der Einwand des Abgeordneten Dr. Theodor Heuß gegen den Kriegsdienstverweigerungsartikel bei der 2. Lesung am 18.1.1949:

„Wir sind nämlich jetzt dabei, ein Werk der Demokratie zu schaffen. *Die allgemeine Wehrpflicht ist das legitime Kind der Demokratie*, seine Wiege stand in Frankreich. Mir scheint es unmöglich zu sein, daß wir in diesem Augenblick, in welchem wir eine neue Fundamentierung des Staates vornehmen wollen – auch wenn ich mir durchaus darüber klar bin, daß wir kein Militär mehr im alten Sinne bekommen werden; ich will das auch nicht – daß wir in dieser Situation nun mit einer solchen Deklaration kommen."

Er plädierte gegen ein Grundrecht dieser Art und für eine Regelung nach angelsächsischem Vorbild (Befreiung von Sektenangehörigen vom Kriegsdienst). „Aber wenn wir jetzt hier einfach das Gewissen einsetzen, werden wir im Ernstfall einen Massenverschleiß des Gewissens verfassungsmäßig festlegen"[12]. Heuß zog als neugewählter Bundespräsident aus der von ihm unverändert festgehaltenen Unvereinbarkeit des Grundgesetzartikels 4,3 mit der allgemeinen Wehrpflicht den Schluß: „Auch erlaubt uns unsere Verfassung keine allgemeine Wehrpflicht"[13].

In der Stellungnahme der Bundesregierung vom 18.8.1952 im Gutachtenverfahren behandelt ein eigener Abschnitt (V.) „Das Recht der Selbstverteidigung als allgemeines Völkerrecht" mit dem Argument:

„Da nach Art. 25 GG die allgemeinen Regeln des Völkerrechts zum *Bestandteil des Bundesrechts* erklärt sind, wäre schon hiernach für die mit der Selbstverteidigung verbundenen Aufgaben eine Kompetenz legislatorischer und exekutiver Akte der nach der Verfassung zu ermittelnden Organe der Bundesrepublik gegeben"[14].

Die Stellungnahme der Bundesregierung behauptet in Abschnitt XII speziell, daß „die Wehrpflicht zu den wesentlichen Pflichten im demokratischen Staat gehört" und sogar „auch im Grundgesetz bejaht wird"[15]. Der Regierungsgutachter Prof. Dr. Weber, Göttingen, beruft sich für den Wesenszusammenhang zwischen Demokratie und allgemeiner Wehrpflicht auf einen vielzitierten Satz der Verfassungslehre von *Carl Schmitt* (1928): „So wenig wie eine echte Demokratie ohne allgemeines Wahlrecht, gibt es eine echte Demokratie ohne allgemeine Wehrpflicht", und unterstellt der zitierten Äußerung von Theodor Heuß den gleichen Sinn[16]. Konrad Adenauer hatte in einer Erklärung vor der Presse am 24.1.1952 den staats- und völkerrechtlichen Zusammenhang auf die ideologisch vereinfachende Formel von einem *„völkerrechtlichen Naturrecht"* gebracht und dieses als Hintergrund des (damit automatisch abgewerteten) Rechts auf Kriegsdienstverweigerung gebracht:

„Aus der Bestimmung des Art. 4, daß niemand zum Kriegsdienst mit der Waffe gezwungen werden kann, ergibt sich eindeutig, daß die Erstellung einer Wehrmacht und die Wehrpflicht als völkerrechtliches Naturrecht eines jeden Staates vom Parlamentarischen Rat auch für die Bundesrepublik anerkannt wurde; man hätte ja sonst gar nicht darüber abzustimmen oder zu debattieren brauchen, ob jemand den Dienst mit der Waffe verweigern könne"[17].

12 A.a.O., S. 11 f.
13 Feststellungsklage von 144 Bundestagsabgeordneten vom 31.1.1952. Der Kampf um den Wehrbeitrag, a.a.O. (s. Anm. 7) I S. 8.
14 Ebd., II S. 15.
15 Ebd., II S. 25.
16 Ebd., II S 187.
17 Ebd., I S. 6 f.

Sein juristischer Gewährsmann dürfte Adolf Süsterhenn gewesen sein, der in seinem Gutachten vom 23.6.1952 schreibt:

> „Das natürliche Recht des Staates zur Selbstverteidigung ist seit jeher ein in der Staats- und Völkerrechtslehre sowie in der Staatenpraxis allgemein anerkannter Grundsatz. Dieser Grundsatz gehört zu den ‚allgemeinen Regeln des Völkerrechts', die durch Artikel 25 GG zum Bestandteil des Bundesrechts erklärt worden sind"[18].

Die liberale und demokratiegeschichtliche Position lassen das Verhältnis von Verteidigungsrecht und -pflicht des Staates einerseits und (individualistisch verstandenem) Gewissensvorbehalt noch offen. Die „naturrechtliche" Position stempelt das Gewissen des Kriegsdienstverweigerers notwendig zu einem *irrenden Gewissen* ab, das sich gegen die ‚an sich richtige Gewissensentscheidung' zur „naturrechtlichen Pflicht zur Selbstverteidigung"[19] wendet. Diese Position begegnet bei politisch entscheidenden Diskussionen wieder. Gegen den Unsinn der pseudo-naturrechtlichen Argumentation weist der niedersächsische Ministerpräsident Hinrich Wilhelm Kopf am 6.6.1952 darauf hin, „daß die Existenz von Naturrecht nur zugunsten der unantastbaren Menschenrechte und nur, soweit es aus der Vernunft ableitbar ist, anerkannt werden kann ..."[20] – und nicht zugunsten historischer Gebilde wie des souveränen Staates. Vom „demokratischen Gedanken der Selbstentscheidung" aus und mit Hinweis auf „die Staatspraxis" und historische Beispiele widerlegt Dr. Eberhard Menzel im Juni 1952 die Behauptungen vom naturrechtlichen Recht auf militärische Verteidigung, aus dem eine entsprechende Pflicht abzuleiten ist.[21]

Die Gewissensklausel

Die in der Kombination der Gewissensklausel „gegen sein Gewissen" mit dem Hinweis auf die nähere Regelung durch ein Bundesgesetz angelegte Problematik wurde gelegentlich schon früh erkannt. Hier ist nicht nur die zitierte Äußerung von Theodor Heuß über einen zu befürchtenden „Massenverschleiß des Gewissens" und die Antwort Carlo Schmids zu nennen[22]. Die Bundesregierung stellte bereits am 18.8.52 in Aussicht: „Das Bundesgesetz, das nach Art. 4, Abs. 3, Satz 2 ‚das Nähere' regeln soll, wird Vorsorge treffen, daß dem Willen des Grundgesetzes entsprechend (!) eine

---

18 Ebd., I S. 260; zur Rolle von Süsterhenn im Parlamentarischen Rat vgl. (indirekt): A. *Süsterhenn*, Mitgestalter des Grundgesetzes. In: B. *Bergmann* u. J. *Steinberg* (Hg.), In Memoriam Wilhelm Böhler. Köln 1965, S. 77–85.

19 Rechtsgutachten zur Feststellungsklage von Prof. Dr. Adolf Süsterhenn. A.a.O. (s. Anm. 7), I S. 265. Süsterhenns „naturrechtliche Position" kommt in folgenden aufeinanderfolgenden Sätzen einer populären Abhandlung zum Ausdruck: „Als wesentliche Garantie für die Freiheit der Person und der Familie anerkennt der Naturrechtler die Institution des Privateigentums. Die Rechte der Staatsgewalt werden als naturrechtlich begründet anerkannt": Das Naturrecht (1947). In: W. *Maihofer* (Hg.), Naturrecht oder Rechtspositivismus (Wege der Forschung XVI). Darmstadt 1962, S. 23.

20 Schriftsatz der Landesregierung von Niedersachsen. In: Der Kampf um den Wehrbeitrag I. S. 107.

21 Gutachten, a.a.O. (s. Anm. 7) I S. 287.

22 Vgl. *Krücken* a.a.O. (s. Anm. 11), S. 12; Der Kampf um den Wehrbeitrag II a.a.O. (s. Anm.4) S. 570.

Kriegsdienstverweigerung nur bei wirklicher Gewissensnot in nachprüfbarer Weise gewährt wird"[23]. Dabei ist als selbstverständlich vorausgesetzt, daß Art. 4, Abs. 3 „dem von ihm geschützten Personenkreis ein individuelles Abwehrrecht gegen Ausübung eines Zwanges zum Kriegsdienst (gewährt), der gegen das Gewissen sich richtet", wie der Regierungsgutachter Prof. Dr. Ulrich Scheuner am gleichen Tage ausführt[24]. Gegenüber dieser Beschränkung auf Mitglieder anscheinend klar definierter Personengruppen (absolute Pazifisten) setzt der SPD-Gutachter Prof. Dr. Ernst Forsthoff als selbstverständlich voraus, daß der Grundgesetzartikel im geschichtlichen Zusammenhang steht: „Die einfache Logik des Art. 4, Abs. 3 GG geht dahin, der Gewissensentscheidung des einzelnen Raum zu geben, der glaubt, die Teilnahme am modernen Krieg mit der Waffe nicht verantworten zu können"[25]. Gegenüber der Regierungsthese, Art. 4, Abs. 3 GG setze eine künftige Wehrpflicht mit einer entsprechenden Gesetzgebung voraus, stellte Rudolf Smend am deutlichsten den in diesem Falle notwendig entstehenden Konflikt (der von den Vätern des Grundgesetzes nicht beabsichtigt gewesen sein könne), heraus[26]: „Die praktische Schwierigkeit derartiger Sicherstellung gegenüber der Durchführung der allgemeinen Wehrpflicht besteht in dem Problem der ‚Beweislast' für die Echtheit oder Unechtheit der geltend gemachten Gewissensbedenken." Während die Stellungnahmen der Bundesregierung und ihrer Gutachter im Gutachtenverfahren an einen definierbaren ‚pazifistischen' Personenkreis zu denken scheinen, betont Smend mit Hinweis auf die entsprechenden Diskussionen im Parlamentarischen Rat:

> „Dieser Fall ist aber – bei aller Achtung für den Bekennermut der von den Exekutionskommandos des Dritten Reiches abgeschlachteten Ernsten Bibelforscher[27] – nicht der, den Art. 4, Abs. 3 GG in erster Linie schützen soll ... Das Grundgesetz findet vielmehr die unverhältnismäßig zahlreicheren Fälle der Gewissensnot angesichts der deutschen Gegenwartslage vor: die weitgehende Ablehnung, den früher so ehrenvoll geleisteten und nun so vielfach in den Namen (Rahmen?) ungeheuerlichster Verbrechen gezwungenen deutschen Wehrdienst so bald wieder aufzunehmen – die Ablehnung eines Kriegsdienstes, der auf beiden Seiten als kreuzzugartiger Dienst im Dienst höherer Sittlichkeit gegen einen angeblich minderwertigen Gegner in Anspruch genommen wird, eine nach der entsprechenden Propaganda des Dritten Reiches in Deutschland für Millionen unerträgliche Haltung – nicht zuletzt die Ablehnung der Beteiligung am heutigen Kriege mit seinen sittlichen Notständen, z.B. der Partisanenbekämpfung, und vor allem mit der Aussicht auf Einsatz im Bruderkrieg der Deutschen gegen Deutsche. Und diese häufigen und das eigentliche Gegenwartsanliegen der Kriegsdienstverweigerung bildenden Fälle sind im Falle der allgemeinen Wehrpflicht technisch nicht zu bewältigen: sie sind nicht, wie im Falle der Sektenzugehörigkeit, mit einem Zeugnis der beteiligten Religionsgesellschaft genügend zu klären, sondern bedürfen eindringendster und verständnisvollster Untersuchung in jedem Einzelfall ... – ganz abgesehen von dem Zweifel, ob irgendeine zur Entscheidung über diese schwere Frage politischer Sittlichkeit berufene Instanz es im Zusammenhang mit dem Ersatzgeschäft zu der erforderlichen Autorität bringen würde ..."

---

23 Stellungnahme der Bundesregierung im Gutachtenverfahren. Der Kampf um den Wehrbeitrag a.a.O. (s. Anm. 4) S. 17.

24 A.a.O. (s. Anm. 7) II S. 106.

25 Ebd., II S. 317.

26 Ergänzende gutachtliche Äußerung vom 4.11.1952. A.a.O. II S. 570–572.

27 Zeugen Jehovas.

Rudolf Smend wies anschließend auf die neue Lage hin, die „nach dem Ausbruch des Krieges in Korea und angesichts des nun in einem ganz neuen Sinn auftauchenden Gedankens deutscher Wiederbewaffnung" entstanden ist. Mit einem Zitat von Reinhold Schneider deutet er die Gefahr einer Aushöhlung des Rechtes auf Kriegsdienstverweigerung an[28]. Die von ihm vorher als Grund der Kriegsdienstverweigerung aufgeführte Kreuzzugsideologie ist mit dem Geist des Grundgesetzes nicht mehr vereinbar.

„Im Rückblick erscheint der Ausbruch des Koreakrieges am 25. Juni 1950 als der große Wendepunkt westdeutscher Nachkriegsgeschichte, als unverhoffter Glücksfall und Beginn außenpolitischen Aufstiegs der Bundesrepublik"[29]. Konrad Adenauer „hatte sofort nach Kriegsbeginn, noch vom Krankenbett aus ..., eine Denkschrift anfertigen lassen, die den Hochkommissaren schon am 27. Juni überreicht wurde; in ihr wies er auf das erhöhte Sicherheitsbedürfnis der Bundesrepublik hin und wiederholte seine Bitte um erweiterte polizeiliche Kompetenzen des Bundes"[30]. Noch in der Begründung der Bundesregierung vom 27.5.1952 zum EVG-Vertrag wird der entscheidende Anstoß durch Korea genannt[31]. Damit ist auch der Kontext gekennzeichnet, in dem die Bundesregierung zu beweisen versuchte, daß der Beitritt der Bundesrepublik ohne Verfassungsänderung möglich sei und auch das Recht auf Kriegsdienstverweigerung in Hinblick auf eine künftige Wehrpflicht formuliert worden sei.

Außerdem war eine Wende bezüglich der wirtschaftlichen Beteiligung an der gemeinsamen Verteidigung eingetreten. „Bonn hatte zwar ursprünglich, bei den Petersberg-Gesprächen im Frühjahr 1951, die Bereitschaft zum Verzicht auf jede Waffenproduktion erklärt. Inzwischen aber waren die Deutschen wieder davon abgekommen, weil sie offenbar die allgemeine wirtschaftliche und wissenschaftliche Bedeutung eigener Rüstungsanstrengungen erkannt hatten"[32]. Seit Anfang 1952 kämpfte Adenauer zäh gegen die Verpflichtung zu Einschränkungen der Waffenproduktion. Bei seinem Staatsbesuch in den USA April 1953 konnte er bereits amerikanische Rüstungsaufträge an die deutsche Industrie mitnehmen[33]. Bei dieser Politik konnte er auf die volle Mitarbeit, ja Initiative der Wirtschaftsverbände rechnen. „Die Unternehmergruppe ist der stärkste deutsche Befürworter der atlantischen Allianz und

28 R. Schneiders Äußerung vom November 1950 zitiert nach: *Junge Kirche* 13 (1952) S. 481.

29 A. *Baring*, a.a.O. (s. Anm. 5) S. 81; vgl. *Jahresbericht des Bundesverbandes der Deutschen Industrie* 1. Juni 1951 bis 30. April 1952 (BDI Drucksache Nr. 15). Bergisch-Gladbach 1952, S. 7: „Im Dezember 1950 hatten die Staaten des Atlantikpaktes, ausgehend von der im Koreakonflikt sichtbar gewordenen Bedrohung des friedlichen Wiederaufbaus, den Beschluß gefaßt, Deutschland die Teilnahme an der Verteidigung Europas anzubieten."

30 *Baring*, a.a.O. (s. Anm. 5), S. 82.

31 Die Auswärtige Politik der Bundesrepublik Deutschland. Hg. vom *Auswärtigen Amt* unter Mitwirkung eines wissenschaftlichen Beirats. Köln 1972, S. 213.

32 *Baring*, a.a.O., (s. Anm. 5), S. 116; vgl. *Jahresbericht des BDI* a.a.O. (s. Anm. 29), S. 9, 15, 62 ff.; F. *Vilmar*, Rüstung und Abrüstung im Spätkapitalismus (1965). Überarbeitete u. aktualisierte Ausgabe rororo 6797. 1973, S. 100 ff; M. *Kempe*, SPD und Bundeswehr. Studien zum militärisch-industriellen Komplex (Kleine Bibliothek 29). Köln 1973, S. 12 f.

33 P. *Weymar*, Konrad Adenauer. München 1955, S. 705.

einer westeuropäischen Föderation. Aussichten auf eine Wiedervereinigung Deutschlands unter sozialistischen Vorzeichen spornen ihre anders gerichteten Anstrengungen an"[34]. In der öffentlichen Formulierung auf der 3. ordentlichen Mitgliederversammlung des Bundesverbandes der Deutschen Industrie klingt das so:

> „Hierbei ist ... auch darauf Rücksicht zu nehmen, daß die durch die Demontage-Maßnahmen restlos beseitigte deutsche Rüstungsindustrie aus militärischen und wirtschaftlichen Gründen in gewissem Umfang wieder aufgebaut werden muß, was erhebliche Investitionen erfordert. Die auch von uns als notwendig erkannten Ordnungsmaßnahmen dürfen andererseits nicht dazu führen, in private Geschäftsbeziehungen mehr als unbedingt notwendig einzugreifen ... Es gilt, dafür Sorge zu tragen, daß die wirtschaftlichen Verteidigungsbeiträge für unser Volk nicht nur eine Last bedeuten, die es zur Erhaltung seiner Sicherheit und Freiheit auf sich nimmt, sondern daß durch ihre sinnvolle Ausgestaltung zugleich auf möglichst zahlreichen Gebieten volkswirtschaftlicher und sozialer Nutzen erwächst"[35]

Kirchen, Politiker und Gewissen

Nachdem das Scheitern der EVG durch die Aufnahme der Bundesrepublik in die NATO kompensiert wurde, mußte – gegen die ursprünglichen Absichten Adenauers – eine nationale Wehrmacht, die „Bundeswehr", aufgebaut werden. Zur Einführung der allgemeinen Wehrpflicht gehörte auch die gesetzliche Regelung der Kriegs- bzw. Wehrdienstverweigerung. Sie fand im Rahmen des Wehrpflichtgesetzes vom 21. Juli 1956 statt. Ihr politischer Hintergrund war nicht nur durch die Einholung kirchlicher Gutachten, sondern auch durch die kirchliche Bewußtseinsentwicklung der letzten Jahre geprägt. Gegenüber den fast kirchenspaltenden Auseinandersetzungen auf evangelischer Seite zeigte die katholische Kirche der Bundesrepublik eine noch weitgehende Geschlossenheit. Wenn die Darstellung von Hans-Dieter Bamberg auch wegen der Art der Polemik und unseriösen Zitationsweise angreifbar ist, so kennzeichnet sie doch im groben zutreffend die katholische Unterstützung der Wiederbewaffnung.[36] Allerdings – der von Bamberg besonders angegriffene „Mann in der Zeit" stellte noch im Januar 1950 den Wehrdienst zur Diskussion.

> „90% der Zuschriften lehnten den Wehrdienst sowohl in einer westdeutschen Armee wie in einem europäischen Verbande ab. Die Redaktion schrieb dazu: ‚Die tragende Schicht der deutschen katholischen Männer lehnt in ihrer überwiegenden Mehrheit grundsätzlich Wehrdienst und Krieg ab. Daher entbehren alle Diskussionen über Remilitarisierung in Westdeutschland jeder realen Grundlage'."[37]

So einfach kann man nicht schließen, da die Antwortenden keinen repräsentativen Querschnitt darstellen. Aber immerhin – auf die eher verharmlosende Repräsentativ-

---

34 R. *Breitling*, Politische Pression wirtschaftlicher und gesellschaftlicher Kräfte in der Bundesrepublik Deutschland. In: H. *Steffen* (Hg.), Die Gesellschaft in der Bundesrepublik. Analysen. Erster Teil. Göttingen 1970, S. 99; für die Folgezeit differenzierter in den Arbeiten von G. *Brandt*, bes.: Rüstung und Wirtschaft in der Bundesrepublik: (Studien zur politischen und gesellschaftlichen Situation in der Bundeswehr, 3. F., hg. v. G. *Picht*), Witten u. Berlin 1966.

35 *Jahresbericht des BDI* a.a.O., (s. Anm. 29), S. 64; spätere Berichte zit. bei *Vilmar* a.a.O., (s. Anm. 32) S. 102 f.

35 H.-D. *Bamberg*, Militärseelsorge in der Bundeswehr. Köln 1970, S. 38–53.

37 Zit. nach *Herderkorrespondenz* 5 (1950/51) S. 154.

befragung der Forschungsstelle für Volkspsychologie in Wiesbaden vom selben Monat: „Sind Sie für eine gesamteuropäische Armee, zu der auch die Deutschen einige Divisionen zu stellen hätten?" antworten mit Ja 30% der Katholiken, 33% der Evangelischen, 31% „Andere"; mit Nein 55% der Katholiken, 53% der Evangelischen und 55% „Andere"; unentschieden bleiben 16% der Katholiken und der Evangelischen, 14% der „Anderen".[38] Dann aber funktionierte die innerkatholische Disziplinierung – weitgehend über die Verbände – so gut, daß jede katholische Opposition zur Wiederbewaffnung in eine Außenseiterposition gedrängt werden konnte[39]. In den Stellungnahmen des Bundes der Deutschen Katholischen Jugend (bzw. ihres Bundesführers Josef Rommerskirchen, später MdB) kommt auch das Recht auf Kriegsdienstverweigerung vor – begründet in der „Gewissensfreiheit des Einzelnen ... aus religiöser und sittlicher Überzeugung in Verantwortung vor Gott und den Menschen"[40].

> „Dabei sollen nur Gewissensbedenken anerkannt werden, die einer religiös oder weltanschaulich-sittlich begründeten Haltung zur Gewaltlosigkeit entspringen ... Diese dem Wehrdienst entgegenstehende Gewissensüberzeugung muß glaubhaft gemacht werden ... Nach GG Art. 4 (kann ein Dienstpflichtiger) lediglich die Befreiung aus einer Gewissensnot, nicht aber eine Besserstellung verlangen ..."[41]

Hier bahnt sich bereits die verhängnisvolle Vorstellung einer *zwangshaften Gewissensnot* sowie der Verdacht der Drückebergerei an. Daß es nach der Auffassung der hier zur Sprache kommenden Katholiken um das *„irrende Gewissen"* geht, hat dann P. Hirschmann im Zusammenhang mit der Regelung der Kriegsdienstverweigerung durch das Wehrpflichtgesetz deutlich ausgesprochen. Vor dem Verteidigungsausschuß des Deutschen Bundestages führte er am 1.6.1956 als der von den Bischöfen beauftragte katholische Gutachter aus: „Es ist durchaus möglich, daß ... ein Bürger zu der nach katholischer Auffassung unverschuldet irrigen Überzeugung kommt, er sei grundsätzlich zur Kriegsdienstverweigerung verpflichtet. Wo diese Überzeugung zu einem entsprechenden Gewissensurteil führt ...", ist dieses unverschuldet irrige Gewissen zu schützen.[42] Hirschmann schließt sich in der Grundgesetzinterpretation an das positive Rechtsgutachten von Wilhelm Weber „über die Vereinbarkeit des § 25 des Regierungsentwurfs eines Wehrpflichtgesetzes mit Art. 4, Abs. 3 des Grundgesetzes" vom März 1956 an:

> „Alle Normierungen über eine Wehrpflicht in der Bundesrepublik einschließlich des Art. 4, Abs. 3, Satz 1 GG stehen ... unter der Voraussetzung, daß die Bundesrepublik nur einen (‚gerechten') Verteidigungskrieg führen und vorbereiten kann (nach Art. 25 und 26,1) ... Art. 4, Abs. 3 GG geht vom Kriegsdienst im Rahmen einer verfassungsrechtlich erlaubten und gebilligten Wehrpflicht aus ..."[43].

38 Ebd., S. 420.

39 Vgl. *Baring*, a.a.O. (s. Anm. 5), S. 208; ferner: H.Th. *Risse*, Katholizismus und Politik in der Bundesrepublik. In: A. *Horné* (Hg.), Christ und Bürger heute und morgen. Stuttgart u. Düsseldorf 1958, S. 131–190.

40 Zit. nach *Herderkorrespondenz* 6 (1951/52) S. 395.

41 *Denkschrift des BDKJ* vom 11.11.1953 für das Amt Blank. Zit. nach *Herderkorrespondenz* 8 (1953/54) S. 203.

42 Zit. nach G. *Leder*, Kriegsdienstverweigerung aus Gewissensgründen. Zur Problematik des Artikels 4 Abs. 3 des Grundgesetzes. Freiburg 1957, S. 131 f.

43 J.B. *Hirschmann* SJ, Zur Diskussion um die Wehrpflicht. *Stimmen der Zeit* 159 (1956/57) S. 214 f.

Daraus ergeben sich Folgen für das Anerkennungsverfahren:

„Daß der Tatbestand des unverschuldet irrigen Gewissens gegeben ist, braucht der Staat nicht auf eine reine Behauptung hin als bewiesen hinzunehmen. Er wird Beweise verlangen dürfen; auch und vor allem, ob der sich Weigernde die notwendigen und zumutbaren Anstrengungen gemacht hat, sich ein rechtes Gewissen in dieser Frage zu bilden. Dabei wird eine Rücksichtnahme auf die eigene begrenzte Möglichkeit der rechten Urteilsbildung sehr zu fordern sein"[44].

In einem Punkt allerdings hatte Hirschmann einen weitergehenden Schutz des Kriegsdienstverweigerers gewünscht, als § 25 des Wehrpflichtgesetzes vorsieht: Da das Gewissensurteil „sowohl Normerfassung wie Situationserfassung einschließt", kann „der Irrtum ... durch falsche grundsätzliche Erkenntnisse *oder* durch falsche Sicht der Situation bestimmt sein"[45]. „Bedauerlich bleibt, daß die Formulierung des Gesetzgebers im Wehrpflichtgesetz den eben genannten (zweiten) Fall, der unseres Erachtens um der Gewissensfreiheit willen geschützt werden konnte, nicht berücksichtigt hat"[46] – obgleich der damals der CDU angehörende katholische Abgeordnete Peter Nellen mit Berufung auf Hirschmanns Gutachten leidenschaftlich gegen das Wörtchen „jeder" der Regierungsvorlage gekämpft hatte. Dennoch beginnt § 25 des Wehrpflichtgesetzes bis heute: „Wer sich aus Gewissensgründen der Beteiligung an *jeder* Waffenanwendung zwischen den Staaten widersetzt und deshalb den Kriegsdienst mit der Waffe verweigert ..." Dazu Nellen:

„Die Formulierung ‚jeder' ... ist absolut exklusiv ..., sie deckt faktisch nur den grundsätzlichen Kriegsdienstverweigerer oder um es noch deutlicher zu sagen, sie deckt denjenigen, den Dr. Luther als einen ‚Schwarmgeist' bezeichnet hat, sie deckt den Quäker, sie deckt den ernsten Bibelforscher ... sie deckt aber nicht denjenigen, der ohne Mitglied in einer solchen speziellen Denomination zu sein, sich etwa aus ganz ernsten Situationsgründen in der Lage sieht, aus seinem Gewissen heraus den Kriegsdienst mit der Waffe verweigern zu müssen"[47].

Zwar erklärte der Abgeordnete Haasler im Namen der Mehrheit, daß nicht nur die Angehörigen pazifistischer Organisationen geschützt seien. Tatsächlich sollte aber die Kriegsdienstverweigerung, die aus der politischen Beurteilung der Situation (Teilung Deutschlands, Atomwaffen, Bündnissysteme) kommt, nicht geschützt werden.[48]

Bereits in der Diskussion zur 1. Lesung befürchtet der SPD-Abgeordnete Merten, daß die vorliegende Fassung das Grundrecht des Art. 4, Abs. 3 zu einem Ausnahmerecht degradiert und der Diskriminierung der Kriegsdienstverweigerer Tür und Tor öffnet: „Nicht wer dieses Recht in Anspruch nimmt, sondern derjenige, der es antastet, begeht einen Rechtsbruch." „Gewissensentscheidungen sind eben nicht nur vom Religiösen oder vom Ethischen her, sondern Gewissensentscheidungen sind

44 Ebd., S. 215.

45 Gutachten, zit. nach *Staatspolitische Kommentare* (Beilage der *Gesellschaftspolitischen Kommentare*) 1.11.1956, S. 2 (dort nach KNA [Beilage] vom 21.7.1956).

46 In dem zitierten, nach der Verabschiedung geschriebenen Aufsatz, a.a.O. (s. Anm. 43), S. 216.

47 Zit. nach Krücken, a.a.O. (s. Anm. 11), S. 24; längere Auszüge aus der Bundestagsrede bei K. *Mayr*, Der Andere Weg. Dokumente und Materialien zur europäisch-christlichen Friedenspolitik. Nürnberg o.J. [1957], S. 355–358.

48 Vgl. *Herderkorrespondenz* 10 (1955/56), S. 576; Krücken, a.a.O., S. 25.

auch vom Politischen und von vielen anderen Grundlagen her denkbar, und sie sind nicht nur denkbar, sie sind sogar erwünscht"[49]. Er sieht sich in Übereinstimmung mit dem Ratschlag der EKD von 1955: „Die evangelische Kirche muß daran erinnern, daß für den evangelischen Christen die Stimme des Gewissens aus der konkreten Lage heraus vernehmbar wird und nicht an allgemeinen Maßstäben zu messen ist"[50].

Bereits seit 1955 waren die Kirchen zur Gewissensorientierung in der Frage der atomaren Bewaffnung der Bundeswehr gefordert. Die evangelische Kirche, die damals noch für alle Deutschen sprechen will, muß am 30.4.1958 als Ergebnis ihres tiefgehenden inneren Streites erklären:

> „Die unter uns bestehenden Gegensätze in der Beurteilung der atomaren Waffen sind tief. Sie reichen von der Überzeugung, daß schon die Herstellung und Bereithaltung von Massenvernichtungsmitteln aller Art Sünde vor Gott ist, bis zu der Überzeugung, daß Situationen denkbar sind, in denen in der Pflicht zur Verteidigung der Widerstand mit gleichwertigen Waffen vor Gott verantwortet werden kann.[51]

Die offizielle katholische Moraltheologie war in den 50er Jahren durch die Äußerungen Pius' XII. über die Bedingungen einer „Indienststellung" von ABC-Waffen gebunden. Sein Berater G. Gundlach SJ bemerkte nach dem Tod des Papstes in einer öffentlichen Diskussion (22.2.1959): „... der Papst ... ist von den besten Amerikanern bedient worden und auch von einigen Deutschen ..." Pius XII. war vorsichtig genug, die Erfüllung der Bedingung der „Kontrollierbarkeit" solcher Waffen nicht positiv zu behaupten. Erst sieben katholische Moraltheologen der BRD gaben statt der deutschen Bischöfe, die sich selbst nicht verbindlich äußern wollten, eine Stellungnahme ab, die zwei Tage nach ihrer Erstveröffentlichung in KNA (5.5.1958) im Bulletin der Bundesregierung veröffentlicht wurde. Der von der Presse mit Recht hervorgehobene entscheidende Abschnitt lautet: „ ... Daß die Wirkung der atomaren Kampfmittel sich dieser Kontrolle (des Menschen) völlig entzieht, muß nach dem Urteil gewissenhafter Sachkenner als unzutreffend bezeichnet werden. Ihre Verwendung widerspricht darum nicht notwendig der sittlichen Ordnung und ist nicht in jedem Fall Sünde." Gundlach verstand die Kontrollierbarkeitsbedingung nicht technisch wie die Autoren des Gutachtes, sondern ‚menschlich'. Er erklärte: unkontrolliert sei die Anwendung der Waffen „bei Menschen, die kein Gewissen haben", kontrolliert, wenn sie abgewogen „aus Verteidigungsgründen und aus Schutzwehrgründen für gesicherten Besitzstand" geschehe. Gundlachs Gewissensweisung fordert die Bereitschaft, den „Untergang eines ganzen Volkes in der Manifestation der Treue zu Gott gegen einen ungerechten Angreifer", ja den Untergang der Welt in Kauf zu nehmen.[52]

Diese als authentische Interpretation der Piuslehre ausgegebenen Blasphemien riefen nun endlich auch eine größere Zahl katholischer Gegenstimmen in der BRD

49 Zit. nach *Krücken*, a.a.O. (s. Anm. 11), S. 20.
50 *Herderkorrespondenz* 10 (1955/56), S. 222.
51 Zit. nach H.E. *Tödt*, Friedensforschung als Problem für Kirche und Theologie. In: *Studien zur Friedensforschung* 1, Stuttgart 1969, S. 38.
52 Zit. nach P. *Engelhardt*, Bedingungen des „gerechten Krieges" – Wege des Friedens. In: A. *Hertz* (Hg.), Moral (Grünewald Materialbücher 4). Mainz 1972, S. 238 f.

auf den Plan. Aber vor den Erklärungen des 2. Vatikanischen Konzils hatten es Ausschußvorsitzende leicht, katholischen Kriegsdienstverweigerern den Gegensatz zur Gewissensweisung ihrer Kirche nachzuweisen.

Auf diesem Hintergrund tritt die Bedeutung des Grundsatzbeschlusses heraus, mit dem das Bundesverfassungsgericht am 20.12.1960 die Vereinbarkeit von § 25 des Wehrpflichtgesetzes mit dem Grundrecht auf Kriegsdienstverweigerung feststellt:

> „Art. 4, Abs. 3 GG schützt nur die prinzipielle Verweigerung des Kriegsdienstes mit der Waffe aufgrund einer Gewissensentscheidung des einzelnen, der für sich den Dienst mit der Waffe in Frieden und Krieg schlechthin und allgemein ablehnt. Er deckt nicht die ‚situationsbedingte' Kriegsdienstverweigerung, die darin besteht, daß jemand die Teilnahme an einem bestimmten Kriege, an einer bestimmten Art von Kriegen, oder die Führung bestimmter Waffen ablehnt ..."

Gewissensprüfung

Die Regelung des Verfahrens, vor allem das entscheidende Problem der Beweislast wurde der Rechtsprechung des Bundesverwaltungsgerichtes überlassen. Es wählte nicht den Weg, daß der Konflikt stets zu Gunsten der Freiheit, d.h. des Antragstellers, gelöst werden solle. Es ging also nicht von der im Zweifelsfall vorauszusetzenden Glaubwürdigkeit des Bürgers aus. Es entschied sich vielmehr für die Anwendung der allgemeinen Grundsätze des Verwaltungsrechts, nach denen der Kläger (jeder Antragsteller) die anspruchsbegründenden Tatsachen (jede Gewissensentscheidung) zu beweisen hat.

Der zunächst für Wehrpflichtsachen zuständige VII. Senat milderte die Schärfe dieser Beweislastregel, indem er im Anschluß an Wehrpflichtgesetz Art. 26 (4) „Die Ausschüsse haben bei ihrer Entscheidung die gesamte Persönlichkeit des Antragstellers und sein sittliches Verhalten zu berücksichtigen ..." den Standpunkt vertrat:

> „In der Regel wird man zu Gunsten des Wehrdienstverweigerers annehmen dürfen, daß das von ihm Vorgetragene seine innere Einstellung zutreffend wiedergibt, vor allem, wenn äußere Anhaltspunkte für die Glaubwürdigkeit und Wahrscheinlichkeit seines Vorbringens sprechen. Im Einzelfall wird nicht bloß von Wert sein festzustellen, ob und wie der Betreffende schon bisher seinen sittlichen Anschauungen und seiner Überzeugung Ausdruck verliehen hat, sondern es wird auch die Gesamtpersönlichkeit des Antragstellers zu würdigen sein ..."[53] „Diese Beweiserleichterung führte dazu, daß, solange der VII. Senat des BVerwG für Wehrpflichtsachen letztinstanzlich zuständig war, praktisch kaum ein Kriegsdienstverweigerer nicht anerkannt wurde.
>
> Der ab Frühjahr 1967 für Wehrpflichtsachen zuständige VIII. Senat modifizierte diese Rechtsprechung. Er vertrat die Ansicht, daß es entgegen der Auffassung des VII. Senats keine gesetzliche Vermutung oder keinen allgemeinen Erfahrungssatz dahingehend gebe, daß ein Kriegsdienstverweigerer, der nach seiner Gesamtpersönlichkeit als ehrlicher und glaubwürdiger Mensch zu beurteilen sei, im Zweifel auch hinsichtlich seiner Behauptung, er habe eine Gewissensentscheidung getroffen, eine objektiv zutreffende Darstellung gegeben habe ..."[54]

---

53 BVerwG VII C 235.57 vom 3.10.1958; CDU/CSU-Fraktion (Entwurf 23.10.1975) und Bundesratsmehrheit (16.7.1976), aber auch der Koalitionsentwurf – für Soldaten und einberufene Wehrpflichtige – belassen die Beweislast beim Antragsteller und sehen ein einigermaßen liberales Verfahren vor.

54 R. *Monnerjahn*, Juristisches Referat. In: KAK/EAK (Hg.), Gegen die Inquisition des Gewissens. 1974, S. 20; auch für die folgenden Zeilen zu vergleichen.

Das bedeutet im Ergebnis, daß die Prüfungsgremien einen noch so ehrlichen, glaubwürdigen und aufrichtigen Kriegsdienstverweigerer ohne revisionsrechtliche Kontrolle ablehnen konnten mit der simplen Begründung, wie sie seit dem Wechsel tausendfach in den Bescheiden vorkommt, daß der Antragsteller zwar ein glaubwürdiger junger Mann sei, es ihm aber nicht gelungen sei, die Verbindlichkeit der von ihm behaupteten Gewissensentscheidung zu beweisen. Ich habe noch keinen Nachweis für die naheliegende Vermutung gefunden, daß der Übergang vom VII. zum VIII. Senat politisch motiviert war[55]. Unleugbar ist aber der Zusammenhang zwischen dem Ansteigen der politisch motivierten Kriegsdienstverweigerung Ende der 60er Jahre mit der zunehmend restriktiven Spruchpraxis. Es ist auch die Zeit zunehmenden Einflusses des Militärs auf das Verteidigungsministerium, zunehmenden Interesses des durch die Rezession beunruhigten Großkapitals sowie der zunehmenden Anpassung der SPD an die Ziele der militärischen Führung[56]. Eine weitergehende Restriktion, die zur völligen Rechtsunsicherheit führte, ergab sich 1973.

Der ab 1. Januar 1973 zuständige VI. Senat geht mit seinen Beweisanforderungen noch einen wesentlichen Schritt weiter:

> „Er vertritt die Auffassung, daß keinesfalls für die Anerkennung bereits die Feststellung ausreiche, daß ein Zwang zur Wehrdienstleistung den Kriegsdienstverweigerer seelisch schwer schädigen würde ... Es müßte vielmehr jeweils anhand *konkreter* Anhaltspunkte weiter erwiesen sein, daß der Kriegsdienstverweigerer seine Entscheidung wirklich in Orientierung an den elementaren Kategorien von Gut und Böse getroffen habe, und daß eine gerade von ihm als unerträglich empfundene Verstrickung in das Böse, die er in dem potentiellen Zwang erblicke, als Soldat u.U. töten zu müssen, vorliege, und daß er deshalb nicht ohne schweren seelischen Schaden Soldat sein könnte."[57]

Diese Prognose für die Zukunft wäre kaum mit Hinzuziehung von Psychologen und Psychotherapeuten zu erstellen. Nach den Vorstellungen des VI. Senats genügt aber hier die Lebenserfahrung der Juristen. Bei dieser „Rechtslage" kann jeder Antragsteller abgelehnt werden. Es ist eine völlige Willkür in den neueren Begründungen bei Anerkennung und Ablehnung entstanden.[58]

Militarisierung unter der soziallberalen Koalition

Die Zeit der Zuständigkeit des VIII. Senats fällt weitgehend in die erste Legislaturperiode der soziallberalen Koalition. Nachdem im Wahlkampf 1969 von Seiten der SPD für Aufhebung des Anerkennungsverfahrens plädiert wurde, kann man das Jahr 1971 als Jahr der „Militarisierung" bezeichnen. In der vom damaligen Verteidigungsminister Helmut Schmidt am 26.3.1971 abgegebenen Regierungserklärung werden die Schulen kritisiert, daß sie „nicht sonderlich auf die Notwendigkeit des Wehr-

---

55 Unzureichend die schlichte Behauptung bei V. *Möhle* u. H. *Schierholz*, Kriegsdienstverweigerung in der BRD. Zur Chronologie der Disziplinierung. In: *Studiengruppe Militärpolitik*, (Hg.), Ein Anti-Weißbuch. rororo 1777. 1974, S. 121 (mit Druckfehler).

56 Vgl. *Kempe*, a.a.O. (s. Anm. 32), S. 90 ff.

57 *Monnerjahn*, a.a.O. (s. Anm. 54), S. 21.

58 Dokumentation: Wenn ein Kriegsdienstverweigerer anerkannt werden will ... In: Gegen die Inquisition ..., S. 23 ff.

dienstes" vorbereiten. „An manchen Gymnasien scheint es zum guten Ton zu gehören, auf die eine oder die andere Weise den Wehrdienst zu vermeiden oder zu umgehen. Von dieser Feststellung können auch manche Lehrer nicht ausgenommen werden." Auf die Anfrage des Vorsitzenden der Gewerkschaft Erziehung und Wissenschaft Erich Frister antwortete Helmut Schmidt am 9.6.1971, „daß auch an den Schulen keine Vorbereitung auf die Notwendigkeit des Wehrdienstes erfolge". Aufschlußreich ist die Formulierung:

> „Angesichts der steigenden Zahlen der Anträge auf Anerkennung als Kriegsdienstverweigerer müssen Zweifel erlaubt sein, ob alle Anträge echten Gewissensnöten (!) entspringen, oder ob nicht z.T. auch vordergründige persönliche Vorteile, gezielte Beeinflussung oder auch Bildungslücken bestimmend sind. Die Zweifel werden nicht zuletzt dadurch genährt, daß sie von jungen Soldaten als berechtigt bestätigt werden. Beobachtungen zeigen, daß sich Verbände und Gruppen im schulischen Bereich etablieren oder wirksam sind und sein können, die die Berufung auf das Recht der Kriegsdienstverweigerung als Täuschungsmittel im politischen Kampf gegen die Grundordnung unseres Staates propagieren und unterschiedlos jeden Wehrunwilligen in besonderen Schulungen regelrecht auf Kriegsdienstverweigerung einpauken und sich öffentlich hierzu anbieten."

Anschließend verweist Helmut Schmidt auf den Brief des Bundeskanzlers Brandt vom 19.11.1970 an die Konferenz der Ministerpräsidenten der Länder. Der Antwortbrief schließt: Der Verteidigungsminister „geht ... nach wie vor davon aus, daß es sich um eine vom Grundgesetz als Ausnahme gewollte (!) Schutzbestimmung handelt, während das GG als Regel die allgemeine Wehrpflicht, d.h. die Wehrpflicht für alle Männer aufgestellt hat. Die Aufrechterhaltung dieser Regel ist nach übereinstimmender Auffassung der Bundesregierung unerläßlich, wenn das Gleichgewicht in Europa gewahrt werden soll, von dem unsere äußere Sicherheit und der Erfolg unserer Bemühungen um Entspannung gegenüber unseren östlichen Nachbarn abhängt." Die immer wiederholte Rede von der Kriegsdienstverweigerung als Ausnahme richtet sich gegen die eindeutige Verfassungsinterpretation[59]. Da die Verfassungsinterpretation durch den Gewissensbegriff mit bedingt ist, muß noch etwas zu den immanenten Schwierigkeiten des Gewissensbegriffs in Gesetzgebung und Spruchpraxis nachgetragen werden. An diese Schwierigkeiten konnten die Grundsatzurteile des Bundesverwaltungsgerichts anknüpfen. Zu diesen Schwierigkeiten hatten die Kirchen, die für das Gewissen einstehen wollen, zu sprechen.

Widersprüche im Gewissensbegriff

Art. 4, Abs. 3 GG erfordert im Zusammenhang mit der Regelung Wehrpflichtgesetz § 25 f. eine juristische Klärung des Gewissensbegriffs.

> „Da die Juristen von Anfang an die Schwierigkeit sahen, eine Gewissensentscheidung nachzuprüfen, versuchten sie, aus dem Komplex ‚Gewissen' ein Phänomen herauszupräparieren, das sie dennoch als nachprüfbar ansehen können. Dazu dient ihnen eine ... Unterscheidung,

---

59 BVerfG 10.12.1960; BVerfG 11.5.1962; zum Vorgang und seiner politischen Auswirkung vgl. *GEW-Information*. GEW Baden-Württemberg, Fachgruppe Gymnasium. Okt. 1971; *Kempe*, a.a.O. (s. Anm. 32), S. 246 ff.; vgl. ebd. S. 207 ff.: Auszüge aus der „Hauptmannstudie", die im Frühjahr 1971 auszugsweise in der *„Welt am Sonntag"* veröffentlicht wurde.

die ... einen unerträglichen Dualismus in den Menschen hineinprojiziert. Sie glauben allerdings, sich auf einen ,allgemeingültigen und zweifelsfreien' Begriff des Gewissens (BVerwG 5.10.1958) stützen zu können, der kirchliche und philosophische Vorstellungen abdeckt. Es ist der Dualismus von *Sprecher* und *Hörer* (Spruchempfänger). Nachprüfbar sei die Hörerseite: der Spruchempfänger ... Das nachprüfbare Phänomen besonders in dem BVerwG-Entscheid von 1958, auf den immer wieder zurückgegriffen wird, mit den Ausdrücken ,unabweisbarer Zwang', ,innerer Zwang' beschrieben – mit dem Zusatzkriterium, ,daß ein Zuwiderhandeln gegen diesen Zwang die sittliche Persönlichkeit schädigen oder zerbrechen würde'!"[60]

Nimmt man den Wortlaut ernst, dann muß man feststellen, daß eigentlich nur psychopathologische Persönlichkeiten anerkannt werden könnten.[61] Ohne es zu wollen, haben die Richter des Bundesverwaltungsgerichts – nicht nur in der zitierten Formulierung – den Gewissensbegriff im Sinne eines übermächtigen Über-Ich (Freud) gekennzeichnet. Obgleich sie einen personal-privaten Gewissensbegriff anstrebten, gaben sie mit ihren Formulierungen eine Handhabe, die Kriegsdienstverweigerer als zwangshaft handelnde Angehörige einer gesellschaftlichen Minderheit zu disqualifizieren, die dem gesunden Empfinden der gesellschaftlichen Mehrheit entgegen steht.

Diese zentrale Verzerrung des Gewissensbegriffs wird noch durch zwei Faktoren verstärkt: einmal durch die Trennung zwischen den „rationalen und emotionalen" Motiven (Vorbereitungsphase) und dem eigentlichen Gewissensbruch, zu dem sich die Motive in den Tiefen der „sittlichen Persönlichkeit" „verdichten" müssen (also ein weiterer Zug von Irrationalität), zum anderen in der auch durch maßvolle Entscheidungen nicht aufgehobenen Widersprüchlichkeit zwischen der Allgemeinheitsforderung im Gesetzestext (Wehrpfl.Ges. § 25) und der doch irgendwie anerkannten Situationsbezogenheit des Gewissens.

Diese Verzerrungen und Widersprüche erklären nicht nur (teilweise) die Rechtsunsicherheit, sie führen auch zu einer Aushöhlung des Grundgesetzes und zu der unwürdigen Situation, daß rational und politisch argumentierende Antragsteller sich oft gezwungen fühlen, den „Zwang" des „hier stehe ich, ich kann nicht anders" zu spielen. Wenn nun Berater und Beistände von der Glaubwürdigkeit ihres Mandanten überzeugt sind, bleibt es ihnen doch nicht erspart, sie auf die jeweiligen Erwartungen der Ausschüsse und Kammern hinzuweisen und vorzubereiten. Der Vorwurf, sie würden ihre Mandanten „vorprogrammieren", ist also nicht unberechtigt, er trifft aber weder die Antragsteller noch die Beistände, sondern die aus der Rechtslage und aus der Mentalität der Verhandlungsführer und Beisitzer sich ergebende Lage. Die Frage, wie das Verhalten von Beratern und Beiständen zu beurteilen ist, die auf jedes Urteil über die Gewissenslage ihres Mandanten verzichten, soll hier nicht diskutiert werden.

---

60 Die katholische Kirche der Bundesrepublik Deutschland und die Frage der Kriegsdienstverweigerung. Eine Stellungnahme des *Bensberger Kreises* (März 1974), V.: Beilage zu *Publik-Forum* vom 3. Mai 1974.

61 Vgl. M. *Klein*, Juristischer Ratgeber. In: H.-J. *Haug* u. H. *Maessen* (Hg.), Kriegsdienstverweigerer: Gegen die Militarisierung der Gesellschaft. Fischer Taschenbuch 1173. 1971, S. 149; im selben Sinn (nach Abschluß dieses Beitrages) P. *Kratz*, Reform der Wehrdienstverweigerung und Verfassungsgeist. *Die neue Gesellschaft* 23 (1976), S. 831–833.

Evangelische Stellungnahmen sprachen immer deutlicher von der Injustiziabilität des Gewissens. Auf katholischer Seite blieben offizielle entschiedene Stellungnahmen bis Herbst 1975 aus.[62] Eine bedauerliche Rolle spielte das Zentralkomitee der Deutschen Katholiken. Nachdem der politische Beirat 1971 in seinen „Thesen gegen den Mißbrauch der Demokratie" einen Riegel vor alle Bemühungen um gesellschaftliche Demokratisierung zu schieben versuchte, veröffentlichte derselbe Beirat am 28.6.72 eine Erklärung „Der Wehrdienst als Beitrag zum Frieden". Über das Zustandekommen und die Behandlung der Minderheit soll hier nicht gesprochen werden. Der Text fällt selbst hinter die undialektische „Komplementaritätsthese" („Friedensdienst mit und ohne Waffe") zurück. „Das Ergebnis wird bereits im systematischen Ansatz vorweggenommen. Die Unterscheidung zwischen ‚Frieden als sittlicher Forderung und Frieden als rechtlicher Ordnung' führt faktisch zu einer Trennung. Die rechtliche Ordnung (und dieser zugehörig der Wehrdienst) zählt zum Aufgabenbereich der Politik; sie zielt auf ‚die Sicherung gegen Gewalt'; diese Sicherung aber ‚ist ein unentbehrlicher Dienst am Frieden und damit am Mitmenschen'; und ‚darin allein wurzelt die sittliche Begründung des Wehrdienstes'.

Demgegenüber wird die Kriegsdienstverweigerung abqualifiziert: ‚Das bloße Bekenntnis zur Gewaltlosigkeit ist als individuelle Entscheidung für die persönliche Lebensführung möglich.' Wehrdienst und militärische Verteidigung werden zur ‚allgemeinen moralischen und gesetzlichen Pflicht' erklärt, mit Rücksicht auf ‚die persönliche Lebensführung' ‚wird eine Ausnahme für denjenigen gemacht, der aus Gewissensgründen sich verpflichtet fühlt (!), den Kriegsdienst mit der Waffe zu verweigern'.

Hier wird der verantwortungsbewußte, die Verfassung sichernde, für die Rechte des Mitmenschen eintretende und sie verteidigende und damit sittlich handelnde Wehrpflichtwillige einem Menschen gegenüber gestellt, der sich lediglich privat, persönlich ‚verpflichtet fühlt, den Kriegsdienst mit der Waffe zu verweigern', und der damit jene Güter preisgibt, für deren Erhaltung der Wehr- und Kriegsdienst eingerichtet ist. Es verwundert daher nicht, wenn nach dieser Herabsetzung der Kriegsdienstverweigerer der Versuch gemacht wird, den politisch argumentierenden Kriegsdienstverweigerer als Verletzer des Grundgesetzes hinzustellen und ihn damit in die Nähe zum Kriminellen zu rücken."[63]

Der im 2. Vatikanischen Konzil und durch Papst Johannes XXIII. in Gang gesetzte Prozeß des Umdenkens gegenüber der traditionellen Kriegsethik[64] geht in der

62 Vgl. Anm. 2.

63 Textausschnitte und Kritik aus der Bensberger Stellungnahme (s. Anm. 60), III. Schon vor dem Bensberger Kreis, einer freien katholischen Gruppe, haben offiziellere katholische Gremien gegen die einseitige Erklärung Stellung genommen. Die wichtigsten ablehnenden Stellungnahmen im vollen Wortlaut: Mitteilungen für Seelsorge und Laienarbeit im Bistum Mainz. Sept. 1972; Auszüge aus zustimmenden und ablehnenden Stellungnahmen in: W. *Krücken* u. H. *Neyer*, Wehrdienst – Kriegsdienstverweigerung – Zivildienst. Katholische Stellungnahmen vom Zweiten Vatikanischen Konzil bis zum Jahr 1974 (Entwicklung und Frieden – Dokumente, Berichte, Meinungen 1). München/Mainz 1974, S. 54 ff.

64 Zur Interpretation vgl. *Engelhardt*, a.a.O. (s. Anm. 52), S. 240 ff; *ders.* in: Kirche und Kriegsdienstverweigerung. Katholische Arbeitsgemeinschaft für Kriegsdienstverweigerung und Zivildienst, Köln 1976, 26 f.

Bundesrepublik zögernd vor sich. Auffällig ist der Kontrast zwischen dem unbedingten Eintreten für das ungeborene Leben, dessen Fehlen manchmal zur Ablehnung eines Kriegsdienstverweigerers führt,[65] und der zäh weiterwirkenden Lehre vom „gerechten Krieg"[66] läßt ein gespaltenes ethisches Bewußtsein erkennen, das anscheinend die Unteilbarkeit der Achtung vor dem menschlichen Leben nicht durchzuhalten vermag. Man strengt sich mit außergewöhnlichen Mitteln an, einzelne Menschenleben zu retten, ist aber gegenüber Massenphänomenen (Unfalltote, Kriegstote, Hungertote) seltsam schwachsichtig. Die Achtung vor dem unbedingten Lebensrecht des einzelnen wird tiefer empfunden, ist aber mit der Apathie verbunden, mit der die meisten den gesellschaftlichen und politischen Bedingungen gegenüberstehen, die zur realen Wahrnehmung des Lebensrechtes der meisten zu schaffen sind. Dieses ethische Bewußtsein und die ihm entsprechenden gesellschaftlichen Bedingungen gehören m.M. nach zur Wirkungsgeschichte einer entpolitisierten und entweltlichten Deutung des Evangeliums, in der es einseitig um den unvertretbaren Heilsweg des einzelnen zum jenseitigen Lebensziel ging und die politische Ordnung der Welt zur bloßen Rahmenbedingung dieses Heilsweges entwertet und als „Notordnung" den Interessen der Herrschenden überlassen wurde.[67]

Diese – in der Sache unzureichenden – Hinweise auf kirchliche Kriegsethik und Gewissensauffassung führen nicht aus dem politischen Raum heraus. Der 1975 in ‚zweiter Wahl' bestellte Wehrbeauftragte Berkhan (SPD) scheint von diesen kirchlichen Traditionen imprägniert zu sein. Anläßlich der Kampagne gegen Berater von Kriegsdienstverweigerern (Vorwurf der „unzulässigen Rechtsbelehrung") antwortet Berkhan auf eine parlamentarische Anfrage seines Parteikollegen Walkhoff am 19.10.1973[68]:

> „... Auch ich bin darüber besorgt, wenn ich höre, daß in einer Art Repetitorium junge Männer darauf vorbereitet werden, ihr Gewissen zu offenbaren, weil ich subjektiv der Auffassung bin, daß das Gewissen eine so personale Sache ist, daß es nicht organisiert werden kann, sondern von jedem einzelnen Menschen als Person selber empfunden und selber verantwortet werden muß.
> (Beifall bei der CDU/CSU und der FDP)
> Vor welchen Instanzen das geschieht, ob es sich dabei also um religiöse Werte, um Kirchen- und Glaubensfragen handelt oder um eine philosophische Betrachtung der Lebensgrundlagen, bleibt bei meiner Aussage unbewertet ..."

Berkhan scheint sich nicht darüber klar geworden zu sein, daß er mit seiner Gewissensbeschreibung die Anerkennungsverfahren selbst ad absurdum führt. Gerade das Bestreben, das Gewissen zu entpolitisieren und damit öffentliche Beratung (etwa Gruppenberatung) als unzulässig abzuwehren, richtet sich gegen den pseudorechtlichen Versuch, Glaubwürdigkeit des Gewissens zu prüfen. Entweder ist das Gewissen eine rein innere Wirklichkeit – dann kann sie nicht geprüft werden. Oder es hat eine ‚öffentliche' Seite – dann kann gegen Gruppenberatung nichts eingewandt werden.

---

65 Beispiel: Gegen die Inquisition ..., S. 62.
66 Vgl. die – in den Methoden von mir nicht bejahte, in den Ergebnissen aber unbezweifelbare – Befragung prominenter katholischer Moraltheologen durch G. Wallraf.
67 Vgl. Engelhardt, a.a.O. (s. Anm. 52), S. 244 f.
68 Protokoll 3388–90 – freundlicherweise zur Verfügung gestellt von G. Küchenhoff.

Aber es gibt ja noch einen ‚Ausweg' – ein ‚richtiges' politisches Wissen, an dem Gewissen gemessen werden kann. In einer Antwort auf eine Zusatzfrage des Abgeordneten Josten (CDU/CSU) betont Staatssekretär Berkhan: „... Ich gehe davon aus, daß Gewissensentscheidungen immer echt sind. Dort, wo sie nicht echt sind, können es ja keine Entscheidungen des Gewissens sein. Dabei, Herr Kollege Josten, haben wir aber die Pflicht, das irrende Gewissen zu respektieren." Also ist das „irrende Gewissen" der traditionellen katholischen Moraltheologie noch im Spätjahr 1973 im Bundestag bzw. Bundesministerium der Verteidigung gegenwärtig. Auf die Frage des Abgeordneten Hölscher (FDP), in deren 2. Teil er die Meinung zum Ausdruck bringt, das „unzulängliche Prüfungsverfahren gänzlich abzuschaffen", antwortet Staatssekretär Berkhan mit längeren Ausführungen, bei denen folgende Formulierung auffällt: „... Wenn es sich nun zeigt, daß es einen bequemen Ausweg gibt, der Pflicht zum Wehrdienst zu entgehen, dann, so meine ich, muß dieser bequeme Ausweg so lange mit einer Barriere verlegt werden, bis Gewißheit gegeben ist, daß in beiden Fällen gleiche Chancen bestehen, zum Dienst herangezogen zu werden oder am Dienst vorbeizukommen."

Inzwischen hat sich der Eindruck bestätigt, daß die im Augenblick an den „Leber-Vorschlag" vorgesehenen Lösungen in diesem ‚pragmatischen' Rahmen bleiben, d.h. von ‚Bedarf' und Angebot ausgehen, Steigerung der Attraktivität der Bundeswehr (besonders in wirtschaftlicher Krisenzeit) mit Abschreckung vor dem Zivildienst (Verlängerung gegenüber der Wehrdienstzeit) verbinden – und das Problem eines politisch wirksam werdenden Gewissens auszuschalten suchen.

Dritter Teil:

Bildung der Militärs oder Militarisierung der Bildung

Otwin Massing

Zur Dialektik von Ausbildungsreformstrategien im militärischen System*

Überlegungen zum bildungspolitischen Status von Bundeswehrhochschulen und ihrer Curricula

1. *Die Ausgangssituation: Der politische Auftrag der Bundeswehr und ihre binnensystemische Zweckorientierung*

Wenn man die politische Ausgangssituation, in deren Kontext Bundeswehr-Hochschulen einzuordnen sind, realistisch einschätzen will, muß man von der de-facto-Existenz der Bundeswehr ausgehen. Immerhin ist ihr politischer Auftrag seinerzeit von einer eindeutigen parlamentarischen Mehrheit im Grundgesetz verankert worden. Aber auch im gegenwärtigen Zeitpunkt ist in der Bundesrepublik keine relevante politische Kraft auszumachen, die es sich unter konkurrenzdemokratischen Voraussetzungen „leisten" könnte – es sei denn um den Preis ihres politischen Selbstmords –, das Instrumentarium Bundeswehr den politisch handelnden Akteuren aus der Hand zu entwinden. Das gilt sowohl für die gegenwärtig regierende linksliberale Koalition, erst recht für den Fall, daß eines Tages die CDU/CSU wieder in die Regierungsverantwortung auf Bundesebene einrücken sollte. Damit ist zum Ausdruck gebracht, daß sich die Parteien in der BRD ausnahmslos gezwungen sehen, unter dem Einfluß ihres jeweiligen Noske-Komplexes Handlungsstrategien zu entwickeln, um Situationen, in denen der „Sinn" des aggregierten Gewaltpotentials Bundeswehr in Frage gestellt werden könnte, gar nicht erst aufkommen zu lassen.

Anders als in der Anfangsphase der Bundesrepublik, erstreckt sich der Parteienkonsens heute auch auf den Faktor Bundeswehr als „fait accompli". Weder innenpolitisch noch sicherheits- bzw. militärpolitisch ist es im gegenwärtigen Zeitpunkt denkbar, d.h. weder kurz- noch mittelfristig „machbar", die Bundeswehr zur Disposition der politisch relevanten Kräfte zu stellen, erst recht nicht, wenn ihre ökonomisch-technologische Relevanz mit in die Betrachtung einbezogen wird.

Auf der Makro-Ebene des politischen Systems BRD kann es sich infolgedessen für die politisch Interessierten allenfalls darum handeln, den Auftrag, den die Bundeswehr zu erfüllen hat, wenigstens insoweit der politischen Kontrolle zu unter-

---

* Die hier vorgelegten Ausführungen „Zur Dialektik von Ausbildungsreformstrategien im militärischen System" sind von mir erstmals im Sommer 1973 entwickelt und anläßlich einer Seminar-Tagung der KDSE zum Thema „Das Curriculum der Bundeswehrhochschulen", vgl. jetzt auch Otwin Massing: Reform im Widerspruch. Bundeswehr und Hochschulausbildung: Wer reformiert wen? Modelle – Konzepte – Erfahrungen, Focus-Verlag, Gießen 1976, in Nürnberg von einer breiteren (studentischen) Öffentlichkeit diskutiert worden.

stellen, als ihre Zieldimension nicht ausgeblendet, sondern als Bestandteil ihres Auftrags zumindest prinzipiell zur Disposition der politisch Handelnden gehalten wird.[1] Gleichwohl kann sich die wissenschaftliche Analyse der Erkenntnis kaum verschließen, daß innerhalb der bürgerlich-spätkapitalistischen Gesellschaft der BRD die Bundeswehr ein Gewaltpotential verkörpert, das einer politischen Kontrolle, die nicht gleichzeitig seine Bestandserhaltung intendierte, möglicherweise bereits entglitten ist.

Das in ihr aggregierte Gewaltpotential manifestiert sich auf drei Ebenen:

a) auf der Ebene des Personals (Personalsektor),
b) auf der Ebene des Materials (Rüstungsbereich) und
c) auf der Ebene der Organisation (Führungsbereich).

Die drei genannten Ebenen hängen selbstverständlich eng miteinander zusammen. Eine hochtechnisierte Armee wie die Bundeswehr braucht beispielsweise effizientere Methoden und Techniken der Verwaltung, des Managements und der Logistik als Armeen früherer Zeiten; bürokratisch verwaltete Armeen sind daher besonders personalintensiv. Umgekehrt ist das Ausmaß der „bürokratischen" Verwaltung einer Armee, d.h. das Maß ihrer „Vergesellschaftung", abhängig vom Grad ihrer Technisierung und der von ihr entwickelten technologischen Ausrüstungs- und Ausbildungsstandards.

Angesichts dieser in aller Kürze skizzierten Ausgangssituation möchte ich vorschlagen, das Thema „Zur Dialektik von Ausbildungsreformstrategien im militärischen System" mit Hilfe einer Art Schalenmodell der politischen Analyse zu unterziehen. Auf seinen äußeren Schalen wäre in etwa der politische Makro-Kosmos zu verorten, innerhalb dessen der Bundeswehr ein spezifischer Stellenwert zukommt, als da sind: die Rahmenbedingungen innenpolitischer, internationaler, sicherheitspolitischer, ökonomisch-technischer Art usw., aber auch die Interdependenzen der verschiedenen Ebenen der Bundeswehr als einer „organisierten Massenarmee", ihres Personalsektors beispielsweise, des Material- und Organisationsbereichs, usw. (makroanalytischer Ansatz). Demgegenüber ließen sich auf den inneren Schalen des Modells jene Elemente unterbringen, die die Mikro-Struktur des Subsystems Bundeswehr ausmachen.

Ich gehe nun – und zwar empirisch – davon aus, daß in dem Maße, wie die Elemente der Makro-Struktur und ihr Bedingungszusammenhang unstrittig sind, die Problematisierung der Zwecke, zu deren Einlösung die Bundeswehr geschaffen worden ist, zunehmend in den Hintergrund des politischen Interesses tritt bzw. bewußt und/oder unbewußt vernachlässigt wird. Das bedeutet, daß die Zweck- bzw. issue-Orientierung des Systems Bundeswehr nicht länger mehr problematisiert wird, so

---

1 Der politisch effizienten Kontrolle bedarf das in der Bundeswehr aggregierte Gewaltpotential um so eher, als proportional zu der Belastung, die die Rüstungshaushalte in ihrer gegenwärtigen Größenordnung einer Bevölkerung zumuten, diese in anderen (defizitären) Lebensbereichen, beispielsweise in sozial- oder bildungspolitischer Hinsicht, unterversorgt bleibt. Vgl. dazu Otwin *Massing*: Zur Konditionierung des internationalen Krieg-Frieden-Syndroms durch rüstungswirtschaftliche Interessenverflechtungen, in: *ders.*: Politische Soziologie. Paradigma einer kritischen Politikwissenschaft, Frankfurt/M. 1974, S. 163–190.

daß in dem Maße, wie man sich von den äußeren Schalen des analytischen Modells hinwegbewegt und zur Analyse der auf den inneren Schalen zu verortenden Struktur-Elemente, d.h. zur Analyse der Bundeswehr-Mikro-Struktur voranschreitet, sich auch die Orientierung an den Mitteln in den Vordergrund des (analytischen) Interesses schiebt. Abstrakt ausgedrückt, läßt sich der Vorgang einer allmählichen Verlagerung der (prinzipiell kontroversen) Zweck- auf Mittelorientierung interpretieren als Substitutionsvorgang, demzufolge die Rationalität politischer Zielvorstellungen von der (technischen) Zweckrationalität der einzusetzenden Mittel überlagert bzw. verdrängt wird. Sobald jedoch die Zweck- bzw. issue-Orientierung eines gesellschaftlichen Subsystems von der Orientierung am Mitteleinsatz überlagert, möglicherweise gar verdrängt wird, tendiert jede Politik, die auf die Problematisierung seiner globalen Zieldimension, d.h. politischen Zwecksetzung verzichtet, selbst „Reform"-Politik, zu mehr oder minder technokratischen „Lösungen".[2]

In diesem Zusammenhang ist der Gesichtspunkt einer kostenoptimalen Effizienzsteigerung der für die Mikro-Struktur relevanteste Gesichtspunkt überhaupt. Unterm Diktat einer Orientierung am Mitteleinsatz erstreckt sich Effizienzsteigerung auf folgende Dimensionen:

1. generell auf die Prinzipien, Mittel und Methoden sparsamer Haushaltsführung, vor allem im Kontext konkurrierender Ressortpolitiken und Ressortpartikularismen,
2. auf die Straffung und Rationalisierung der subsystemischen Strukturen, und zwar sowohl des Personalsektors als auch des Material- und Organisationsbereichs (infrastrukturelle Verbesserungen).

Da uns in diesem Zusammenhang ausschließlich die Problematik von Bundeswehr-Hochschulen und ihrer Curricula interessiert, können wir die Ebenen „Material" und „Organisation" vorerst vernachlässigen.

Bleibt zu analysieren, wie die vom Parteienkonsens geforderte und legitimierte Auftragserfüllung der Bundeswehr in deren Personalsektor im Wege einer Optimierung der dort vorherrschenden Zweck-Mittel-Relationen zu erfolgen hat. Schließlich orientiert sich parlamentarische Kontrolle derzeit ausschließlich an der Effizienz des Mitteleinsatzes zugunsten des Faktors Bundeswehr. Insoweit sie dies tut, hat das zur Folge, daß, gemessen an deren Auftragsziel, sie selbst solchen Optimierungsstrategien anhängen muß, die primär auf eine Sättigung der Bedürfnisse des Subsystems Bundeswehr hinauslaufen, selbst wenn diese – in politischer Langzeitperspektive betrachtet – den Bedürfnissen der Gesamtgesellschaft zuwiderlaufen sollten.

Optimierungsstrategien im Sektor Personal, die explizit dessen Qualifikationssteigerung sicherstellen sollen, lassen sich analytisch als Ausbildungsreformstrategien einstufen. Entsprechend bedürfen sie – in praxi – der politischen Vermarktung.

2 Selbstverständlich wird hier keiner unilateralen Kausalbeziehung das Wort geredet. Einem dialektischen Verständnis sozialer Beziehungen stellt sich das angesprochene Verhältnis vielmehr so dar, daß eine bestimmte Zweckorientierung auf den Mitteleinsatz entsprechend rückwirkt. Umgekehrt verstärkt gerade die (technokratische) Orientierung am effizientesten Mitteleinsatz dessen „legitimatorische" Grundlage, d.h. die issue-Orientierung eines gesellschaftlichen Subsystems wie der Bundeswehr.

2. *Bedürfnisstruktur und Funktionsziele der Bundeswehr: Ausbildungsreform als Funktion von Marketing-Strategien*

Welche Handlungsstrategien müssen nun befolgt werden, damit via Personalsektor der Bundeswehr deren Auftragserfüllung optimiert werden kann, und wie lassen sich die spezifischen Bedürfnisse des Subsystems Bundeswehr mittels Ausbildungsreformpolitik befriedigen?

Ist von der immer noch bestehenden formellen Hierarchie auszugehen, derzufolge Offiziere und Mannschaftsdienstgrade in der Regel nach Zulassungskriterien, die vom allgemeinbildenden Schulwesen entwickelt worden sind, dual aufgeteilt werden, so greift allmählich immer stärker die „Gesamttendenz" der Funktionsanähnelung um sich, die für alle hochtechnisierten Armeen der Welt heute charakteristisch ist. Infolgedessen sieht sich jede Optimierungs- bzw. Reformstrategie im Personalbereich gezwungen, zu Zwecken verstärkter Austauschbarkeit (Neuverwendung, Wiederverwendung usw.) des Faktors Arbeit dessen Ausbildungsniveau generell anzuheben.

Einschlägige Überlegungen, unter anderem das Gutachten der Bildungskommission beim Bundesministerium der Verteidigung (BMVg)[2a], beziehen sich daher nicht nur auf den Ausbildungs- bzw. Verwendungsbereich III, der die Verbesserung der Offiziersausbildung zum Gegenstand hat, sondern auch auf den Verwendungsbereich IV, demzufolge im Laufe der Zeit Ausbildungsreformstrategien für die Mannschaftsdienstgrade entwickelt werden sollen. Da wir für unsere Zwecke nur den Ausbildungsbereich III (Offiziere) zu analysieren haben, lassen sich die Optimierungs- bzw. Reformstrategien in diesem Segment auf die Kurzformel bringen: (Verbesserte) „Ausbildung der Ausbilder"!

Erinnern wir uns, daß zu Beginn, als von der Bundeswehr als einem gesellschaftlich aggregierten Gewaltpotential die Rede war, gesagt wurde, sie verkörpere dieses Gewaltpotential auf drei Ebenen: Sie stelle einmal eine personalintensive Großorganisation dar; sie sei, zweitens, hochtechnisiert und bedürfe, drittens, einer effizienten bürokratischen Verwaltung. Soll also die behauptete generelle Niveauanhebung kostenoptimal durchgeführt werden und gleichzeitig die erhoffte Effizienzsteigerung bewirken, muß sie auf diesen drei Ebenen simultan erfolgen. In der Tat bezweckt die Ausbildungsreform der Bundeswehr einmal die Erweiterung und Verbesserung der technischen Kompetenz der Ausbilder (Offiziere) in einer hochtechnisierten Armee. Sie intendiert, zweitens, die Erweiterung und Verbesserung der sozialkommunistischen Kompetenz und strebt, drittens, die Erweiterung und Verbesserung auch ihrer planerisch-innovativen Kompetenzen an.[3] In der Tat haben, insoweit

2a Neuordnung der Ausbildung und Bildung in der Bundeswehr. Gutachten der Bildungskommission an den Bundesminister der Verteidigung, Bonn 1971.

3 Daß diese Funktionsziele auf der jeweils systemspezifischen Ebene der (Bundeswehr-) Technik, (Bundeswehr-)Personalführung und (Bundeswehr-)Organisation bzw. Verwaltung zum Tragen kommen, wird nicht zuletzt dadurch unterstrichen, daß vom Münchner „Wissenschaftlichen Institut für Erziehung und Bildung in den Streitkräften" (jetzt Sozialwissenschaftliches Institut der Bundeswehr) neben den technischen Curricula je ein Curriculum für Pädagogik sowie für Wirtschafts- und Verwaltungswissenschaften entwickelt wurde. Vgl. dazu als ersten informatorischen Überblick: *Sozialwissenschaftliches Institut der Bundeswehr* (Hg.): Curricula für die Hochschulen der Bundeswehr, in: *aus politik und zeitge-*

Offiziere, und um diesen Bereich innerhalb des Personalsektors handelt es sich in unserer Betrachtung ausschließlich, in der Bundeswehr im Bereich Personalführung, Technik, Organisation und Verwaltung auf Zeit bzw. auf Dauer Verwendung finden, alle nur erdenklichen Ausbildungsreformstrategien den Funktionszielen sich unterzuordnen, wie die Leitungs-, Führungs-, Verwaltungs- bzw. Organisationsfunktionen der Offizierskader im Horizont der spezifischen Bedürfnisse des Subsystems Bundeswehr jeweils zu optimieren seien.[4]

Deren oberstes technokratisches Ziel jedoch, zumal man im Mikro-Struktur-Bereich – unserem Schalenmodell zufolge – vorwiegend auf die Zweckrationalität des Mitteleinsatzes fixiert ist, heißt Auftragserfüllung, in der Sprache der Bundeswehr ausgedrückt: „Einsatzbereitschaft der Streitkräfte". In Ziffer 20 des Gutachtens der Bildungskommission heißt es dazu:

> „Der Auftrag der Bundeswehr erfordert die Einsatzbereitschaft der Streitkräfte. Die Einsatzbereitschaft wird wesentlich von Zahl und Ausbildungsstand der Soldaten bestimmt. Wird die Ausbildung in den Streitkräften verbessert, ist zu erwarten, daß die Bereitschaft zu Erst- und Weiterverpflichtungen wächst. Eine größere Zahl von Bewerbern erleichtert die zur Qualitätssteigerung notwendige Auswahl. Auf Grund einer solchen Auswahl und der anschließenden verbesserten Ausbildung werden Können und Leistungsfähigkeit der Ausbilder gesteigert. Beide bestimmen ihrerseits die Qualität der Ausbildung insgesamt, verbessern das innere Gefüge der Streitkräfte, vermindern ihre Nachwuchssorgen. Verbesserungen im Bereich von Bildung und Ausbildung sind demnach ein wesentliches Mittel zur Erhöhung der Einsatzbereitschaft der Streitkräfte". (S. 24)

Dieses oberste Funktionsziel der Bundeswehr, das im Wege einer Verbesserung ihres Ausbildungs- bzw. Bildungssystems erreicht werden soll, tangiert freilich das System

---

schichte. Beilage zur Wochenzeitung „*Das Parlament*", B 15–16/74 vom 13. April 1974; desgleichen Heidelore *Dillkofer u.a.*: Wirtschafts- und Verwaltungswissenschaften. Ein Curriculum für die Hochschulen der Bundeswehr, Düsseldorf 1975.

Diese Beschränkung auf bundeswehrspezifisch „verwertbare" Qualifikationen mußte in der curricularen Planungsphase als die eigentliche curriculare Engführung antizipiert und durch entsprechende Strategien einer gesellschafts- und erziehungswissenschaftlichen „Dimensionierung" der jeweiligen Fachstudiengänge zumindest versuchsweise konterkariert werden. Vgl. dazu als frühe Problematisierung meinen Aufsatz „Curriculumkonstruktion im Horizont politischer Ökonomie", in: Konkretionen politischer Theorie und Praxis. Festschrift für Carlo Schmid zum 75. Geburtstag, hrsg. von Adolf *Arndt*/Horst *Ehmke*/Iring *Fetscher* und Otwin *Massing*, Stuttgart 1972, S. 267–296, jetzt in: Otwin *Massing*, Reform im Widerspruch, Focus-Verlag, Gießen 1976, S. 83–110, desgleichen die Aufsatzsammlung der *AG Anleit-Studium* (Hg.): Partizipation als Lernziel, Curriculare Modellvorstellungen und Materialien zum Hochschulstudium. Das Problem erziehungs- und gesellschaftswissenschaftlich dimensionierter Fachstudiengänge an den Hochschulen der Bundeswehr, Verlag Dokumentation, München-Pullach 1975.

4 Trotz der Dominanz dieser (technisch-organisatorischen) Funktionsziele steht jede Bundeswehrführung unter dem sozialen „Sachzwang", auch die Einübung in bestandsstabilisierende Legitimationsziele betreiben zu müssen. Anders wären die Passagen im Gutachten der Bildungskommission beim BMVg (Ziff. 15, S. 19) kaum zu verstehen, wo es heißt, die „Paradoxie" der soldatischen Existenz bestehe darin, daß zur Erhaltung des Friedens die Einsatzbereitschaft der Streitkräfte vorausgesetzt werden müsse, die wiederum abhängig sei „von der Befähigung und Bereitschaft des Soldaten zum Kampf". Bei der Erfüllung dieser „soldatischen Pflicht" sollten vor allem die militärischen Führer ihren Untergebenen „durch Beispiel und Überzeugung ... helfen". Damit ist die ideologisch-propagandistische Nebenfunktion jener Sekundärtugend „Führungskompetenz" angesprochen, die die Muster individueller Überzeugungen ebenso berührt wie die allgemeinen politisch-legitimatorischen Grundlagen des Systems Bundeswehr.

Bundeswehr in doppelter Hinsicht. Einmal ist die Bundeswehr qua Ausbildungs- und Sozialisationsinstanz generell davon betroffen, zum anderen werden die Ausbildungsbedürfnisse und Qualifikationsprofile der Teilstreitkräfte durch sie im besonderen relativiert. Es darf nämlich nicht vergessen werden, daß deren qualifizierter Nachwuchs, und zwar ohne daß die politische Öffentlichkeit daran je Anstoß genommen hätte, immer schon an Technischen Akademien ausgebildet wurde, die inzwischen in den Fachhochschulbereich integriert worden sind. Außerdem wurde, und zwar über die militärfachlichen Bedürfnisse der Teilstreitkräfte hinaus, mittels des Bundeswehr-Berufsförderungswerks, das vor allem die Unteroffiziersausbildung und -weiterbildung im technischen Bereich betreibt, immer schon auf einen systematischen, generell durchlässigen Ausbau des bundeswehrspezifischen Ausbildungssystems hingearbeitet. Ausdrücklich erwähnt daher das Gutachten der Bildungskommission beim BMVg, daß das System der Berufsförderung dem System der akademischen Aus- und Weiterbildung innerhalb der Bundeswehr lückenlos zugeordnet werden solle.

Sie hat dafür ein System der graduell abgestuften Verantwortungsbereiche entwickelt (Ziff. 41, S. 33 f.). Der Verantwortungsbereich I bezieht sich auf Fachkräfte ohne Vorgesetztenfunktion. Der Verantwortungsbereich II umfaßt Gruppenführer, Zugführer und die stellvertretenden Einheitsführer sowie deren entsprechende Verwendung. Der Verantwortungsbereich III bezieht sich auf die Ebene der Einheitsführer. Der Verantwortungsbereich IV definiert die Verwendung auf der Verbandsführerebene, während der Verantwortungsbereich V die Großverbandsführer und deren entsprechende Verwendung umfaßt. Insoweit ist innerhalb der Bundeswehr dafür gesorgt, daß ein lückenloses, durchlässiges Ausbildungssystem existiert, das nach den entsprechenden Abschlüssen und nach Feststellung der individuellen Eignung jedem die Möglichkeit des Übergangs in den nächsthöheren Verantwortungsbereich eröffnet, so daß prinzipiell jedem geeigneten Anwärter eine fachliche Aus-, Fort- und Weiterbildung auf allen Ebenen gewährleistet ist. In einer Art kooperativer Gesamthochschule auf Bundeswehrebene ist damit die Integration aller Ausbildungsebenen – zumindest dem Prinzip nach – faktisch vollzogen.[5] Gleichzeitig ist für jede fachliche Verwendung eine Funktionsbesoldung vorgesehen, die sich, losgelöst vom Dienstgrad, ausschließlich auf den jeweiligen Ausbildungsstand bzw. Ausbildungsgrad bezieht.

Allerdings stellt sich in diesem Zusammenhang die Frage nach dem tatsächlichen „Ist", beispielsweise die nach der Elastizität des Arbeitsmarktes in der Bundesrepublik. Lange Zeit nämlich erwies sich die angespannte Arbeitsmarktlage für die Bundeswehr als das eigentliche Engpaßproblem ihrer Rekrutierungspolitik. Andererseits ist es unabdingbar, soll das Anreizsystem „Ausbildungsreform" erfolgreich und

5 Der Frage, ob das System der prinzipiellen Durchlässigkeit der verschiedenen Bundeswehr-Ausbildungsebenen tatsächlich so optimal funktioniert, wie es konzipiert zu sein scheint, kann hier nicht weiter nachgegangen werden. Ihre genaue Beantwortung ist schon deshalb unmöglich, weil die Informationen darüber unzulänglich sind und keine empirisch exakten Schlußfolgerungen zulassen.

dauerhaft funktionieren, daß diese mindestens die Standards der für den zivilen Ausbildungs-, Weiterbildungs- und Fortbildungssektor gültigen Qualifikationsanforderungen und Leistungsprofile erfüllen. Damit aber verlagert sich das Problem einer Reform des Bildungs- und Ausbildungssystems im Bundeswehrbereich auf die Ebene der Auseinandersetzung, wie sowohl ein leistungsfähiges als auch zu zivilen Angeboten konkurrenzfähiges Anreizsystem geschaffen werden könne, mittels dessen es möglich ist, (a) der angespannten Arbeitsmarktslage wegen das Flaschenhalsproblem der Nachwuchsrekrutierung zu lösen und (b) die Vergleichbarkeit der für den Bundeswehr-Hochschulbereich gültigen Leistungsstandards mit dem zivilen Sektor herzustellen.

Die Gutachter der Bildungskommission beim BMWg waren sich dieses Dilemmas offenbar bewußt. „Mit ihrem wachsenden Bedarf an qualifiziertem Führungs- und Funktionspersonal steht die Bundeswehr in Konkurrenz mit anderen Bedarfsträgern ..." (Ziff. 15, S. 20). Und im Vorwort des damaligen Verteidigungsministers Helmut Schmidt hieß es ausdrücklich, daß Streitkräfte „bei der Nachwuchswerbung im Wettbewerb mit der Wirtschaft stehen" (S. 4), und weiter, daß sie nur dann „ausreichenden und ausreichend qualifizierten Nachwuchs gewinnen können, wenn die Anpassung an Ausbildungsgänge und Ausbildungsniveau der Gesellschaft gelingt." (ebd.)

Unter technokratischen Effizienzgesichtspunkten stellt sich dabei die Frage, wie ein Anreizsystem, das mit anderen gesellschaftlichen Gratifikationssystemen, die ebenfalls Statusverbesserung, gesellschaftlichen Aufstieg, Mobilität, kurz: gesellschaftliche Nobilitierung und Weiterbildungschancen in Aussicht stellen, in Konkurrenz tritt, beschaffen sein müsse, um „mithalten" zu können.

Bekanntlich gibt es zwei Arten von „Anreizen", die dafür in Frage kommen.

Einmal immaterielle Komponenten, wie Ansehen und Prestige, seien sie moralischer oder politischer Art, aber auch die erhoffte Vermittlung von „Tugenden" wie Tapferkeit, Mannesmut, Ehre, Treue, Zuverlässigkeit, Ordnungsliebe usw. In einer Gesellschaft mit halbwegs demokratisiertem politischem Sektor scheinen mir derartige Anreizkomponenten allerdings nicht gerade geeignet zu sein, als Köder für die Nachwuchswerbung der Bundeswehr zu fungieren. Immaterielle Anreizmomente tendieren außerdem dazu, in den Betroffenen mit dem jeweiligen „Lebensbereich" und den in ihm gültigen „Werten" Identifikation zu stiften.

Daneben gibt es die Möglichkeit, mit materiellen Anreizkomponenten, die gerade in einer industriellen Leistungsgesellschaft immer mehr an Bedeutung gewinnen, Marketing zu betreiben. Die Individuen selbst lassen sich durch sie mehr als durch andere Momente „überzeugen". Daher erscheint innerhalb einer halbwegs aufgeklärten, „mündigen" Gesellschaft ein überwiegend mit materiellen Gratifikationen ausgestattetes Anreizsystem für die Zwecke der Nachwuchswerbung zugunsten der Bundeswehr rationaler, auch weniger ideologieverdächtig zu sein als etwa die Werbung mit traditionalistischen Tugendkatalogen.

Der neugeschaffene Bundeswehr-Hochschulbereich mit Curricula, Anleitstudiengängen, mit Revision und Evaluation der fachspezifischen Lernziele und Studienorganisation läßt sich daher auch als spezifisches Anreizsystem „Ausbildungsreform" klassifizieren.[6] Daß es sich dabei um ein typisches, mit anderen bildungspolitischen Anreizsystemen in Konkurrenz stehendes, wenn auch bundeswehrspezifisches Gratifikationensystem handelt, wird nicht zuletzt daran deutlich, daß viele Animositäten, die es zwischenzeitlich auf sich gezogen hat, interpretiert werden können als Ausdruck unbewußter Bedrohungsängste seitens bildungsprivilegierter Gruppen und Schichten. Daß die Angst vor einer drohenden Beeinträchtigung, wenn nicht gar vor dem Verlust des universitären Ausbildungsmonopols im Hochschulbereich, nicht von ungefähr kommt, dürften die folgenden Überlegungen unterstreichen.[7]

1. Das Anreizsystem „Bildungsreform" im Bereich Bundeswehr betreibt Nachwuchswerbung zu deren Gunsten in einer Kombination aus immateriellen und materiellen Anreizkomponenten: Die allgemeinste Gratifikation, die es verspricht, besteht darin, daß (a) eine gute, (b) eine mit zivilen Ausbildungsgängen an öffentlichen Hochschulen bzw. Fachbereichen vergleichbare Ausbildung in Aussicht gestellt wird.

6 Trotz dieser Charakterisierung der Bundeswehr-Ausbildungsreform unter Gesichtspunkten einer binnensystemischen Optimierungsstrategie sollte jedoch die von der Bildungskommission beim BMVg festgelegte Zielvorgabe, wie sie in Ziffer 23 des Gutachtens beschrieben wird, nicht vergessen werden. „Die von der Kommission vorgeschlagene Reform des bisherigen Ausbildungssystems der Streitkräfte soll ... deren Effektivität mehren, zu ihrer weiteren Integration in die Gesellschaft beitragen und ihre Attraktivität erhöhen" (S. 25).

Es liegt auf der Hand, daß sich in dieser Zielvorstellung die Bedürfnisse des Subsystems Bundeswehr ebenso niederschlagen wie daß von der in ihr enthaltenen politischen Option die curricularen Strategien determiniert werden, die eingeschlagen werden müssen, um die intern aufgelaufenen Systembedürfnisse adäquat zu befriedigen.

7 Das „Anreizsystem Bildungsreform" im Bereich Bundeswehr tritt freilich nicht nur in Konkurrenz zu zivilen Systemen vergleichbarer Art, sondern erzeugt auch nach innen Problemdruck. Es setzt vor allem deren Mitglieder in den verschiedenen Ausbildungssektoren unter Konkurrenz-, d.h. Lerndruck. Das läßt sich u.a. daran ablesen, daß die Planung und Errichtung der Bundeswehr-Hochschulen intern Konflikte der unterschiedlichsten Art erzeugt haben. Diese lassen sich einerseits interpretieren als Reflex von Befürchtungen der von ihnen direkt Betroffenen, wegen des geringeren Ausbildungsstandes, über den sie im Verhältnis zu den zukünftigen Hochschulabsolventen verfügten, gerieten sie ins Hintertreffen und würden langfristig auch sozial benachteiligt, andererseits aber auch als Ausdruck eines Ungewißheitssyndroms möglicher Bestandsbedrohung, das System Bundeswehr könnte infolge seiner intellektuellen, organisatorisch-administrativen und technologischen Optimierung (Niveauanhebung) im Wege der projektierten Ausbildungsreform von innen her in Frage gestellt werden. Wie erinnerlich, war immer wieder die Rede davon, aufgrund ihrer Hochschulausbildung würden die Truppenführer notwendigerweise von des Gedankens Blässe angekränkelt, wodurch die Bundeswehr als ganzes verunsichert und langfristig sogar in ihrer Existenz gefährdet werde. Ausgetragen wurden diese Konflikte in der Regel vordergründig in Formen eines ungeschminkt wehr-ideologischen Kampfes um die Wertorientierung der Bundeswehr, darum, ob sie weiterhin an traditional verstandenen „soldatischen" Tugenden festhalten solle oder ob primär wissenschaftliche Standards, d.h. als kritikfähig ausgewiesene Rationalitätskriterien in ihr zum Maß aller Dinge zu machen seien. Einschlägige Insinuationen reichten dabei vom Vorwurf, die Bildungsreform diene als „Trojanisches Pferd", um die Bundeswehr von innen her aufzurollen, bis zur Unterstellung, sie würde von bestimmten Programmen (und Personen) marxistisch unterwandert. Vgl. als symptomatisch für die damit verbundene Realitätsverfehlung Manfred *Wörner*: Die Bundeswehrhochschulen – eine Zwischenbilanz, in: *Politische Studien*, 23. Jg., H. 206, 1972, S. 586–594. Als Replik darauf vgl. meine Darstellung „Intellektueller Eiertanz um Bundeswehrhochschulen. Manfred Wörners ‚umwälzende' Wissenschaft", in: *Die Neue Gesellschaft*, 20. Jg., H. 5, 1973. – Zum Stellenwert und zur Funktion solcher Zensurmechanismen vgl. jetzt: Otwin Massing: Reform im Widerspruch, Focus-Verlag, Gießen 1976, vor allem S. 111 ff. und 233 ff.

2. Gleichzeitig offeriert es eindeutige materielle Privilegien, und zwar (a) das Gehalt eines Fähnrichs als eine Art Studienhonorar (vom VDS bisher vergeblich gefordert), (b) keine Zulassungsbeschränkungen, d.h. (jedenfalls vorerst) keinen Numerus clausus (NC). Allerdings ist es denkbar (und inzwischen bereits absehbar), daß es langfristig zu einem Überangebot an Studienplätze nachfragenden Studenten kommen wird, so daß diese unerwartete Personalreserve dazu benutzt werden kann, eine strengere, gründlichere, aber auch loyalitätssicherere Auswahl zwischen linientreuen Kandidaten zu treffen.[8]

3. Da die Ausbildungsgänge in den verschiedenen Verwendungsbereichen und Bildungssektoren, wie gesagt, prinzipiell durchlässig sind, was nicht zuletzt gravierende Konsequenzen haben wird für die Phase der zivilen Verwendung von diplomierten Offizieren bzw. fachlich spezialisierten Soldaten nach ihrer Zeit in der Bundeswehr, ist ihnen, im Gegensatz zu anderen vergleichbaren Bewerbern, schon zu Beginn ihrer Karriere Mobilität und Rotation mit der Chance zur Erweiterung ihrer Fachkompetenzen sicher.[9]

4. Zwar geht jeder Wehrpflichtige, der sich als Soldat bzw. Offizier auf Zeit, gar auf Lebenszeit verpflichtet, das Risiko ein, daß seine Arbeitsplatz- bzw. Berufswahl für ihn gravierende Einschränkungen seiner Wahlalternativen mit sich bringt, die ihm nach einer Verpflichtung nicht mehr offen stehen. Dieser mehr abstrakte Nachteil wird allerdings weitaus aufgewogen dadurch, daß sich seine Berufswahl auf ein relative Sicherheit versprechendes, d.h. risikoärmeres Tätigkeitsfeld erstreckt und daß ihm mit der Wahl des spezifischen Berufsfeldes Bundeswehr garantiert ist, daß ihm auf Jahre hinaus sein Arbeitsplatz sicher sein dürfte. Andererseits ist nicht auszuschließen, daß derjenige, der eine Tätigkeit auf Zeit beim Militär übernimmt, damit vielleicht sogar ein Berufsrisiko eingeht, das ihm seine späteren Berufschancen möglicherweise schmälert, jedenfalls so lange, wie das Prestige der Bundeswehr

8 Daß zwischen dem neuerdings feststellbaren Freiwilligen-Boom, der selbst die optimistischsten Personalplaner der Hardthöhe überrascht hat, dem allen Hochschulen drohenden Zulassungsstop und der allgemeinen wirtschaftlichen Rezession ein enger Zusammenhang besteht, dürfte unmittelbar einleuchten.

Nach einer Meldung der *Süddeutschen Zeitung* vom 8.1.1975 drängeln sich derzeit um eine Reserveoffiziersplanstelle sechs Bewerber. Bei Abiturienten, die 21 Monate dienen, sieht sich, dieser Quelle zufolge, die Bundeswehr gezwungen, einen Einstellungsstop zu verfügen und für alle Zweijährig-Freiwilligen einen regelrechten Numerus clausus einzuführen. Folgerichtig kommt die Zeitung zu dem Schluß: „nur der ‚bewährte' Mann erhält künftig die Chance zum Reserveoffizierspatent".

Zwar hat die Offizierbewerberprüfzentrale immer schon „ausgesiebt", die augenblicklichen Tendenzen dürften jedoch gegenüber Kriterien wie „Gesundheit und körperliche Verfassung", „geistig-intellektuelle Fähigkeiten" usw. wieder mehr solche Auswahlkriterien in die Vorhand bringen, die, wie „Zuverlässigkeit", „Loyalität", „Gesamtpersönlichkeit" usw., die Interessen des Subsystems Bundeswehr stärker berücksichtigen. Vgl. dazu auch die Anm. Nr. [12].

9 Es könnten allerdings auch Frustrationserscheinungen auftreten, für den Fall nämlich, daß die Erfahrungen im Zivilleben, was bereichsspezifische Mobilität anlangt, schlechter ausfallen als die im Bundeswehrbereich absolvierten. Daraus könnte zwar ein unerwarteter Problemdruck zugunsten gesteigerter Fluktuations- und Rotationsbereitschaft entstehen, ebensogut aber könnten sie sich dahingehend auswirken, daß die „guten, alten Zeiten" in der Bundeswehr rationalisiert und verklärt werden mit allen Folgen für einen verspätet ausgebildeten, gleichwohl latent vorhandenen „esprit de corps".

nicht höher ist als jetzt und ihr Image sich im Bewußtsein der Öffentlichkeit durch eine gewisse Instabilität und Inkohärenz bzw. Ambivalenz seitens ihrer Perzipienten auszeichnet.

5. Für viele vorzeitig verschreckte Abiturienten mag die Tatsache, daß an Bundeswehr-Hochschulen (vorerst jedenfalls noch) ohne Behinderung durch hochschulpolitische oder sonstige Querelen „ruhig" studiert werden kann, auch unter relativ günstigen organisatorischen und infrastrukturellen Bedingungen, ein Anreiz sein, sich gar nicht erst um einen Studienplatz an zivilen Hochschulen zu bewerben (vom NC einmal ganz abgesehen), sondern sich gleich dem vermeintlichen „Freiraum" einer Bundeswehr-Uni anzuvertrauen, selbst zu der Bedingung, daß sie sich ihre quasi-Privilegien erkaufen müssen zu dem Preis einer eindeutigen Einschränkung ihres Studentenstatus, und zwar auf Grund der geltenden Wehr- bzw. Soldatengesetze, die über die hochschulrechtlichen Belange weit hinausgehen. So ist beispielsweise keineswegs die Garantie gegeben, daß sich die Studenten an den Bundeswehr-Universitäten ebenso freizügig werden verhalten und bewegen können (dürfen), wie das an den öffentlichen Hochschulen der Fall ist. Standortwahl bzw. -wechsel dürfte nicht ohne weiteres möglich sein.

6. Zwar mag, was für viele als Anreiz gelten dürfte, nämlich ein Studium innerhalb zwangsverpflichtender Regelstudienzeiten, von anderen als nachteilig empfunden werden; dennoch ist vorstellbar, daß die garantierte Regelstudienzeit von 3 Jahren bzw. 9 Trimestern unter Kosten-Nutzen-Gesichtspunkten, der Zeitersparnis etwa, von vielen bereitwillig, d.h. auch widerstandslos hingenommen werden wird. Dies um so mehr, als gerade die politisierte Universität wegen ihres angeblichen Leistungsabfalls und der Überbeanspruchung ihrer materiellen und personellen Kapazitäten mehr und mehr in Verruf gekommen ist.

Besonders wichtig scheint mir innerhalb des Systems der Ausbildungsreform im Bundeswehrbereich der Umstand zu sein, daß auf Durchlässigkeit der verschiedenen Funktions-, Verwendungs- und Ausbildungsebenen hingearbeitet wird und daß trotz unterschiedlicher Qualifikation des sog. Zeitoffiziers dessen spätere zivile Verwendung als sichergestellt bezeichnet wird. Damit macht sich das System Bundeswehr die größtenteils privategoistische Interessenorientierung von Schul- und Hochschulabsolventen zunutze, um doch primär ihre eigenen systemintern aufgelaufenen Bedürfnisse zu befriedigen. Die Quadratur des Kreises scheint gelungen: Arbeitsplatzsicherheit und gesellschaftliche Mobilität sollen bruchlos miteinander vereinbar werden!

Dabei stellt sich allerdings das Problem, daß die zeitlich versetzt-verzögerte berufliche Verwendung im Zivilleben nicht nur im Hinblick auf die dort erwünschten Qualifikationen, sondern auch im Hinblick auf die inhaltlichen Momente, die die Ausbildung an Bundeswehr-Hochschulen zu vermitteln hätte, eine entsprechende Phasenverschiebung bedeutet. Hinzukommt, daß über das damit verbundene „time-lag" hinaus eine zwölfjährige Mindestdienstzeit innerhalb der Bundeswehr mehr darstellt als ein bloß berufspraktisch bedeutsames „job-enlargement", vielmehr eindeutig berufsspezifische Sozialisationserfahrungen vermitteln wird, die der Gefahr eines drohenden sozialpsychologischen Militarismus Vorschub leisten könnten.

3. Dissonanzprobleme bundeswehreigener Hochschulen

Damit sind wir mit unseren Überlegungen an einem Punkt angelangt, wo es erforderlich wäre, auf die durch die Ausbildungsreform im Bereich Bundeswehr infolge Ressourcenbindung wahrscheinlich eintretenden Beeinträchtigungen anderer defizitärer Lebensbereiche wie allgemeine Bildungspolitik, Infrastrukturpolitik usw. einige Gedanken zu verwenden, um zumindest zu einer vorläufigen Einschätzung der Situation nach politischen Opportunitätsgesichtspunkten zu gelangen.[10] Ich muß mir jedoch diese Gelegenheit an dieser Stelle versagen und möchte stattdessen auf tatsächlich drohende bzw. vermeintliche Gefahren, die die Hochschulneugründungen der Bundeswehr mit sich bringen könnten, hinweisen. Ich nenne zunächst drei, die, würden sie nicht bewußt, d.h. mittels gegensteuernder Strategien curricularer und strukturell-institutioneller Art konterkariert, in der Tat das Unternehmen Hochschulreform der Bundeswehr diskreditieren, darüber hinaus aber auch andere bildungspolitische Reformbemühungen schwer beeinträchtigen könnten.

1. Wenn die Bundeswehr-Ausbildungsreform nicht Selbstzweck, sondern Mittel zum Zweck der Steigerung der Effektivität und Attraktivität der soldatischen Laufbahn sein soll[11], dann besteht tendenziell die Gefahr, daß Bildung und Ausbildung im Bundeswehr-Hochschulbereich zu Sekundärtugenden degradiert werden.
2. Die Tatsache, daß es sich bei der Ausbildungs- und Bildungsreform im Bereich Bundeswehr um eine (verordnete) „Reform von oben" handelt, wird in unterschiedlicher Weise und Intensität auf andere bildungspolitische Innovationen (und deren Schicksal) in der Bundesrepublik rückwirken.
3. Vorbehalte und Bedenken, etwa der Art, daß, trotz der intendierten partizipatorischen Ausbildungsziele und einer curricularen Aufbereitung der Studiengänge, infolge bereichsspezifischer Sozialisation, d.h. vermittelt über die Absolventen der bundeswehreigenen Hochschul-Kaderschmieden, zumal während der Phase ihrer Rücksozialisierung in zivile Berufe nach zwölfjähriger Bundeswehrzugehörigkeit, das Syndrom eines sozialpsychologischen Militarismus als gesellschaftspolitisches Folgeproblem zur Bewältigung ansteht, sind nicht ohne weiteres zu bagatellisieren.

Zu 1.

Bereits das Weißbuch 1970[11a] entwickelte unter der Ziffer 173 neben dem Appell an privategoistische Ausbildungsinteressen leitmotivisch die Zielvorstellung für eine Ausbildungs- und Bildungsreform in der Bundeswehr wie folgt:

10 Ressourcenbindung impliziert, daß (a) entweder zusätzliche Haushaltsmittel für die Reform eingesetzt oder (b) innerhalb des Verteidigungshaushaltes selber Positionen und Mittel umgeschichtet werden. Da die Ausbildungsreform in Sachen Bundeswehr-Hochschulen im Kontext des sozial-liberalen Programms der „Inneren Reformen" steht, läßt sich mit dem Argument, durch diese Teil-Reform würden ansonsten zweckmäßiger zu verwertende Mittel unnützerweise gebunden, folglich die output-Chancen der Regierung geschmälert, nur zu Felde ziehen, wenn nicht die Lösung (b) zum Zuge kommt. Aber auch für den Fall (a) müßte eine Reihe zusätzlicher politischer Opportunitätsgesichtspunkte gegeneinander abgewogen werden.

11 Vgl. dazu die Anm. [6].

11a Weißbuch 1970. Zur Sicherheit der Bundesrepublik Deutschland und zur Lage der Bundeswehr, im Auftrage der Bundesregierung herausgegeben vom *Bundesminister der Verteidigung*, Bonn 1970.

„Die Bundeswehr muß mit der gesellschaftlichen Entwicklung Schritt halten. Sie muß ihre Berufsbilder, ihre Bildungs- und Ausbildungsgänge so gestalten, daß die Soldaten daraus für ihren beruflichen Werdegang innerhalb der Bundeswehr und ebenso später im zivilen Leben den größtmöglichen Nutzen ziehen. Dies dient gleichzeitig der Effektivität der Bundeswehr und der Attraktivität der soldatischen Laufbahnen. Ausbildungsgänge und Abschlüsse im gesamten militärischen Bereich sollen so weit wie möglich denen des zivilen Bereichs entsprechen. Ziel ist die unmittelbare zivilberufliche Anerkennung des militärischen Fachlehrgangs oder die Anerkennung nach erfolgreichem Besuch eines Ergänzungslehrganges im Rahmen der dienstzeitbeendenden Ausbildung (mittelbare Anerkennung). Im Ausbildungs- und Bildungsgang der Offiziere muß die bisherige Aufspaltung in Lehrgänge an der Offiziersschule, Wehr- oder Stabsakademie mit verschiedenen Auswahlprüfungen überprüft werden. Die Generalstabsausbildung wird einbezogen. Die Bildungssysteme in der Bundeswehr müssen durchlässig werden. Nicht nur die bundeseinheitliche Bildungsplanung, auch die Notwendigkeit einer Verwendungsmöglichkeit vieler Offiziere im gemeinsamen Bereich der Bundeswehr zwingen zur Koordinierung zwischen den Teilstreitkräften. Die Bildungseinrichtungen der Bundeswehr sollen, wo immer möglich, zusammengefaßt werden." (S. 130).

An diesem Leitgedanken fällt die Ambivalenz auf, daß einerseits Formierungsabsichten, andererseits Konzentrationstendenzen die Planungsvorgaben der Hardthöhe maßgeblich bestimmten. Gerade weil die Ausbildungsreformintentionen der Bildungsplaner im Bundeswehrbereich ausdrücklich nicht als Selbstzweck verstanden, sondern primär auf die (Bundeswehr-)Praxis bezogen werden, so daß der Gesichtspunkt der Verwendbarkeit für die Belange des Subsystems in den Vordergrund auch des inneren Argumentations- und Begründungszusammenhanges sämtlicher Planungsvorgänge rückt, besteht die Gefahr, daß über das Dominantwerden der Primärziele: Erhöhung der Effektivität und Attraktivität der Bundeswehr, auch eine stromlinienförmige Anpassung ihrer Hochschulabsolventen an das System als solches wenn auch nicht intendiert, so doch faktisch erreicht wird. Die Bedenken, daß der politische Auftrag, den die Bundeswehr als aggregiertes Gewaltpotential (nach außen) zu erfüllen hat, nicht ausschließlich mehr instrumentell-funktional begriffen wird, sondern daß im Wege der Stiftung von Identifikation (Identifikationsbereitschaft und -wille) mit diesem Auftrag die Auszubildenden in einer Weise indoktriniert werden könnten, daß sie von mehr als nur der politischen Notwendigkeit bewaffneter Streitkräfte überzeugt sein werden, sind nicht ohne weiteres von der Hand zu weisen. Auf Grund des immanenten Zwanges, als Basis ihres inneren Zusammenhalts in den Mitgliedern der Streitkräfte Wehrwillen in Permanenz zu erzeugen, droht jederzeit die Gefahr, daß in die inhaltliche Aufbereitung und via methodisch-didaktischer Vermittlung der wissenschaftlichen Studiengänge an Bundeswehr-Hochschulen wehr-ideologische Momente eingeschleust werden, was zur Folge hätte, daß zumindest Teile der auszubildenden Offiziersstudenten zu einer Über-Identifikation mit der Bundeswehr als einem gesellschaftlich vorerst notwendigen Aggregat angehalten werden, ohne daß deren Provisoriumscharakter gleichermaßen thematisiert und ihre Nicht-Notwendigkeit als politische Alternative gedacht würde. Die Vermutung dürfte nicht allzu sehr an den Haaren herbeigezogen sein, es könnte dadurch, daß die sog. „Hauptaufgaben" der Bundeswehr über deren bildungspolitische Zielvorstellungen dominant werden, behindert werden, was wissenschaftliches Denken und Schulung in wissenschaftlich angeleiteter Praxis zu leisten imstande sind, nämlich prinzipielle Distanzierung von dogmatischen, vorgängig gesetzten, erst recht traditionalen Positionen.

Gestützt werden derartige Bedenken nicht zuletzt von Aussagen, die vom Gutachten der Bildungskommission beim BMVg selbst gemacht werden. Dort heißt es unter der Ziffer 15:

> „Die allen Soldaten gemeinsamen Grundlagen ihres Berufes hat der Gesetzgeber bestimmt. Sie beruhen auf der Pflicht der Verteidigung und setzen die Anerkennung der freiheitlich-demokratischen Grundordnung und das Eintreten für diese Grundordnung voraus ... Deshalb hat die Befähigung, ihren Soldaten *durch Beispiel und Überzeugung dabei zu helfen*, bei allen militärischen Führern ein besonderes Gewicht." (S. 19; Hervorhebung von mir, O.M.).

Gleichwohl, die Vorbehalte gegen eine tendenzielle, gar ausschließliche Berufsfeldorientierung bzw. Praxisbezogenheit wissenschaftlicher Ausbildungsgänge sind generell gegenüber Plänen anzumelden, die die Universität im Wege einer Reduktion ihrer inneren Reformbemühungen auf Studienzeitverkürzung an die Kandare auch ihrer politischen Disziplinierung legen. Schließlich ist die Froschperspektive einer ausschließlich praxisbezogenen Ausbildung nicht minder muffig als die Elfenbeinturmperspektive ätherisch blaß. Gegenüber der traditionell bildungselitären Universität, die sich an ausbildungspraktischen Problemen ihrem Selbstverständnis zufolge weitgehend desinteressiert zeigte, läuft die „neue" Universität, die vorwiegend berufsfeldorientiert bzw. praxisbezogen ausbildet, mit fatalen Rückwirkungen auf ihre Forschungskapazitäten und -intentionen, genau im gegenläufigen Sinne Gefahr, daß erst die funktionalistische Anpassung an die Erfordernisse von Alltagsbedürfnissen und einer wie immer undurchschauten gesellschaftlichen „Praxis" den von konservativer Seite immer schon befürchteten Niveauverlust bzw. Leistungsabfall der deutschen Universität langfristig besiegeln wird.

Dennoch ist eine nicht unwichtige Differenz innerhalb der Zwecksetzung zwischen der traditionellen Universität und den Ausbildungsstätten, die sich eine stärker praxisbezogene, berufsfeldorientierte Ausbildung angelegen sein lassen, also auch den Bundeswehr-Hochschulen, festzustellen. Die „klassische" Universität ließ allenfalls die privategoistische Bedürfnisbefriedigung dessen gelten, der sich mittels der von ihr zur Verfügung gestellten Ausbildungseinrichtungen jene Qualifikationen besorgte, die der extramural-außeruniversitär verstandene Beruf an ihn stellte, und sich damit für seine private Reproduktion fit machen ließ. Der weiterreichende Zusammenhang zwischen privategoistischer Interessenorientierung und gesellschaftlicher Reproduktion via Qualifikationssteigerung des Faktors Arbeit wurde in der Regel nicht thematisiert.

Die neuerdings stärker praxisbezogene Ausbildung, auch die an Bundeswehr-Hochschulen, bringt demgegenüber eine mehr gemeinnützige Dimension der Bedürfnisbefriedigung ins Spiel, wodurch die Universitätsausbildung sehr viel stärker als bisher gesellschaftlich funktionalisiert wird. Indem sie auf gesamtgesellschaftliche bzw. subsystemische Bedürfnisse explizit Rücksicht nimmt, wird sie via Praxisorientierung stärker instrumentalisiert, d.h. „vergesellschaftet". Ihre Politisierung ist die notwendige Folge. Das gilt auch für die Hochschulen der Bundeswehr.

Zu 2.

Insoweit die Reform des Ausbildungssektors im Bereich Bundeswehr als typische „Reform von oben" eingestuft werden kann, erschließt sich über ihre Analyse auch der gegenwärtig vorherrschende Typus staatsinterventionistischen Handelns, demzufolge unter Bedingungen formal-demokratischer Willensbildung gleichwohl aufgeklärt-autokratische Entscheidungsfindung zustande kommt. Verordnete Reformen dieser Art, das ist zuzugestehen, bieten mehr als eine Chance, beispielsweise hinsichtlich einer relativ raschen, planvoll-zügigen Realisierung. Gleichzeitig aber beschwören sie Gefahren herauf, die über den Vorbehalt, mit ihnen verfolgten die politischen Funktionseliten eines autokratisch gehandhabten Staatsapparates Formierungsintentionen, weit hinausreichen.[12]

Zwar stand die Ausbildungsreform im Bereich Bundeswehr unter starkem Zeitdruck, bedingt durch die allgemein prekäre Personallage, vor allem aber durch das besondere Mißverhältnis, das sich zwischen dem politischen Ziel einer effizienten Auftragserfüllung und der unzureichenden Besetzung in den Führungspositionen der Bundeswehr ergeben hatte. Da aber ein flexibles Planungssystem vorhanden war und gleichzeitig Entscheidungskompetenzen gebündelt vorlagen, war es möglich, die Ausbildungsreform relativ rasch über die Bühnen der politischen Planungs- und Entscheidungsgremien zu bringen.[13]

Das ist ein Beweis dafür, daß die Chancen jeder verordneten „Bildungsreform von oben" entschieden abhängen von den strukturellen Voraussetzungen, auf Grund deren ein entschlossener politischer Wille überhaupt erst handlungsrelevant umgesetzt werden kann. Fehlt ein solches Planungssystem (-instrument), fehlt vor allem die Kompetenz, die Reformintentionen auch tatsächlich durchzuführen, und sei es schlimmstenfalls per Verordnung oder Erlaß, dann laufen selbst die besten Absichten Gefahr, auf die lange Bank geschoben zu werden und dort im Zuständigkeitengerangel zu verkommen.

---

12 Daß die Reform der Offiziers-Ausbildung unter Zeitdruck erfolgte, kann freilich insofern negative Folgen haben, als durch die vorzeitige, teilweise übereilte Festschreibung curricularer Programme und organisatorischer Strukturen die Hochschulen der Bundeswehr, im Vergleich zu Entwicklungen im zivilen Hochschulbereich, langfristig ins Hintertreffen geraten könnten. Dieser Nachteil dürfte jedoch durch entsprechende Plankorrekturen seitens eines flexiblen Planungssystems à la BMVg wieder wettgemacht werden können. Sie sind jedenfalls explizit vorgesehen – noch vor jeder curricularen Revision! Damit läßt sich freilich auch der Numerus clausus, d.h. die Domestizierung der studierenden Offiziere planen, von einer geplanten (planbaren) Änderung der derzeit (noch) gültigen curricularen Option zugunsten partizipatorisch verstandener Lernziele ganz abgesehen. So heißt es in Ziffer 23 des Gutachtens der Bildungskommission beim BMVg ausdrücklich:

„Die Weiterentwicklung von Reformansätzen zu einer umfassenden Neuordnung darf jedoch nicht zu einer statischen Struktur des künftigen Ausbildungssystems führen. Dieses muß vielmehr wandlungsfähig sein ... Weil derartige Veränderungen nie in vollem Umfange voraussehbar und damit berechenbar sind, muß bei der Planung der Ausbildungsgänge und der benötigten Kapazität wie bei der Planung und Bereitstellung des Bedarfs an Lehr- und Ausbildungspersonal so vorgegangen werden, daß nach den einzelnen Planungs- und Durchführungsabschnitten jeweils wieder *Plankorrekturen* durchführbar sind. Dabei müssen Erweiterungen ebenso wie auch *Einschränkungen* möglich sein. In Zweifelsfällen sind vor allem im infrastrukturellen Bereich Mehrzwecklösungen zu schaffen, die auch eine *Veränderung der ursprünglichen Zweckbestimmung* erlauben" (S. 23, Hervorhebungen von mir, O.M.).

13 Innerhalb von knapp drei Jahren hatte es der Planungs-Verbund zwischen dem Verteidigungsministerium und den betroffenen Länder-Kultusministerien (München und Hamburg) „geschafft", daß die beiden Teil-Universitäten ihren Lehr- und Ausbildungsbetrieb aufnehmen konnten.

Als die Bundeswehr-Hochschulen zum 1. Okt. 1973 in München und Hamburg ihren Studienbetrieb aufnahmen, war mit ihnen eine bildungspolitische Weichenstellung erfolgt, die vorerst nicht mehr rückgängig zu machen ist. Ohne Übertreibung kann die These aufgestellt werden, daß der bislang vorgelegte organisatorische, aber auch der schon praktizierte curriculare „Vorlauf" Rückwirkungen auf den Gesamtsektor der Bildungspolitik in der Bundesrepublik nach sich ziehen dürfte, die, je nachdem wie man die erziehungs- und gesellschaftswissenschaftlich angeleitete Ausbildung in fachspezifischen Studiengängen einordnet – ob eher in gesamtpolitischer Perspektive oder eher nach im engeren Sinne hochschulpolitischen Erfordernissen –, zu unterschiedlicher, positiver bzw. negativer Einschätzung Anlaß geben. So hat sich beispielsweise der Bund, geradezu auf Schleichwegen und kaum daß die Öffentlichkeit davon Notiz genommen hätte, über ein hochschulpolitisch bislang kaum ambitioniertes Ministerium faktisch jedenfalls Kompetenzen ergattert, die nach traditionellem Verständnis der kulturpolitischen Aufgabenverteilung eindeutig bei den Ländern liegen sollten, selbst wenn mit den zuständigen Länder-Kultusministerien rechtlich verbindliche Absprachen getroffen wurden, vor allem was die Einstellungsvoraussetzungen, Zulassungsbedingungen, Prüfungsordnungen usw. anlangt.

Obwohl es den Anschein hat, die List der Vernunft sei am Werk gewesen, als die erste Quasi-Kompetenz für den Hochschulbereich den Bonner Zentralinstanzen ausgerechnet vom BMVg als Morgengabe eingebracht wurde, nämlich als „Sonderhochschulen des Bundes", kommt darin doch nur verstärkt die allgemeine Tendenz zum Ausdruck, die Kulturhoheit der Länder zu durchlöchern, d.h. die Bildungskompetenzen generell dem Bund zu übertragen. Ich erinnere nur an die Planung des Hochschulrahmengesetzes oder an die Initiativen des Bundes hinsichtlich einer Reform der Berufsausbildung, Berufsfort- und -weiterbildung etc., um die Gesamttendenz einer Konzentration der bildungspolitischen Entscheidungen, ihrer formellen Vereinheitlichung und Verlagerung in Zentralinstanzen des Bundes wenigstens anzudeuten.

Die Inanspruchnahme einer generellen Bundeskompetenz in Sachen Hochschulpolitik und mindest einer Quasi-Kompetenz in Sachen Hochschulneugründungen wie der Bundeswehr-Universität weckt allerdings den Appetit. So ist nicht auszuschließen, daß in absehbarer Zeit noch andere Bundes-Sonder-Universitäten, für den öffentlichen Dienst und die Ausbildungserfordernisse seiner jeweiligen Laufbahnen beispielsweise, aus dem Boden ambitionierter Partikularinteressen sprießen werden. Bekanntlich gehen schon seit geraumer Zeit von der Hochschule für Verwaltungswissenschaften in Speyer Bestrebungen aus, den Anwärtern des gehobenen und höheren Verwaltungsdienstes eine bundeseinheitliche Ausbildung zuteil werden zu lassen. Gedacht ist dabei an die Umwandlung der verwaltungswissenschaftlichen Spezial-Hochschule in eine Sonder-Universität für die Belange des gesamten öffentlichen Dienstes. Zu erwähnen wäre in diesem Zusammenhang auch die neue Bundes-Richterakademie in Trier.

Bedürfnisse, die eine Zentralisation der Bildungskompetenzen zur gleichen Zeit gekoppelt wissen wollen mit einer Diversifikation der Ausbildungszwecke und -ziele, bestehen allenthalben, nicht zuletzt im privatwirtschaftlichen Sektor.[13a] Zu erinnern wäre etwa an das Wissenschaftszentrum Berlin, das wegen seiner separierenden, als elitär verketzerten Forschungs- und Ausbildungsintentionen vor einiger Zeit noch im Mittelpunkt hochschulpolitischer Auseinandersetzungen stand, vor allem deshalb, weil eindeutige Wirtschaftsinteressen (BDI/BDA) hinter dieser Neugründung des Bundes vermutet wurden.[14]

Andererseits müßte das Terrain für Hochschul-Neugründungen nicht notwendigerweise, d.h. auch nicht kampflos und ohne Alternative, den „rechten" Kräften in dieser Gesellschaft überlassen werden, obwohl sie wahrscheinlich das mächtigere Potential darstellen. In politischer Langzeitperspektive wäre es daher nicht minder opportun, die hochschulpolitische Landschaft der Bundesrepublik etwa durch „linke" Neugründungen zu bereichern und im Sinne einer pluralistischen Diversifikation allmählich zu verändern. Warum sollten nicht auch die Gewerkschaften beispielsweise ihre Bildungskonzepte bewußter aufeinander abstimmen, die ihnen zur Verfügung stehenden Ausbildungseinrichtungen zusammenfassen und auf eine gewerkschaftseigene Hochschulneugründung hinarbeiten? Die Kirchen in der Bundesrepublik haben bereits ähnliche Ambitionen an den Tag gelegt. Sie könnten allerdings auf eine für ihre Zwecke weitaus günstigere Infrastruktur zurückgreifen.

Die Frage, die sich in diesem Zusammenhang stellt, ist die, ob durch die Schaffung von öffentlich-rechtlichen oder (in deren Nachfolge) privaten bzw. nichtstaatlichen Sonder-Hochschulen der Charakter der Universität als der allgemeinen „höheren" Bildungsanstalt der Nation nicht irreparablen Schaden leidet, wenn nicht gar zerstört wird. Die bundeswehreigenen „Privat"-Hochschulen haben jedenfalls eine Bresche in diesen Damm geschlagen.[15]

Zu 3.

Es ist bereits mehrmals angeklungen, daß die Ausbildungsreform im Bereich Bundeswehr als konkurrierendes Anreizsystem mit spezifischen Gratifikationen, vor allem wenn diese sich „normativ" aufladen, d.h. affektiv besetzt werden, durchaus die

13a So verfolgt seit etwa 1973 die CDU in Rheinland-Pfalz die Idee einer großen deutschen Stiftungs-Universität unter Beteiligung von Wirtschaft, Kirchen, Gewerkschaften und anderen Gruppen.

Das in diesem Bundesland geltende Hochschulrecht begünstigt offenbar in besonderer Weise Initiativen einer freien Hochschul-Trägerschaft, so daß neuerdings der Hartmannbund der deutschen Ärzte sich veranlaßt sah, für sein Projekt einer „Freien Medizinischen Hochschule" mit vorwiegend praxisnaher Ausbildung die Stadt Koblenz als Standort bevorzugt ins Auge zu fassen. (Vgl. *Die Welt* vom 19.7.1976.)

14 Vgl. „Die GmbH-Universität für die Mandarine der Zukunft. Zum Wissenschaftszentrum Berlin GmbH", in: Joachim *Hirsch*/Stephan *Leibfried*: Materialien zur Wissenschafts- und Bildungspolitik, Frankfurt/M. 1971.

15 Inwieweit der zwischen dem BMVg und der Hansestadt Hamburg geschlossene Staatsvertrag, wonach der Hamburger Zweig der Bundeswehr-Hochschule eines Tages in die Gesamthochschule Hamburg integriert werden soll, diesen Dammbruch wieder zu flicken vermag, muß vorerst dahingestellt bleiben, weil und solange eine Hamburger Gesamthochschule selber noch Zukunftsmusik ist. Für die Teiluniversität der Bundeswehr in München zeichnet sich infolge der bayerischen Sonderbedingungen ohnehin eine weitaus konservativere Entwicklung ab. Zu diesem Ergebnis jedenfalls kommt Peter *Nahamowitz*: „Militärische Systemstruktur und ‚erziehungs- und gesellschaftswissenschaftlich dimensionierte' Hochschulausbildung für Offiziere", in: *AG Anleit-Studium* (Hg.), a.a.O., vgl. Anm. [3], S. 134 ff.

Absicht verfolgt, über die Qualifikationsanhebung hinaus Identifikation mit der Bundeswehr als solcher zu stiften. Es könnte sich dabei (a) um eine geduldete, (b) um eine bereitwillig erbrachte Identifikation handeln; sie könnte aber auch (c) in eine Über-Identifikation umschlagen. Um so wichtiger ist es, derartigen irrationalen Tendenzen im Wissenschaftssektor selbst gegenzusteuern, vor allem in der konzeptionellen Zielorientierung der Hochschulcurricula sowie ihrer Implementierung in der Phase ihrer Erprobung und Revision. Nicht alle Hochschulsektoren haben mit einem derart eindeutigen Kontrapunkt zu rechnen. Gegen erzwungene bzw. erwartete Identifikationen mit irgendwelchen Sozialsystemen und ihren geltenden Normen wirken am ehesten die Prinzipien wissenschaftlicher Rationalität als Gegengift. Gegensteuerung ist möglich im Wege wissenschaftlicher Problematisierung, mit Hilfe von Kritik auf der Basis breiter Information, die in eine funktionale Verortung der infrage stehenden Systemzusammenhänge überleitet, etc.

Dennoch sollten die Möglichkeiten einer Gegensteuerung mittels wissenschaftlicher Rationalitätskriterien und eines kritischen Bewußtseins von Wissenschaft als gesellschaftlicher Produktivkraft angesichts der funktionalen Ausbildungsnotwendigkeiten nicht überschätzt werden. Dies vor allem nicht innerhalb eines Systems, das weniger auf die Parallelität von via Ausbildung zu internalisierenden Normen und eigener Wertstruktur angewiesen ist als vielmehr auf die Entsprechung der via Ausbildung zu vermittelnden Qualifikationen zu seiner eigenen Leistungs- und Funktionsstruktur. Zudem ist mit jener konkretistischen Grundeinstellung der Auszubildenden zu rechnen, die, mittels vielfältiger Systeme materieller Anreize in ihnen verinnerlicht, mit eben deren Hilfe primär das individuelle Fortkommen im Auge hat. Infolgedessen dürfte es von der Disposition der (Offiziers-)Studenten her gesehen ziemlich unrealistisch sein, etwa von der Voraussetzung auszugehen, die Fähigkeit zu selbstkritischem Lernen und solidarisch-partizipatorischem Verhalten auf Grund eines politischen (Vor-)Verständnisses des Hochschulbereichs sowie der eigenen Stellung in ihm sei eo ipso schon gegeben. Um so größere Bedeutung kommt der curricularen Zielorientierung „Partizipation als Lernziel"[16] zu. Wenigstens auf der Ebene kognitiver und emotionaler Distanzierung vermag sie latenten Militarisierungstendenzen entgegenzuwirken.

Auf der Ebene der Systemsteuerung jedoch sind kaum noch Handlungsmöglichkeiten gegeben. In der Tat besteht die Gefahr binnengesellschaftlicher Militarisierung in einem weiteren Sinne darin, daß „der internationale Rüstungsstand alle beteiligten Staaten in das *Dilemma* (zwingt), wenn sie internationale Katastrophen, die sich nicht in friedlich-schiedlicher Konfliktaustragung regeln lassen, vermeiden bzw. ihnen entgehen wollen, professionalisierte und hochtechnisierte Rüstungs- und Militärapparate aufzubauen, die in einer Art self-fulfilling-prophecy erst die Gewaltsamkeit, die sie nach außen bändigen sollen, binnengesellschaftlich institutionalisieren und dadurch potenzieren".[17]

---

16 So lautet der Titel der von der AG Anleit-Studium herausgegebenen Aufsatzsammlung. Dort werden auch die Intentionen eines partizipatorisch verstandenen Studiums an Bundeswehr-Hochschulen entwickelt. Vgl. dazu die Anm. [3].

17 Otwin *Massing*: Zur Konditionierung ..., a.a.O. (s. Anm. 1), S. 189.

Darüber hinaus zeichnen sich die Konturen eines sozialpsychologischen Militarismus (im engeren Sinne) ab. Er entwickelt sich aus dem Potential, daß diejenigen, die über Jahre hinweg vom Militär sozialisiert wurden, die ihnen dort vermittelten Verhaltensweisen und Denkstrukturen in ihr ziviles Berufsleben übertragen. Erfahrungen mit „Wiedereinbürgerungsversuchen", zuletzt mit Heimkehrern aus dem Vietnam-Krieg, haben die Schwierigkeiten unter Beweis gestellt, die für Menschen bestehen, die jahrelang kriegerischen Sozialerfahrungen ausgesetzt waren und von heute auf morgen ins zivile Leben rücksozialisiert werden sollen. „Aggressivität als gesellschaftlich geduldete soziale Basis-Norm des Krieges läßt sich nicht über Nacht, d.h. friktionslos, in friedliche, zivile Verhaltensweisen transponieren."[18]

Darüber hinaus dürfte für viele die Tätigkeit in einer militärischen Großorganisation von nicht geringer Attraktivität sein, und zwar nicht nur der materiellen Privilegien wegen, die sie zu bieten hat. Vielmehr ist zu befürchten, daß die in der Institution Bundeswehr verankerte spezifische Selektivität, zudem verstärkt durch das Anreizsystem „Ausbildungsreform" an bundeswehreigenen Hochschulen, jenen spezifischen Typus des studierenden Offiziers „anziehen" wird, dessen psychische Dispositionen als bestimmte Basis-Persönlichkeit mit bestimmten Systemstrukturen am ehesten in Übereinstimmung zu bringen ist. Wettgemacht werden könnte diese negative Selektivität der Institution Bundeswehr wahrscheinlich nicht einmal dadurch, daß sie dem Typus des bislang unterprivilegierten „sozialen Aufsteigers", der aus der Unterschicht stammt, die Chance eröffnet – wenn er denn überhaupt höhere Schulbildung genossen haben sollte –, im Wege einer qualifizierten Ausbildung im Subsystem Bundeswehr und mit Hilfe der von diesem darüber hinaus zur Verfügung gestellten sozialen Vergünstigungen seine Karriere zu machen. Eher sind von solcherart sozialen „Belohnungen", wenn sie Unterschichtangehörigen zuteil werden, Subordinationsbereitschaft und überangepaßtes Verhalten zu erwarten. Auch der bislang unterprivilegierte amerikanische Neger bezahlte erfahrungsgemäß seine höhere Chance, die Leiter des sozialen Erfolges zu erklimmen, wenn er sich beim Militär verdingte, speziell in der „Army", in der Regel mit dem Preis einer Über-Identifikation mit dem „American way of life".

Die Gefahr eines sozialpsychologischen Militarismus im Wege der Übertragung von Verhaltensweisen und Denkstrukturen ins Zivilleben wird für die Bundesrepublik jedoch in einer weitaus spezifischeren, sozusagen politischeren Weise virulent. Tatsächlich sind die Bildungsplaner der Bundeswehr davon ausgegangen, daß zivile Tätigkeiten und militärische Verwendung mehr und mehr einander sich anähneln.

> „Nach Auffassung der Kommission besteht ein enger Zusammenhang zwischen den verschiedenen militärischen und zivilen Tätigkeitsbereichen, der entsprechende Lösungen auch im zivilen Bereich der Bundeswehr erfordert." (Gutachten, Ziff. 4, S. 14).

Bereits im Weißbuch 1970 wird unter der Ziffer 122 festgestellt:

> „Nach dem Abgehen vom einheitlichen Berufsbild des Soldaten mit großer „Verwendungsbreite" öffnet sich die Bundeswehr bewußt der inneren Dynamik der Industriegesellschaft, deren Merkmale Spezialisierung und berufliche Mobilität sind. In Zukunft wird auch in der

18 Ebd., S. 190.

> Bundeswehr ein mehrfacher Berufswechsel – genauer: ein fachbezogener Verwendungswechsel – die Regel sein. Ein ständiger Austausch von Fachkräften zwischen Bundeswehr, Wirtschaft und öffentlichem Dienst wird, wenn die Soldaten den Berufsförderungsdienst der Bundeswehr voll ausschöpfen, zu einer weiteren Verzahnung des militärischen Bereichs mit dem zivilen führen." (S. 99)

Die damit dekretierte Durchlässigkeit der verschiedenen gesellschaftlichen und militärischen Teilbereiche (individualethisch als Fähigkeit zur Mobilität glorifiziert) läßt die Vermutung keineswegs abwegig erscheinen, zwischen ihnen sollten sich militärische Seilschaften, sog. Flaschenzüge bilden, die es der politischen Führung erleichtern, die internen und externen Steuerungsmechanismen und -instrumente effektiv zu handhaben. Noch deutlicher wird der Zusammenhang, wenn davon die Rede ist, einerseits die Verwaltung mit entsprechend ausgebildeten Soldaten auf Zeit zu durchsetzen, andererseits zwischen Bundeswehr und Wirtschaft zwecks Aus- und Fortbildung von Soldaten, Beamten und Angestellten, insbesondere im Rüstungsbereich, sozusagen im Rotationsverfahren einen gezielten Austausch vorzunehmen (eine Art „Blut"-, Gedanken-, Ideologie- und Sozialisationstausch).[19]

Im Hinblick auf derartige (manipulierte) „Erfordernisse" glaubte die Bildungskommission beim BMVg offensichtlich, ihren Auftrag extensiv auslegen zu dürfen. Sie regte infolgedessen, sogar ausdrücklich „außerhalb ihres Auftrages", an:

> „Verstärkung der Möglichkeiten des Austausches zwischen Bundeswehr und Wirtschaft zur Aus- und Fortbildung von Soldaten, Beamten und Angestellten im Rüstungsbereich" und „Verstärkte Nachwuchsgewinnung für die Bundeswehrverwaltung aus entsprechend ausgebildeten Soldaten auf Zeit". (Gutachten, Ziff. 4, S. 14)

Außerdem schlägt sie vor:

> „Offizieren auf Zeit ist der Übergang in die Wirtschaft zu erleichtern, indem ihnen die Ausbildung an Einrichtungen der Wirtschaft für deren Führungskräfte ermöglicht wird. Solche Ausbildungsgänge können auch innerhalb der Firmen stattfinden" (Gutachten, Ziff. 71, S. 59).

Daß dieser Austausch funktioniert, dafür ist allerdings vorgesorgt: die Führungslehren des Harzburger-Modells gehen von der Prämisse aus, das Funktionieren der privatkapitalistischen Wirtschaft sei ohnehin formal identisch mit dem der staatlichen Großorganisationen, speziell des Militärs.[20]

---

19 Damit stellt die Bundeswehr, soweit ich sehe, das bisher einzige gesellschaftliche Subsystem dar, dem es gelungen ist, unterhalb der Schwelle, von der ab sie de facto in eine Berufsarmee aus höheren (und höchsten) Dienstchargen, die ihr die Identität und Kontinuität gleichzeitig sichern, übergeht, die organisatorischen Voraussetzungen für eine systematische Rotation des qualifizierten Funktionspersonals der mittleren Funktionsebene zu schaffen. Kaum auszudenken, welche Folgen die Übertragung dieses Zirkulationsmodells auf andere Bereiche des öffentlichen Dienstes dort hätte!

Dennoch ist es aufschlußreich, daß sich die (zivile) Bundeswehrverwaltung mit Erfolg dagegen gewehrt hat, ihre Funktionen und Tätigkeitsbereiche den Bundeswehrhochschulabsolventen der Fachrichtung „Organisations- und Verwaltungswissenschaft" wie selbstverständlich zu öffnen bzw. quasi-automatisch zugänglich zu machen. (Man vergleiche dazu die ursprüngliche, vom WInstEBSK vorgelegte, und die vom BMVg schließlich genehmigte Fassung des einschlägigen Curriculums!) Diese „Verweigerungshaltung" den bundeswehreigenen Absolventen gegenüber wurde allerdings mit dem (standespolitischen) Argument begründet und legitimiert, im Bereich der Bundeswehrverwaltung müsse das Juristenmonopol erhalten bleiben. (Den Hinweis verdanke ich Herrn Dr. *Radbruch* vom BMVg.)

20 Vgl. dazu meinen Aufsatz „Öffentliche Verwaltung und kapitalistischer Staat",(in: *Politische Soziologie*, a.a.O., S. 139–162, der gegen die Behauptung vorrangig formaler Identitäten im Verwaltungsgeschehen deren politische Implikationen besonders hervorkehrt.

Dennoch sollte nicht vergessen werden, daß, sobald die Möglichkeit einer sinnvollen zivilen Anschlußverwendung von Soldaten resp. Offizieren auf Zeit ins Auge gefaßt wird bzw. Überlegungen angestellt werden, wie der Ausbildungssektor im Bereich Bundeswehr als Appendix des allgemeinen zivilen Ausbildungssystems zu organisieren sei, darin eine politische Langzeitstrategie sich ausdrückt, die die gesellschaftliche Isolierung der Streitkräfte aufheben, diese einer effizienteren politischen Kontrolle unterwerfen und sie auf diese Weise „vergesellschaften" will.

Solange die Bundesrepublik auf eine Berufsarmee verzichtet, die zudem höhere Kosten verursachen würde als die jetzige Wehrpflichtarmee, läßt sich die systemimmanent notwendige Fluktuation zwischen „Militär" und „Gesellschaft" als Risikofaktor wenigstens politisch kalkulieren, d.h. administrativ unter Kontrolle halten, erst recht, wenn die damit verbundenen Gefahren einer latenten Militarisierung gesehen und durch Gegenstrategien einer expliziten Vergesellschaftung des Militärs konterkariert werden.[21] Da die Ausbildungsreform in den Streitkräften via Studium an Bundeswehr-Hochschulen Teil dieser Strategie ist, sollte sie entsprechend genutzt werden.

Die Abschaffung der (prestigearmen) Wehrpflichtarmee der ständigen Instabilität ihrer Personallage wegen und ihre Ersetzung durch eine „stabile", prestigesichere Berufsarmee wäre politisch m.E. die schlechtere Alternative.

---

21 Tatsächlich läßt sich ein gewisser drohender Unterton, der zugunsten einer in jeder Hinsicht „stabileren" Berufsarmee zu plädieren scheint, im Gutachten der Bildungskommission beim BMVg nicht überhören. Zu vernehmen ist er vornehmlich in der Kritik am bisherigen Ausbildungssystem der Bundeswehr, ihrer Ausbildungsförderungswerke usw. (Vgl. Gutachten, S. 21 f.).

4. Anhang:

Materialien zu einer Synopse hochschulpolitischer, curricularer, didaktischer und organisatorischer Strukturelemente anläßlich „technokratischer" Hochschulreformen

Bundeswehr-Hochschulbereich	Hochschulrahmengesetz (Entwurf v. 29. 6. 73)
(1) „Reform(en) von oben"	(1) dto.
(2) 3 Jahre (= 9 Trimester) Studium	(2) Regelstudienzeit („für den jeweiligen Studiengang angemessene Studienzeit" (= Regel –) : § 10 (4), 3) — 3 Jahre (1. Abschluß) § 11, 2; 4 Jahre Beruf

↓ → Assistenzprof.: 6 Jahre (§ 49, 2)

↓ Straffung/Rationalisierung

Verschulung (vgl. Tutoren: § 59, 2, Satz 2)

[curriculare Gegengewichte ≡ curriculare Gegengewichte (– Reform)]

(3) curriculare Anleitung: Transparenz/Orientierung	(3) Studienreformkommissionen (§§ 9, 10) ↘
+) Gruppenarbeit	Hochschuldidaktische Zentren (§ 10, 9)
+) projektorientiert	
+) interdisziplinär }	
+) Evaluation } →	Verpflichtung z. Hochschulreform (§ 2, 6)
+) Revision }	
+) Konsekutivprüfungen	§ 16 + vorgezogene Prüfungen (§ 18, 1)
+) Studienberatung	§ 15
+) Hochschuldidaktik	§ 10, 9 = HDZ
+) Lehrprogramme	§§ 4, 4 und 5
+) Praktika ≡	§ 11, 1
+) Studienordnungen	§ 12, 1
+) Lehrangebot ‚rationalisiert'	§ 13

Bundeswehr-Hochschulbereich	Hochschulrahmengesetz (v. 29. 6. 1973)
(4) praxis- / berufs- } bezogen (= verwendungsorientiert)	(4) ähnlich ≈ berufspraktische Orientierung § 2, 1, Satz 2
	§ 4, 3 < Wissenschaft / Praxis } methodenorientiert
→ Methodenkenntnisse	§ 8 (!)
↓ Weiterbildung (Ziff. 50 u. 53 des Gutachtens)	§ 22 (neu!)
(5) Entprivilegierung (Ziff. 53)	(5) § 22 („Bewerber ohne Hochschulabschluß"): Berufsabschlüsse
[+ Egalisierung („Bewährung im Dienst", = Ziff. 38)	
(6) Durchlässigkeit	(6) Gesamthochschule als Regelfall: §§ 4 u. 5
↓ + Aufstieg (Ziff. 38)	
Ausbildungspaß: Ziff. 40 ≡	→ „Anrechnung": § 4, 2
(7) Fortbildungsstufe C + D	(7) Aufbaustudiengänge (Post-Graduierte): § 11, 4
einschließlich Konsekutivstudium (Ziff. 50)	

≈ [Zwei-Klassen-System] ≈

(8) Rahmencurricula	(8) Musterstudien- und -prüfungsordnungen (§ 10, 5)
(9) Fernstudium (Ziff. 71, 3)	(9) dto.: §§ 14; 21, 3
(10) Studienhonorar	(10) [Sozialförderung (§ 2, 4) / Honnef-Modell usw.
(11) „Seiteneinsteiger" (Ziff. 37)	(11) § 21, 1 } Externe (§ 21,2)
(12) „Sonderhochschulen" (Bundes- ....)	(12) „staatlich anerkannte ....": §§ 1; 74
↓ reduziertes Angebot (= bedarfsorientiert)	≠ Staatsmonopol → Pluralität
←	„Mitwirkung": § 74 (1), 5

≈ [Kooperation (§ 6)] ≈

Bundeswehr-Hochschulbereich	Hochschulrahmengesetz (v. 29. 6. 1973)
(13) Kosten-Nutzen- Relation (40 : 60) = bedarfsorientiert ↓ reduziertes Angebot NC: nur de facto: Studienberatung = Personalsteuerung (Ziff. 39) + (Plankorrekturen (Ziff. 23)	(13) NC!! (§§ 28, 4; 30) → Kapazitätsauslastung (§ 29, 2) → Hochschulentwicklungs-/Ausstattungs-pläne (§§ 70–73)
(14) „Bedarf" des Subsystems Bundeswehr → Universität = gesellschaftliche Institution (Sozial-Investition)	(14) Vgl. § 3,1
(15) reduzierte Forschung (Forschungsdefizite) keine Promotion; kein wiss. Nachwuchs; kein internationaler Austausch ..... → Lehr(Ausbildungs-) Anstalt	(15) → forschungsintensiv (§§ 2; 3, (2), 2 +) Forschungsschwerpunkte +) Forschungsvorhaben +) Forschungsbetrieb
(16) Aporien: Freiheit der Lehre versus curriculare Planung +) Inhalte +) Methodik +) wiss. Lehrmeinungen ↓ Nachfrageseite: Studienordnungen (§ 12)!	(16) dto. → curriculare Planung § 3, 3 → Lehrdeputate: §§ 13, 2 und 46, 3 Lehrangebot: § 46, 2 S. 2 Prüfungen, Studienreform, -beratung (§ 46, 1)

≡ { [freie Wahl der Veranstaltungen (§ 3, 4)]
[Stoffauswahl (§ 12, 2)]
[Quantität des Lehrangebotes] } ≡

Bundeswehr-Hochschulbereich	Hochschulrahmengesetz (v. 29. 6. 1973)
(17) Selbstverwaltungsorgane	(17) Hochschule / \ Studentenschaft (§ 44) — „Rechte und Pflichten aller Mitglieder (§ 40, 1)
(vgl. Vorläufige Rahmenbestimmungen hinsichtlich Organisation und Struktur: für Hamburg vom 21. 11. 1972	→ Mitwirkung der Studenten (§ 18, 3) → ohne Nachteile für das Tätigwerden in Organisationen (§ 18, 2 Satz 4)
... des Gründungsausschusses der BW-Hochschule Hamburg vom 14. 5. 1973	→ Forschung aller „unmittelbar Mitarbeitenden“ (!) (§ 25)
(18) keine Freizügigkeit, sondern Kasernierung	(18) volle Freizügigkeit (§ 9, 4)
(19) politische Betätigung: „im Rahmen des geltenden Rechts“: Studium = Dienst (vgl. Soldaten-Gesetz, § 15) kein Disziplinarrecht im Studium	(19) vgl. § 44

Volker Möhle / Christian Rabe

Entwicklungstendenzen im zivilen und militärisch-verfaßten Hochschulbereich – oder: Bringen die Bundeswehrhochschulen die Hochschulreform voran?

I. Zum Problemfall Bundeswehrhochschule – Einleitendes zur Relativierung

Der Themenbereich „Bundeswehrhochschule" muß momentan als weniger ergiebig angesehen werden, als etwa vor einem Jahr. Die Gründe dafür liegen größtenteils in der Publikationspolitik, die in Sachen Bundeswehrhochschulen von ihrem Träger eingeschlagen wurde. Die bislang in der Diskussion aufgekommenen Verdachtsmomente, es handele sich hier um Sonderhochschulunternehmungen, die jeglicher Kontrolle und Öffentlichkeit entzogen im closed shop der Militäradministration installiert werden, haben ihren realen Gehalt durchaus dadurch erhalten, daß die wesentlichen Dokumente zu diesen Hochschulen nur auf Umwegen in die öffentliche und Hochschuldiskussion gelangt sind. Erst im Herbst 1974 – und damit reichlich verspätet – sind nun einige Materialien erschienen, deren Auswertung zur genauen Analyse der Hochschulen Minimalvoraussetzung ist.[1] Die Materialbasis ist insgesamt recht schmal. – Wir machen daher den Versuch, informativ darstellend vorzugehen. In einer weiterreichenden Arbeit ist es bei diesem Thema unerläßlich, tieferen Einblick in die internen Vorgänge der beiden Bundeswehrhochschulen zu nehmen. Aber bereits bei der Nachfrage nach Protokollen der Selbstverwaltungsorgane lag offenkundig die Öffentlichkeitsschwelle zu hoch.

1. Entwicklungstendenzen im Hochschulbereich

Kernprobleme in der Auseinandersetzung innerhalb der Universitäten und zwischen Universitäten und Kultusbürokratie sind die Bereiche Studienreform, Mitbestimmung und Personalstruktur (wenngleich für die Öffentlichkeit, wie sich anhand von Presseauswertungen leicht nachweisen läßt, der Streit sich auf studentische Allmachtsforderungen reduzierte). Die drei genannten Bereiche sind eng aufeinander bezogen und voneinander abhängig, so daß unbefriedigende Lösungsmodelle in einem der Bereiche die Umstrukturierung in den anderen unmöglich machen können.

1 Hierzu gehört: Th. *Ellwein* / A. v. *Müller* / H. *Plander* (Hg.), Hochschule der Bundeswehr zwischen Ausbildungsgedanken und Hochschulreform, Opladen 1974; H. *Dillhofer* u.a., Wirtschafts- und Organisationswissenschaften – Curriculum für die Hochschule der Bundeswehr, Opladen 1974; Th. *Ellwein* / H. *Huber* / R. *Zoll*, Zur politischen Praxis der Wissenschaft – Entwicklung der Curricula für die Hochschulen der Bundeswehr (Arbeitstitel), Opladen 1975 (i. E.)

Im Bereich *Studienreform* geht es u.a. darum, daß – wie z.B. die GEW fordert[2] – alle Studiengänge eine umfassende Ausbildung gewährleisten, die zu langfristig verwertbaren Qualifikationen führt und somit nicht nur auf Vermittlung spezialisierter, hierarchisch bewerteter Berufsfertigkeiten eingeengt ist; es geht ferner darum, daß in allen Studiengängen die konstitutiven Bedingungen der jeweiligen Wissenschaft und Berufspraxis, ihre Abhängigkeit von Verwertungsbedingungen und Herrschaftszusammenhängen[3] sowie ihre Bedeutung für die Realisierung der Interessen der Arbeitnehmer zum Gegenstand gemacht werden; und schließlich geht es darum, daß Ausbildung und Prüfungen so gestaltet sind, daß solidarisches Verhalten gefördert und Konkurrenzverhalten abgebaut wird. – Dem steht die Konzeption einer „Entrümpelung" (Dohnanyi) von Studiengängen mit dem Ziel gegenüber, sie einer zum Zweck der Kapazitätserhöhung vorab bestimmten Höchststudiendauer anzupassen; die Differenzierung in Langstudiengänge für „Rezeptmacher" und Kurzstudiengänge für „Anwender" und die Einpassung in einen studienbegleitenden permanenten Prüfungszwang mit Ausschlußdrohung. Bei dieser Position wird von der Prämisse ausgegangen, daß „die Hochschulen" von sich aus zur Reform unfähig und nur unter Zeitdruck und Mitwirkung staatlicher Instanzen bereit seien, auch tatsächlich die Studiengänge inhaltlich umzustrukturieren – einer Prämisse, die in ihrer Pauschalität unhaltbar ist und die tatsächlichen Zusammenhänge ignoriert.

Die *Mitbestimmungsforderung*, die durch den Streit um Paritätenschlüssel eher vernebelt als erhellt wird, ist aus der Einsicht erwachsen, daß Reformen des Lehrens und Lernens ohne sie offensichtlich verweigert und systematisch verschleppt wurden – die Institutssatzungen der Jahre 1968/69 auf z.T. drittelparitätischer Basis lassen sich durchweg auf unerfüllte Studienreformforderungen zurückführen. – Während hier die eine Position die gleichberechtigte Mitwirkung und Mitbestimmung aller Hochschulangehörigen fordert, nämlich der Hochschulangehörigen mit Lehraufgaben, der Hochschulangehörigen ohne Lehraufgaben und der Studierenden[4], meinen die Vertreter der anderen Positionen, Sachkenntnis im wesentlichen auf Formalqualifikation und Status beziehen zu können und die Beteiligung der großen Mehrzahl der Betroffenen verweigern zu müssen.

Die Reform der *Lehrkörperstruktur* geht von der Tatsache aus, daß der überwiegende Teil der Lehr- und Forschungsaufgaben durch Angehörige des Mittelbaus getragen wird, diesen aber bislang die Gleichberechtigung gegenüber der Professorenschaft vorenthalten blieb. Weisungsgebundenheit und persönliche Abhängigkeit von einem Professor schienen nicht mehr der ausgeübten Tätigkeit adäquat, die häufig die gleiche war und ist wie die des „übergeordneten Ordinarius".

Die Reaktionen der Betroffenen, d.h. der Studierenden und von Teilen des Mittelbaus einerseits, und von den sich herausgefordert fühlenden, vornehmlich Professoren, andererseits, war dazu geeignet, die angesprochenen Themen aus ihrer

---

2 Antrag Nr. 125 an die Bundesvertreterversammlung der GEW in Mainz 1974; in: *Erziehung und Wissenschaft*, September 1974

3 Zum Wissenschaftsverständnis der Studentenbewegung vgl.: Jürgen *Klüver* / F. O. *Wolf* (Hg.) Wissenschaftskritik und sozialistische Praxis, Frankfurt 1973.

4 Forderungen des *Deutschen Gewerkschaftsbundes* zur Hochschulreform (= 23 Thesen), Düsseldorf, Mai 1973, These 17, S. 11

akademischen Isolierung zu befreien und trug mit dazu bei, ständig wachsenden Studentenzahlen zu verdeutlichen, daß ihre Studienprobleme nicht individuelle, sondern vermittelt gesellschaftliche waren.

Die Studentenbewegung, die sich aus dieser Einsicht entwickelte, führte mit wachsender Eskalation der Auseinandersetzungen zu immer stärkerem Druck und beschleunigte[5] die von Bildungsreformern – aus unterschiedlichen Begründungszusammenhängen – geforderte und bereits in Angriff genommene Neuordnung des Tertiärbereichs durch Verabschiedung von Hochschul-Gesetzesnovellen in allen Bundesländern. Die Dysfunktionalität der alten Ordniarienuniversität, ihres politischen Selbstverständnisses und ihrer Verfaßtheit schien Kritikern nahezu aller Couleur offenkundig.

Das Zusammentreffen von funktional-technokratischen Reformbestrebungen (Effektivierung durch Einführung neuer Teilstrukturen und rationeller Entscheidungsgänge) und von Forderungen der Studentenbewegung (kritische Reflexion von wissenschaftlicher Ausbildung und Praxis auf die Gesellschaft) hatte zur Folge, daß sich in allen Landesgesetzen dieser ersten Novellierungsphase in der Regel deutliche Verbesserungen für Mitwirkung und Mitbestimmung der Gruppe der Studenten und des Mittelbaus ergaben. Für eine qualifizierte Studienreform schienen so günstige Voraussetzungen geschaffen.

Die Eile, mit der diese Gesetze jedoch verabschiedet wurden, zeigte ihre Funktion als Instrumente der Pazifizierung und Integration. Die Bemerkungen des Bundeswissenschaftsministers Leussink im Jahresbericht der Bundesregierung 1970 scheinen auf diesem Hintergrund wie Hohn: „Politik in Bildung und Wirtschaft ist ihrer Natur nach langfristig ... Kurzatmige Hektik bringt mehr Schaden als Nutzen."[6] Erreicht wurde durch die eilige Verabschiedung zahlreicher Landeshochschulgesetze dreierlei:

1. Das Reformpotential aller Gruppen wurde in Gremienarbeit absorbiert und teilweise verschlissen, die Befriedungsstrategie war also teilweise erfolgreich.
2. Die Bundesländer hatten sich untereinander in dem Bemühen, möglichst schnell steuernd in die Universitätsentwicklung einzugreifen, kaum in Einzelregelungen abgesprochen – die ersten Ansätze einer bundeseinheitlichen Rahmengesetzgebung unter Minister Leussink standen mithin unter dem negativen Vorzeichen dieser kulturföderalistischen Alleingänge.
3. Die Notwendigkeit einer Novellierung der übereilt verabschiedeten Landes-Hochschulgesetze zeichnete sich teilweise bereits vor der Verabschiedung ab – zum einen waren die betroffenen Gruppen in den Hochschulen kaum adäquat beteiligt bzw. ihre Vorschläge berücksichtigt worden[7] (was aber auch für die außeruniversitären und parlamentarischen Gruppen zutraf), zum anderen war in der

---

5 E. *Kanzow* und K. H. *Roth*, Unwissen als Ohnmacht, Berlin o.J. (1970), S. 289 ff; ferner R. *Hickel*, Zur politische Ökonomie der Gesamthochschule, in: studentische Politik Nr. 7, 1970, S. 11 ff

6 H. *Leussink*, Beharrlichkeit und Konsequenz, in: Jahresbericht der Bundesregierung 1970, hrsg. vom Presse- und Informationsamt der Bundesregierung, Bonn 1970, S. 67 f.

7 Vgl. dazu exemplarisch das Gesetzgebungsverfahren in Baden-Württemberg – Dokumentation des Landesbezirks Baden-Württemberg des DGB, Stuttgart, März 1968, hier S. 54 f

Mehrzahl der Bestimmungen nur an Symptomen kuriert worden. Die inhaltliche Neuordnung der Studiengänge – Ausgangspunkt der Reform – blieb, von wenigen Ausnahmen abgesehen, ebenso ungelöst wie das Problem einer qualitativ neuen Lehrkörperstruktur, die Voraussetzung einer Studienreform sein mußte.[8]

Für die Verschärfung der hochschulpolitischen Situation waren jedoch nicht nur unzureichende und teilweise verfehlte gesetzgeberische Maßnahmen ausschlaggebend, sondern auch die Tatsache, daß der bisher mehr oder weniger kontinuierlich betriebene Ausbau vorhandener bzw. neuer Hochschul- und Forschungseinrichtungen ins Stocken geriet bzw. nicht mehr ausreichte, da

- geburtenstärkere Jahrgänge, zudem ermutigt durch Bildungskampagnen wie „Schick Dein Kind länger in die Schule", die Studentenzahlen überproportional wachsen ließen,
- finanzielle Restriktionen immer deutlicher wurden (im Gegensatz zu den optimistischen Annahmen der ersten Bildungsgesamtplan-Entwürfe),
- die Anforderungen an eine neue Struktur und veränderte Aufgabenstellung der Universitäten generell so umstritten waren, daß Hochschul-Neugründungen sich nicht nur verzögerten, sondern auch während des Planungszeitraumes für den Studienbetrieb nicht nutzbar gemacht werden konnten.

Diesen Tendenzen versuchten die Länder durch erneute Novellierung der Hochschulgesetze beizukommen, die der Tendenz nach die über technokratische Verbesserungen hinausgehenden Errungenschaften der ersten Phase der Gesetzgebung weitgehend wieder zurücknahmen, indem z.B.

- die verfaßte Studentenschaft abgeschafft wurde (Bayern),
- restriktive Prüfungsordnungen durchgesetzt wurden (Berlin und Hamburg),
- generell die Rechte von Nicht-Professoren beschnitten wurden,
- Disziplinierungsbestimmungen – Ordnungs- und Hausrecht – verschärft wurden.

Ziel der zweiten Phase der Landes-Hochschulgesetznovellierungen war es ganz offensichtlich, neben der weiteren Befriedung vor allem eine Kapazitätserweiterung der Universitäten zu erreichen. Gleichzeitig wurde durch das Numerus-Clausus-Urteil des Bundesverfassungsgerichts („NC liegt am Rande des verfassungsrechtlich Hinnehmbaren") die Notwendigkeit einer bundeseinheitlichen Regelung demonstriert. Die Bemühungen der Länder, bundesweit einen Minimalkonsensus zu erreichen, nahmen an diesem Urteil erneut ihren Ausgang. Der Abschluß des Staatsvertrages der Länder zum Zulassungswesen bildete den Anfang der sich seither immer stärker ausbreitenden Aufhebung des Prinzips der freien Studienplatzwahl. Wenige Monate vorher war zudem absehbar geworden, daß die Bildungsausgaben für die folgenden Monate in den Beratungsgremien der Bund-Länder-Kommission drastisch gekürzt würden. Der Kranz der landesweiten Aktivitäten schloß sich mit der Diskussionsvorlage der Kultusministerkonferenz vom Frühjahr 1973, einen Staatsvertrag zur Studienreform zu konzipieren. Hier gelangte man nicht wesentlich über das Entwurfsstadium hinaus.

---

8 Vgl. Jürgen *Habermas*, Protestbewegung, Frankfurt 1969, S. 271. Habermas bezeichnet hier z.B. das baden-württembergische Gesetz als „konventionelles Gesetz".

Die Diskussion des Hochschulrahmengesetzes blieb in der parlamentarischen Pattsituation des Sommers 1972 ein weiteres Mal stecken, jedoch wurde die Lehrkörper-Personalstruktur der Hochschulen, einer der wesentlichsten Punkte eines Hochschulrahmengesetzes, unter der fadenscheinigen Verpackung von „Besoldungsneuregelungs-Gesetzgebung" im Herbst 1972 über den Bundesrat in die Debatte gebracht, mit der Tendenz, einen besoldungstechnisch gestuften und machtmäßig hierarchisierten Lehrkörper beizubehalten.

Die Auseinandersetzungen um das Hochschulrahmengesetz gerieten schließlich im Sommer 1973 in eine neue Phase, allerdings nunmehr unter teilweise geänderten Bedingungen:

- Im Mai 1973 hatte das Bundesverfassungsgericht die Entscheidungsbefugnis der Professoren in Berufungs-, Forschungs- und Lehrfragen faktisch dem Stand der Ordinarien-Universität rückwärts wieder angepaßt;
- die Länderinitiativen bei den Fragen Hochschulzugang und Personalstruktur hatten einen Fakten- bzw. Diskussionsstand geschaffen, über den die Bundesregierung nicht hinauszugehen wagte;
- der jetzt vorgelegte Entwurf des Hochschulrahmengesetzes ist aufgrund darin enthaltener beamtenrechtlicher Regelungen zustimmungspflichtig, er muß also so gehalten sein, daß die CDU/CSU-Bundesratsmehrheit gewillt ist, ihn zu unterstützen.

Zusammenfassend läßt sich sagen, daß der HRG-Entwurf nur noch entfernt dem ähnelt, was in der ersten Landesgesetzgebungs-Phase abgesichert schien, daß nichtsdestoweniger die CDU/CSU ihre ablehnende Haltung beibehält.

Die Fragestellung nach den Entwicklungstendenzen im zivilen und militärisch verfaßten Hochschulbereich bedingte die skizzenartige Bestimmung der Prozesse im tertiären Ausbildungsbereich, wie sie in den letzten Jahren zu beobachten waren. Bevor im letzten Abschnitt des Aufsatzes darauf eingegangen werden kann, inwieweit die Bundeswehrhochschulen eher als Modell oder Sonderfall in der allgemeinen hochschulpolitischen Landschaft angesehen werden können, ist es nötig, einige Bindeglieder – vorwiegend exemplarisch – aufzunehmen.

Die Realisierung militäreigener Hochschulen in der Bundesrepublik ist nicht allein auf dem Hintergrund spezifischer Mangelerscheinungen des allgemeinen Hochschulwesens (etwa: fehlende Studienkapazitäten, schleppende Studienreform) zu diskutieren. Die akademische Ausbildung von Offizieren geht als Forderung zurück bis auf die ersten Tage der Remilitarisierung Westdeutschlands. Dieser Diskussionszusammenhang muß notwendig in das Thema Bundeswehrhochschulen einbezogen werden (Punkt 2). Hier ist auch aufzunehmen die Situtation, welche die entscheidungsrelevanten Teile der Militäradministration dazu veranlaßten, zur Gründung eigener Bundeswehrhochschulen überzugehen.

Wird das gesamte Thema unter hochschulpolitischen Aspekten betrachtet, so kommt den im zweiten Punkt nachgegangenen Tendenzen Stützungsfunktion für mögliche Auswirkungen auf den allgemeinen Stand der derzeitigen Hochschulpolitik zu: das historische Zusammengehen von wehrpolitischen Schwierigkeiten (besonders Personalmangel für den Offiziersbereich) mit massiven Staatseingriffen

(Rücknahme von bereits erlangten Mitbestimmungspositionen) in das allgemeine Hochschulwesen, mögen für viele Konservative hinreichendes Argument für ihren Weg zur verordneten hochschulpolitischen Friedhofsstille sein.

Anhand der Entstehungsphase (Punkt 3) läßt sich etwa demonstrieren wie weit öffentliche Transparenz und demokratische Kontrolle begleitende Akkorde bei der Etablierung der beiden militärischen Sonderhochschulen waren. – Ob dies sich später als Verstärkereffekt innerhalb des durch das Soldatengesetz abgesteckten binnenstrukturellen Aktionsrahmens in den Bundeswehrhochschulen auswirken wird, ist jetzt noch nicht abzusehen, muß aber als möglicher Faktor einbezogen werden. Studienreform, Personalstruktur und Mitbestimmung wurden oben als die relevanten Problembereiche der Hochschulentwicklung benannt. Zur Überprüfung der Frage nach der Modellhaftigkeit der Bundeswehrhochschulen wird deshalb (in Punkt 4 und 5) auf eines dieser Themen – nämlich Studienreform – näher eingegangen. Auf die Studienreform nicht zuletzt auch deshalb, weil die Ausbildungsgänge am ehesten auf Ideologieverdächtigkeit befragt werden können.

Abschließend wird versucht, einige Teilbereiche darauf zu überprüfen, ob sie überhaupt im bestehenden allgemeinen Hochschulbereich übernommen werden können. Die Beispiele zeigen, das kann vorweggenommen werden, daß eine bruchlose Übernahme von „Errungenschaften" der Bundeswehrhochschulen in den Universitäts- und Hochschulbetrieb nicht oder nur schwer möglich ist. Vielmehr wird darauf Bezug genommen werden müssen, daß mit Teilergebnissen und der Vorstellung eines ‚reibungslos funktionierenden Hochschulsystems' ein Anpassungsdruck auf die Hochschulen des Zivilbereichs erzeugt wird, der langfristig wirksam werden wird.

2. *Der Weg zum akademischen Offizier*

Die Diskussion um die „Akademisierung der Offiziersausbildung"[9] bis hin zu der Auseinandersetzung um bundeswehreigene Hochschulen setzte an bei den Kontroversen zu Beginn der Remilitarisierung und wurde zu Ausgang der 60er Jahre zu einem zentralen Punkt. Die Aktualität ergab sich daraus, daß es „um die Jahreswende 69/70 Waffengattungen des Heeres gab, die keinen einzigen aktiven Offiziersanwärter aufzuweisen wußten".[10] Insgesamt lag 1970 die Bewerberzahl „für Offiziersanwärter um rund 55 % niedriger als die Bedarfszahl. 1962 gab es dagegen nur 9 % weniger Bewerber als Sollstellen."[11] Kurzum, die Bundeswehr steckte in der „Krise der Personalstruktur", eine Misere, deren Entstehung Dietmar Schößler

9 Johannes Hampel, Vorwort, in: Hochschulen der Bundeswehr, Sonderheft 1/1973 der „Politischen Studien", München, S. 1

10 Dietmar *Schößler*, Streitkräftereform und politische Planung in der Bundesrepublik Deutschland, in: Hochschulen der Bundeswehr, Sonderheft 1/1973 der „Politischen Studien", München, S. 6

11 Elisabeth *Wienemann*, Die Bildungsoffensive der Armee, Soziologische Diplomarbeit, FU Berlin 1972, S. 18

bereits in der Gründungsphase der Bundeswehr verortet[12]; als Krisenmanager empfahlen sich dann unter Schmidts Führung Sozialdemokraten, die im Gegensatz zu ihren Vorgängern frei waren von einer „Mentalität und Qualifikation, dem vortechnisch-kameralistischen Organisationsrahmen gleichend"[13]. – Heilmittel und Wunderkur sollte eine völlige Umstrukturierung der Bildung und Ausbildung sein; im Bereich der Offiziersausbildung ging es darum, die Attraktivität der Laufbahn vor allem des Zeitoffiziers durch wissenschaftliche Ausbildung zu steigern in der Erkenntnis, daß der „Soldat auf Lebenszeit und auf Zeit ... so gestellt werden (muß), daß sein Beruf im Vergleich mit anderen Berufen unserer modernen Industriegesellschaft für einen hinlänglich großen Prozentsatz der heranwachsenden Generation sozial, materiell und geistig wieder attraktiv wird"[14]. Gleichzeitig sollte selbstverständlich der „Beruf und die verschiedenen Laufbahnmöglichkeiten so gestaltet werden, daß die den Streitkräften übertragenen Aufgaben zweckmäßig und wirksam ausgeführt werden können."[15]

In der bundeswehrinternen Diskussion lassen sich bereits seit der Remilitarisierung – so E. Wienemann[16] – und dem damit einhergehenden Aufbau der Bundeswehr in deren Offizierskorps zwei Gruppierungen festmachen, die – grob umschrieben – als einerseits „Reformer", andererseits „Traditionalisten" benannt werden können. Letztere beziehen sich stärker auf das Wertmuster des „soldatischen Berufsethos", während die „Reformer" in der militärischen Mitwirkung an der Friedenserhaltung ihren beruflichen Sinn und ihre Aufgabe sehen. (In einem Teilbereich der Diskussion läßt sich die Konfrontation festmachen an den Positionen des Soldatenberufes als Beruf „sui generis" (Karst, Schnez) gegenüber dem Soldatenberuf als „Job" (Leutnante 70).) – Beide Gruppierungen – die hier, wie gesagt, vergröbert dargestellt sind – lassen auch für die Ausbildung der Offiziere verschiedenartige Konzepte erkennen: legen die „Traditionalisten" auf eine Offiziersausbildung Wert, die den reinen Militärfachmann zum Ziel hat, so besteht die Forderung der „Reformer" in einer wissenschaftlichen Ausbildung der Offiziere. Sie fordern einen Wandel vom Offizierstypus herkömmlicher Prägung, taktisch operativ ausgerichtet, hin zum „military manager" (Janowitz), „der Organisation und Planung auf wissenschaftlicher Basis betreibt. ... Derartige Führungsfunktionen können ohne wissenschaftliches Studium nicht mehr effektiv ausgeführt werden."[17] Dieser Wandel des Offizierstypus und darüber hinaus des Soldatentypus allgemein hat sich teilweise bereits vollzogen; diese Einschätzung wird belegt mit der Tendenz einer Angleichung der Tätigkeiten im Zivil- und Militärbereich. Diese These wird beispielsweise dadurch unterstützt, daß

> „bereits 1964 ... die ‚Wehrpolitische Information' ein Verhältnis von 29 % Kampfsoldaten zu 71 % Uniformierter in Funktionen (nannte), die ca. 250 verschiedenen Zivilberufen ent-

12 Dietmar *Schößler*, a.a.O. (s. Anm. 10) S. 6
13 Vgl. Dietmar *Schößler*, a.a.O. (s. Anm. 10) S. 5 f.
14 Weißbuch 1970, S. 49, Zif. 76
15 Ebd.
16 Vgl. Elisabeth *Wienemann*, a.a.O. (s. Anm. 11) S. 10 f.
17 Ebenda, S. 6 f.

sprechen. Das bedeutet, daß eine Akzentverlagerung in der Personalstruktur vom reinen ‚Kämpfer' zugunsten des ‚Funktionärs' stattgefunden hat."[18]

Im Weißbuch 1970 heißt es in Kenntnis dieser Entwicklung:

„Den für alle Bereiche verwendbaren, einheitlich ausgebildeten Offizier und den innerhalb seiner Waffengattung weitgehend austauschbaren Unteroffizier gibt es nicht mehr. Es wird noch stärker als bisher zu einer Auffächerung nach Fachrichtungen kommen."[19]

Offenkundig knüpfte die Bildungskommission beim Bundesminister der Verteidigung mit ihrer Arbeit zur „Neuordnung der Ausbildung und Bildung in der Bundeswehr" bei derartigen Gedanken an. In ihrem 1971 vorgelegten Gutachten drückte sie die Erwartung aus, „daß die Bereitschaft zu Erst- und Weiterverpflichtungen wächst", sofern „die Ausbildung in den Streitkräften verbessert wird".[20]

„Leitgedanke der Planungen für die Bundeswehrhochschulen war die Hebung der ‚Attraktivität und Effektivität' der Offiziersausbildung. Einmal galt es für die Bundeswehr und militärische Führung der Bundeswehr, den sinkenden Bewerberzahlen für den Offiziersberuf entgegenzuwirken. Das Konzept ging auf: Seit Bekanntwerden des Projekts Bundeswehrhochschule stieg die Zahl der Offiziersbewerber sprunghaft an und zwar vom ersten Halbjahr 1972 zum ersten Halbjahr 1973 um 50 %"[21].

Heinz Starkulla, bundeswehrimmanenter Kritiker dieses Gutachtens, hatte im Anschluß an diese These allerdings zwei trotz dieser Entwicklung zu bedenkende Einwände formuliert, um diese Erwartungshaltung zu widerlegen. Sein erstes Gegenargument stützt er auf Ergebnisse einer Umfrage, die Anfang 1971 von EMNID durchgeführt wurde (befragt wurden 2.010 Studenten und Abiturienten).

„Im Gesamtergebnis der Erhebung ergibt sich folgendes Bild: ‚Persönlich vor die Entscheidung für ein solches (Bundeswehr-)Studium gestellt, erwägen 9 % der Gesamtzahl der Befragten eine solche Möglichkeit.' Dieses Ergebnis dient wahrscheinlich nicht dazu, den Realitätsgehalt der genannten Antezendenz: ‚Wird die Ausbildung in den Streitkräften verbessert, ist zu erwarten, daß die Bereitschaft zu Erst- und Weiterverpflichtungen wächst' zu erhärten, zumal beachtet werden muß, daß ‚in der Auswertung (der EMNID-Umfrage, H.St.) potentielle Wehrdienstverweigerer und Luftwaffen- und Marine-Interessenten ausgeklammert würden', so daß bei der bekannt hohen Rate von Wehrdienstverweigerern gerade in Abiturientenkreisen ein weiteres Absinken des Endergebnisses von 9 % Interessierten zu befürchten ist. Damit wird illusorisch, daß durch besagte Bildungsinvestition die Attraktivität der Streitkräfte über ihren heutigen Stand hinaus gehoben würde."[22]

Das zweite Gegenargument bezieht Starkulla aus dem Gutachten der Personalstrukturkommission. Er schreibt:

„Die Personalstrukturkommission hatte sich vom WEMA-Institut für emprische Sozialforschung ‚Berichte zur Untersuchung der personalstrukturellen Basisprobleme der Bundeswehr' anfertigen lassen. In diesen Studien kommt klar zum Ausdruck, daß eine allgemeine Affini-

18 Paul *Schwefess*, Militärdienst und Zivilberuf, in: Bernhard Fleckenstein, (Hg.) Bundeswehr und Industriegesellschaft, Boppard 1971, S. 244. Hier zitiert nach: Heinz *Starkulla*, Zur Problematik der Heeresausbildungskonzeption im „Ellwein-Gutachten", in: Arbeitspapiere zur politischen Soziologie, 2, München 1972, S. 69

19 Weißbuch 1970, S. 49, Ziff. 76

20 *Bildungskommission beim Bundesminister der Verteidigung*, Neuordnung der Ausbildung und Bildung in der Bundeswehr, Bonn 1971, S. 24

21 Holger H. *Lübrig*, Führungskader aus der Uni-Kaserne, in: paed. extra, Nullnummer, 15. 9. 1973, S. 6

22 *Starkulla*, a.a.O. (s. Anm. 18) S. 79. Innere Zitate: Mitteilungen für den Soldaten, 7/37 – Bonn, 26. 2. 1971; vgl. ferner: „Der ehemalige Zeitsoldat", hrsg. vom BMVg Führungsstab der Streitkräfte I/4, *Wehrsoziologische Studien der Schriftenreihe Innere Führung*, Heft 4, 1968, Bonn, S. 30 ff.

tät zur Bundeswehr – operationalisiert als Affinität zu einer ‚Reihe von spezifischen Merkmalen – wie Kasernen, Uniformen, Waffen und Befehle' – eher die Eintritts- und Weiterverpflichtungsbereitschaft von Soldaten motiviert, als die von der Bildungskommission postulierte Angleichung an den Zivilbereich: ‚Die Angleichung an den Zivilbereich ist nicht unmittelbar geeignet, die Eintrittsbereitschaft zu fördern. Als Bestandteil des öffentlichen Erscheinungsbildes der Bundeswehr kann diese Art der Anpassung lediglich eine unterstützende Funktion in den Bereichen haben, in denen allgemeine Vorbehalte gegen Streitkräfte dadurch abgebaut werden können. Eine Angleichung an den Zivilbereich, die aus strukturellen Gründen notwendig ist, wird nur dann nachhaltigen Erfolg innerhalb und außerhalb der Bundeswehr haben, wenn sie verbunden ist mit Maßnahmen, die die Affinität zu den spezifischen Merkmalen der Bundeswehr fördern und zugleich, vor allem auch nach außen hin, Möglichkeiten des Angebots beruflicher Selbstverwirklichung hervorheben.'"[23]

Man könnte daraus allerdings den Schluß ziehen, daß hier offensichtlich Spiegelfechterei getrieben wird. Denn die Beobachtung stärkerer Überschneidungen und Angleichungen im Tätigkeitsbereich von zivil und militärisch Arbeitenden herausstellen zu können, dürfte wohl kaum der eigentliche Grund gewesen sein, die Konzeption einer Bundeswehr-Universitätsausbildung anzustreben.

Abschließend zu diesen Überlegungen sei erwähnt, daß beim Wehrbeauftragten bereits eine Reihe von Beschwerden vorliegen, gegen die Zwangsverpflichtung zum Studieren von Offizieren bzw. Offiziersanwärtern, die den Offiziersberuf gewählt haben, um eben nicht studieren zu müssen. Diese Gruppe fällt jedoch bisher – ebenso wie die der Studienabbrecher an den Hochschulen der Bundeswehr – Zahlenmäßig nicht ins Gewicht; eine Beurteilung wird erst nach Ablauf eines längeren Beobachtungszeitraumes möglich sein.

Die Begründung für die Errichtung bundeswehreigener Hochschulen fällt je nach dem Argumentationshintergrund des jeweiligen Diskutanten zumindest in der Akzentsetzung recht verschieden aus. Allen Befürwortern der Bundeswehrhochschulen, die entweder der Bundeswehr selbst entstammen oder ihr nahestehen, ist gemeinsam der Hinweis auf die Ernsthaftigkeit dieses Unternehmens. Sie verweisen die Kritiker der Bundeswehrhochschulen regelmäßig dann in den Raum der Unglaubwürdigkeit, wenn jene sich erdreisten, am Problem der Bundeswehrhochschulen (Schlagwort: Militarisierung der Bildung) gleichzeitig, bzw. davon ausgehend, auch den Militärapparat der BRD als unnütz und als Teufelswerk des Kapitalismus zu denunzieren. Dabei ist eine graduelle Abstufung solcher Ablehnung, wie es den unterschiedlichen Ansätzen der Kritik vielleicht entsprechen würde, nur selten üblich: In der Regel stehen Kritiker des Militärsystems in der Ecke naiver Pazifisten (bestenfalls) oder „von drüben bezahlter" Kommunisten – man vergleiche nur die offiziösen und offiziellen Stellungnahmen zum Anti-Weißbuch, die sich in eben diesem Spektrum bewegen. Klaus von Schuberts Ausspruch, die Frage der Bundeswehrhochschulen setze die Bundeswehr voraus[24], bestreitet in seiner Erweiterung die Legitimität der Kritik, wenn nicht vorab die Bundeswehr selbst akzeptiert ist (und O. Massings Kongreßpapier – im vorliegenden Band – ist auf den ersten Seiten ein bewegendes Beispiel der Rationalisierung eben dieser Aussage).

---

23 Starkulla a.a.O. (s. Anm. 18) S. 80. Zitat im Zitat: Personalstrukturkommission des Bundesministers der Verteidigung (Hg.), Die Personalstruktur der Streitkräfte, Bonn, 1971, S. 37

24 Klaus *von Schubert*, Hochschulen der Bundeswehr – warum?, in: *Politische Studien*, Sonderheft 1/73, S. 15

In diesen Begründungszusammenhang gehört ebenso der bekundete Wille, über wissenschaftliche Ausbildungsgänge der Offiziere die Integration der Bundeswehr in die allgemeinen gesellschaftlichen Lebens- und Arbeitsbereiche weiterzutreiben. Hierunter fällt das Bestreben, „die Ausbildungsgänge in der Bundeswehr denen außerhalb der Bundeswehr" anzugleichen, „damit sich der Übergang vom militärischen in einen zivilen Beruf erleichtern läßt und sich auf diese Weise das Problem der Soldaten auf Zeit vermindern läßt."[25] Ferner ist in der „umstürzende(n) Neuakzentuierung der Offiziersausbildung" die „pragmatisch(e)" Zielsetzung der „Nachwuchsgewinnung" zu sehen, in der angesichts der oben beschriebenen Personalkrise „die einzig verbleibende Maßnahme mit hoher Erfolgsgarantie" gesehen wurde[26]. Dabei wurde durchaus die Konkurrenz zum zivilen Arbeitsmarkt gesehen, dem „durch die Bundeswehr qualifiziertere Fachkräfte entzogen werden". Aber:

> „Ist dies im Interesse der äußeren Sicherheit nicht zu umgehen, so decken sich andererseits die Interessen dort wieder, wo innerhalb der Militärdienstzeit bei Wehrpflichtigen wie bei Soldaten auf Zeit die berufliche Qualifikation verbessert wird."[27]

So heißt es im Weißbuch 1970:

> „Industrie, Handel, Handwerk und öffentlicher Dienst haben weithin anerkannt, daß die Bundeswehr ihnen mit den entlassenen Soldaten auf Zeit Arbeitskräfte mit einem Leistungsvermögen zur Verfügung stellt, das weit über dem Niveau liegt, das diese Kräfte bei ihrem Eintritt in die Bundeswehr aufwiesen."[28]

Und bezogen auf die ausscheidenden Zeitoffiziere heißt es beispielsweise beim Bundesverband der Deutschen Industrie,

> „daß die an den Bundeswehrhochschulen in Führung, Menschenkunde und Organisation ausgebildeten Soldaten dereinst, wenn sie Ausbildung und Dienstverpflichtung absolviert haben und in das zivile Erwerbsleben eintreten, eine wertvolle Bereicherung für das industrielle Management sein werden (so BDI-Abteilungsleiter Dr. Uthmann)."[29]

Die eingangs dieses Abschnitts erwähnte Dualität in der Auffassung, wie Offiziersausbildung zu geschehen habe, setzte auch wieder bei Diskussionen um die Bundeswehrhochschule innerhalb der Bundeswehr aufs neue ein. Die Befürworter setzten an der Arbeit der Bildungskommission an, die davon ausgeht, „daß zahllose militärische Funktionen in einer hochtechnisierten Armee partiell mit zivilen Berufen vergleichbar sind, daß dementsprechend partiell vergleichbar ausgebildet werden kann. Dem liegt die idealtypische Unterscheidung zwischen militärspezifischen und mit anderen Berufen vergleichbaren Funktionssektoren zugrunde."[30] Schon im Weißbuch 1970 hieß es unter anderem: „Das Ziel ist die fortschreitende Annähe-

---

25 Th. Ellwein, A. v. *Müller*, H. *Plander*, a.a.O. (s. Anm. 1) S. 11; vgl. dazu auch schon früher die Erklärungen in den Weißbüchern, z.B.: WB 1970, S. 49 f., WB 1971/72, S. 66 ff.

26 Peter *Balke*, Überlegungen zur Motivation von Offiziersnachwuchs in der Vergangenheit und heute, in: *Politische Studien*, Sonderheft 1/1973, S. 73; zur Kritik vgl. oben Starkulla, a.a.O. (s. Anm. 18)

27 Klaus v. *Schubert*, a.a.O. (s. Anm. 24) S. 17.

28 Weißbuch 1970, S. 135, Ziff. 183

29 Holger H. *Lübrig*, a.a.O. (s. Anm. 21) S. 6; vgl. dazu auch die BdWi-Dokumentation: Bundeswehrhochschule – Schule der Nation?, Teil 4, S. 30 ff., Hamburg 1973

30 Klaus *v. Schubert*, a.a.O. (s. Anm. 24) S. 19.

rung der Ausbildung an zivilberufliche Erfordernisse."[31] Konzeptionell folgte daraus der Schluß,

> „zunächst zwischen militärspezifischer und fachlicher, d.h. auch zivilberuflich verwertbarer Ausbildung zu unterscheiden, und die fachliche Ausbildung so zu gestalten, daß im Interesse des einzelnen, der Gesellschaft wie der Bundeswehr das Vergleichbare sichtbar und durch zivile Instanzen formell anerkennbar wird ... Beide Teile werden zeitlich in Aus- und Fortbildungsstufen zusammengefaßt, mithin als Einheit angesehen, eine Einheit, die auf der Basis der vorgestellten analytischen Überlegungen anstelle einer Ausbildung, die entweder nur auf den militärischen, oder nur auf den zivilen Bereich bezogen ist, nun eine Ausbildungsstruktur setzt, die hier wie dort anwendbare Qualifikationen voraussetzt."[32]

Dementsprechend gründete die Bildungskommission ihre Arbeit auf folgende drei Maximen:

> „– Das Ausbildungssystem vermittelt dem Soldaten gleichzeitig mit der militärisch notwendigen eine mannigfaltige, auch zivil nutzbare Ausbildung.
> – Truppendienst und Ausbildungsdauer müssen in einem ausgewogenen Verhältnis bleiben.
> – Das Ausbildungssystem fügt sich in das allgemeine Bildungssystem ein, bietet zivil nutzbare Qualifikationen an und sichert Durchlässigkeit der Laufbahnen."[33]

Gegenüber diesem Konzept stehen nun die Traditionalisten des Soldatenhandwerks, die wie Heinz Karst mahnend auf den begrenzten Leistungsgrad der Reserveoffiziere hinweisen, die „meist aus akademischen oder verwandten Berufen kommen"[34], vor Stalingrad an die Stelle der gefallenen aktiven Offiziere traten und denen es in der Mehrzahl „an der nötigen militärischen Durchbildung" fehlte[35]. In den Augen dieser Bundeswehr-immanenten Kritiker ist die Hochschulausbildung von Offizieren immer noch eine sehr problembeladene Unternehmung, deren Überflüssigkeit Karst folgendermaßen zu belegen sucht:

> „Eine sachgerechte Taktikausbildung zum Beispiel erzieht in hohem Maße zur Klarheit des Denkens, Genauigkeit des Lesens, Prägnanz und Kürze des Ausdrucks und zu logischer Gedankenführung ... Auch ohne akademisches Studium haben viele junge Offiziere der Bundeswehr bereits eine beachtliche Bildung, ausgezeichnetes Denkvermögen, Sprachfertigkeit und Problembewußtsein entwickelt."[36]

3. *Bundeswehrhochschulen: Entstehungsphase*

Dennoch, die üblicherweise zwischen den Stühlen sitzenden Reformer[37] gewannen: Die Gründung eigener Bundeswehrhochschulen konkretisierte sich 1972 innerhalb eines knappen Dreivierteljahres in einem Tempo, das einmalig in der Konstruktion von Hochschulen in der BRD ist. Gegen den erklärten und oft artikulierten Willen

---

31 Weißbuch 1970, S. 50, Ziff. 76, vgl. ebenda das Kapital: Ausbildung und Bildung, S. 128 ff.

32 Klaus *v. Schubert*, a.a.O. (s. Anm. 24) S. 19 f.; s. auch Th. *Ellwein*, Die Zukunft des Soldaten und seine Ausbildung, in: *Neues Hochland*, 64. Jahrgang, Heft 1/1972, S. 78 ff.

33 Weißbuch 1971/72, S. 67, Ziff. 74

34 Heinz *Karst*, „Denken" oder „Kämpfen" – brauchen wir den akademisch ausgebildeten Offizier? in: *Politische Studien*, Sonderheft 1/1973, S. 28

35 Ebd.

36 Heinz Karst, a.a.O. (s. Anm. 34) S. 30

37 Vgl. Klaus *v. Schubert*, a.a.O. (s. Anm. 24) S. 15.

fast sämtlicher bildungspolitischer Organisationen wie BAK, BdWi, GEW, SVI, VDS und WRK, und entgegen den einschlägigen Verlautbarungen der ersten beiden Weißbücher des Verteidigungsministeriums teilte die Bundesregierung im Sommer 1972 mit, in Hamburg und München eigene Bundeswehrhochschulen zu errichten. Die Gründe für diese Verfahrensweise sind wohl auf zwei Ebenen zu suchen. War in den Weißbüchern der Jahre 1970 und 1971/72 noch davon die Rede, „die Bildungseinrichtungen der Bundeswehr sollen, wo immer möglich, zusammengefaßt werden, so in den Universitätsstädten München ... und Hamburg"[38], und wurden dort noch gewichtig die an öffentlichen Hochschulen studierenden Soldaten aufgezählt[39], so galt nun vordergründig die Einschätzung: „Wir können doch unsere Soldaten nicht auf diese Hochschulen loslassen"[40]. Der tagespolitisch bedingte Grund für die Rasanz des Gründungsverfahrens, das sich faktisch, trotz wiederholter gegenteiliger Beteuerung,[41] jenseits der parlamentarischen Kontrolle vollzog[42], mag in der folgenden Beschreibung – jedenfalls für die Hamburger Bundeswehrhochschule – treffend zusammengefaßt sein: „Es konnte plötzlich nicht rasch genug gehen ... Ein Abkommen mit der Stadt Hamburg ..., in dem die Errichtung einer ‚wissenschaftlichen Hochschule für die Ausbildung der Soldaten der Bundeswehr' vereinbart wurde, wobei die Einzelheiten der Durchführung noch offen" blieben, überließ dem Verteidigungsministerium den wesentlichen Einflußraum.

„Die Unterzeichnung dieses Abkommens am 29.9. und 3.10.1972 während des damaligen Bundestagswahlkampfes fand kaum ein öffentliches Interesse. Bezeichnend für das Verfahren war, daß die Hamburger Bürgerschaft keine Gelegenheit erhielt, vorher über die Problematik der Bundeswehrhochschule zu diskutieren. Die SPD-Fraktion der Bürgerschaft begnügte sich, offenbar allzu fasziniert von der Aura des Förderers des Projekts, des damaligen Verteidigungsministers Schmidt, ohne lange Diskussionen mit einer zustimmenden ‚Kenntnisnahme'".

---

38 Weißbuch 1970, S. 130, Ziff. 171; vgl. auch Weißbuch 1971/72, S. 91, Ziff. 105 ff.

39 Weißbuch 1971/72, S. 91 f., Ziff. 105 ff.

40 Günter *Wetzel* (ehemaliger Staatssekretär im Bundesverteidigungsministerium); zitiert nach: Holger H. *Lührig*, a.a.O. (s. Anm. 21) S. 7.

41 Vgl. z.B. Curricula für die Hochschulen der Bundeswehr, hrsg. vom *Sozialwissenschaftliches Institut der Bundeswehr, Ellwein/Zoll*, in: Beilage zur Wochenzeitschrift „Das Parlament", B 15–16/74, 13. 4. 1974, S. 4

42 „Eine öffentliche Diskussion mit den Planern der BWHs in den Länderparlamenten und dem Bundestag hat nie stattgefunden. Verträge zwischen Bund- und Länderregierungen verlagerten die Entscheidung auf die exekutive Ebene von Bundesverteidigungsministerium und Kultusministerium. Parlamentarische Kontrolle, auch über die Studieninhalte, war damit ausgeschaltet." WAS 74, Jahrbuch für Wissenschaft und Ausbildung, Hg. *Peters/Gollhardt*, Köln 1973. Vgl. ferner: Beschluß der Westdeutschen Rektorenkonferenz (WRK) vom 3. 7. 1972: „Die von der WRK angebotenen und vom Verteidigungsminister zugesagten Detailberatungen über die Integration des Studiums von Offizieren in die allgemeinen Hochschulen haben nicht stattgefunden, insbesondere auch nicht mit den Universitäten in München und Hamburg. Die Hochschulen weisen deshalb Behauptungen zurück, die sich abzeichnende Entscheidung erfolge aufgrund einer sorgfältigen Prüfung, die ergeben habe, daß die allgemeinen Hochschulen, zeitlich, curricular und institutionell nicht in der Lage seien, diese Ausbildungsaufgabe zu übernehmen." – Entsprechende Behauptungen waren tags zuvor in einer Pressemitteilung des Bundesministeriums für Verteidigung gegenüber den Delegierten des Hamburger Landesparteitages der SPD anläßlich einer Beschlußfassung über die Bundeswehrhochschulen aufgestellt worden. Zitiert nach: Jürgen *Mantell*, Beitrag für die Hamburger Juso-Zeitschrift, in: BdWi-Dokumentation, a.a.O. (s. Anm. 29) S. 50.

Die Eile mag auch darin zu erkennen sein:

> „Man wähnte sich in Zugzwang gegenüber einer eher konservativen Generalität und hielt wohl einen CDU-Wahlsieg im Herbst 1972 für nicht ausgeschlossen, der ihre Bemühungen vollständig zunichte machen könnte."[43]

Schließlich kommentiert K. v. Schubert die ungewöhnliche Eile in einer Beurteilung der Entwicklung der Bundeswehrhochschule München wie gewohnt leger:

> „Der Leitfaden: ‚Wie gründe ich eine Hochschule' ist noch nicht erschienen oder schon vergriffen, Hochschulen sind neu im Ressort des Einzelplans 14 ... Hätte man nicht doch ein Jahr später anfangen sollen? ... Es gibt keine eindeutige Antwort. Man wird die These wagen dürfen, daß das Ausmaß der Schwierigkeiten ein Jahr später nicht viel geringer gewesen wäre, aber ein ganzer Offiziersjahrgang weniger wäre zum Studieren gekommen. Wir hätten wahrscheinlich ein Jahr mehr Grundsatzdebatte erlebt, aber nicht ein Jahr mehr Vorbereitung."[44]

Das Studium an den Bundeswehrhochschulen soll nach den Vorstellungen ihrer Verfechter nicht nur der Bezugnahme auf die spätere (militärische und zivile) Verwendungs- und Berufssituation gerecht werden, es soll gleichzeitig gesellschaftswissenschaftlich angeleitet sein; „Partizipation", „Demokratie" sind in diesem Zusammenhang häufig strapazierte Begriffe in der Nomenklatur der Konzeptemacher des sozialwissenschaftlichen Instituts der Bundeswehr in München[45].

Wieweit man geneigt und in der Lage war, diese Begriffe für das eigene Handeln zur Richtschnur zu machen, ist allerdings eine ganz andere Sache. Wie schon bei der Grundsatzentscheidung über die Errichtung von Hochschulen der Bundeswehr (vgl. oben), waren Öffentlichkeit und Transparenz auch nicht gegeben, als man offenkundig kaum geneigt war, die im sozialwissenschaftlichen Institut der Bundeswehr formulierten Curricula nach außen, etwa in die Hochschulöffentlichkeit, zu vermitteln. War im Sommer 1972 die Gründung zweier Bundeswehrhochschulen beschlossene Sache, so dauerte es fast ein Jahr, bis die Bundeswehrcurricula öffentlich zugänglich waren; veröffentlicht hatte sie auch dann noch nicht die Bundeswehr, sondern die Deutsche Friedens-Union[46]. Kritische Einwände wurden nicht nur gegen die HSBW als Variante von Sonderhochschulen außerhalb der öffentlichen Kontrolle[47], sondern auch gegenüber der rigiden Anbindung an den Militärapparat (vgl. oben) geäußert, letzteres oft im Zusammenhang einer „mitbestimmungsfreien"

---

43 Jürgen *Klüver* / Harro *Plander*, Bundeswehrhochschule, Einschätzung – Gründung – Handlungsperspektive, in: Hamburger Lehrerzeitung, Herausgegeben vom Landesverband Hamburg der GEW, 27. (53.) Jg., 20. 4. 74, S. 205–213 und 11. 5. 74, S. 265–271; Fundort hier: S. 206 f.

44 Klaus *v. Schubert*, Manuskript zur Sendung „Streitkräfte und Strategien", Redakteur M. *Harenberg*, Sendung des NDR/WDR I am 30. 7. 1974, 22.20–22.45 Uhr

45 Das sozialwissenschaftliche Institut der Bundeswehr ist die Nachfolgeeinrichtung des wissenschaftlichen Instituts für Erziehung und Ausbildung in den Streitkräften, das seinerseits hervorgegangen ist aus dem 1969 „wegen prinzipieller und inhaltlicher Differenzen" aus der Koblenzer Schule der Bundeswehr für innere Führung ausgelagerten Wissenschaftlichen Stab. Vgl. Weißbuch 1970, S. 123, Ziff. 158

46 Vgl.: Vorbild für die Hochschulreform, in: *betrifft: erziehung* 5/72, S. 49; ferner: *Bildungspolitische Kommission der DFU*, Bundeswehrhochschulen – ein weiterer Schritt zur Militarisierung der Gesellschaft der BRD, Hamburg, o. J. (1973), S. 3

47 Vgl. Joachim *Hirsch* / Stephan *Leibfried*, Materialien zur Wissenschafts- und Bildungspolitik, Frankfurt/M. 1971, S. 108

Binnenstruktur.[48] Derartigen Einwänden wußte Klaus v. Schubert bereits vor der Veröffentlichung der „Vorläufigen Rahmenbestimmungen für Struktur und Organisation der Hochschule der Bundeswehr Hamburg" (durch die GEW und BAK)[49] präventiv zu begegnen:

„Der Bundesminister der Verteidigung nimmt als Träger verfassungsrechtlich die dem Kultusminister entsprechende Rolle ein, wobei er bestimmte Entscheidungen, etwa bei Berufungen, sogar noch an die Zustimmung des jeweiligen Kultusministers binden kann; insofern würde er seine Möglichkeiten als Träger der Hochschule noch einschränken. Durch die verbindliche Mitarbeit einer Hochschule der Bundeswehr in Gremien für die regionale und überregionale Hochschulentwicklungsplanung sowie durch die Einbindung der eigenen Planung in die örtliche Gesamthochschulentwicklung können darüber hinaus Elemente der Kontrolle und der Sicherung gegen separate Entwicklungen geschaffen werden.

Innerhalb dieses Gerüstes von Sicherungs- und Kontrollmechanismen wird durchaus das für Lehre und Forschung unverzichtbare Maß an Autonomie und das für die Öffentlichkeit Wünschenswerte an Transparenz zu gewährleisten sein."[50]

Die ständig gegenüber Kritikern behauptete demokratische Binnenstruktur der Hochschulen der Bundeswehr – die ihre Entsprechung in dem Begriff der Partizipation bei den Curricula finden soll – galt offenkundig bereits für die Zusammensetzung des Hamburger Gründungsausschusses der Bundeswehrhochschule nicht.

„Einer Wahl durch Hochschulgremien konnten sich nur die beiden ... Angehörigen des Mittelbaues der Hamburger Universität erfreuen; die Kriterien für die Berufung der übrigen Mitglieder des Gründungsausschusses waren und blieben ... im Dunkeln."[51]

Einwände gegen die Mitbestimmungsmöglichkeiten dürften sich auch aus dem formalen Status der Studierenden an den Hochschulen der Bundeswehr ergeben: sie unterliegen dem Soldatengesetz. „Die härtesten Angriffe gegen das Hochschulkonzept der Bildungskommission werden von der Befürchtung und Unterstellung genährt, eine vom Verteidigungsminister getragene Hochschule könne nichts anderes zum Ziel haben als die Erziehung zur unkritischen Systemkonformität." Dieser Anwurf wird von dem Optimisten vom Dienst in Sachen Bundeswehrhochschulen, Major von Schubert, mit der ihm eigenen Verve zurückgewiesen. Er bezieht sich vor allem auf eine Ausführung von Hirsch und Leibfried. Das Originalzitat dieser beiden Kritiker von Sonderhochschulen lautet:

„Funktionen einer solchen ‚staatlich anerkannten Hochschule' im öffentlichen (nicht im privaten) Sektor, einer öffentlichen Gegenuniversität, dürfte es vor allem sein, bundeswehrrelevante Fachausbildung in loyalitätssicherem Klima durchzuführen, statt im Einzelbereich öffentlicher Universitäten, die durch diese Hochschulen ‚entlastet' werden sollen."

Hirsch und Leibfried sprechen also davon, daß dies *wahrscheinlich* die Funktion sein *dürfte*, was durch die verkürzte Zitierweise von Schuberts nicht sogleich deutlich wird. Um nun das böse Argument zu entkräften, schreibt er: „Zwar werden Studenten an Hochschulen (gemeint sind hoffentlich nur die der Bundeswehr, d.

48 Vgl. Anne *Heyne* / Volker *Möhle*, Bildungsreform und Bundeswehrhochschulen, in: Ein Anti-Weißbuch, Reinbek 1974, S. 104 ff.

49 Vgl. *GEW/BAK-Fundsachendienst*, 2. Jahrgang Nr. 2, Frankfurt/Bonn, Febr. 1973. Das Verfahren ähnelt dem der Geheimhaltung der Curricula, erst jetzt (1974) liegen die Rahmenbestimmungen in Buchform vor, in: Th. Ellwein / *A. v. Müller* / H. *Plander* (Hg.), a.a.O. (s. Anm. 1)

50 Klaus *v. Schubert*, Hochschulpolitik und Bundeswehr, in: DUZ 9/1972, S. 369

51 Jürgen *Kluver* / Harro *Plander*, (s. Anm. 73) S. 213

Verf.) Soldaten sein, mithin dem Soldatengesetz unterliegen ...", aber es bleibt in Schuberts Augen festzuhalten, daß das Soldatengesetz „den Soldaten inhaltlich an das Grundgesetz gebunden" hat.[52] Schubert vergißt sicher nicht zufällig, an dieser Stelle darauf einzugehen, daß das Soldatengesetz, dem die Studenten an den Hochschulen der Bundeswehr unterstellt sind, die Grundrechte erheblich einschränkt, vor allem, was politische Betätigung angeht, und daß die im Soldatengesetz verankerten „Berufspflichten": „Treues Dienen", „Gehorsam", „Tapferkeit", „Kameradschaft" sogar im Rahmencurriculum (als Lernziel?) auftauchen; was wohl für sich spricht. (Vgl. dazu unten).

4. *Exkurs: Studienreform*

> „Die Sprachspiele des Reformvokabulars verschleiern das hinter den allgemeinen Konsensformeln verdeckte Systemproblem: Die Imperative des Wirtschaftswachstums und der Zwang zu einer weiteren Entwicklung der gesellschaftlichen Produktivkräfte erfordern Planung und Kontrolle der im Hochschulbereich organisierten Sozialisations- und Qualifikationsprozesse sowie systematische Produktion verwertbaren Wissens. Innerhalb der traditionellen Universitätsstrukturen ist eine derartige Planung und Kontrolle nicht mehr möglich."[53]

Die Einhelligkeit, die sich in der alle hochschulpolitischen Fraktionen verkleisternden „reformdemagogischen" (M. Wambach) Sprache versteckt, ist aufzudecken, wenn die gesellschaftlichen und politischen Anforderungen an die Studienreform benannt werden. Studienreform, heute unter bildungspolitischen Kürzeln (wie: Studienjahr, Kurz- und Langzeitstudien, anwendungs- und forschungsbezogenen Studiengängen) diskutiert, soll hier unter dem Aspekt der Berufsorientierung erläutert werden, und zwar vor allem deshalb, weil die Bundeswehrhochschul-Curricula beanspruchen, diesen Aspekt wesentlich bei der Abfassung berücksichtigt zu haben. Vorab ist es jedoch notwendig, grob skizzierend einige politische Rahmenbedingungen anzudeuten, die als Kriterien für Studienreform zu denken sind, um die Abgrenzung zur Reformdemagogie anzudeuten.

Die Erfahrungen der letzten Jahre haben gezeigt, daß Impulse und Anregungen zur qualitativen Änderung der Ausbildung im tertiären Bereich

> „in der Praxis der staatlich gelenkten Hochschulreform ... rasch von (der ihnen eigenen – d.Verf.) normativen Basis gelöst und in technokratische Strategien eingebaut (wurden). Diese Funktionalisierung fortschrittlicher Konzeptionen für gegenläufige Interessen hat eine klar benennbare Ursache: Es ist nur in Ausnahmefällen möglich, die Zielvorstellungen der Konzeptmacher zu Handlungsnormen der politischen Entscheidungsträger zu machen. Eine ‚Strategie der Studienreform', in der nicht angegeben ist, wer, mit wem, gegen welche Widerstände, welche Veränderung durchsetzen soll, bleibt idealistisch."[54]

52 Klaus *v. Schubert*, a.a.O. (s. Anm. 24) S. 370; Joachim Hirsch / Stephan Leibfried, Materialien zur Wissenschafts- und Bildungspolitik, Frankfurt 1971, S. 108

53 Egon *Becker*, Zum Problem einer „allgemeinen Konzeption von Studienreform", in: St. Freiger / B. Nagel / Chr. Rabe (Hrsg.), Was wird aus der Studienreform?, Frankfurt 1974, S. 117

54 *Ders.*, a.a.O., S. 116

Egon Becker hat darauf hingewiesen, daß Hochschul- und Studienreform als mehrdimensionaler Transformationsprozeß zu begreifen ist, der auf zumindest vier Ebenen sich abspielt, der finanzpolitisch-ökonomischen, der organisatorisch-institutionellen, der politisch-juristischen und schließlich der inhaltlich-wissenschaftlichen. Die Realisierungsmöglichkeiten werden weitgehend von der Gleichgewichtigkeit dieser Ebenen abhängen, denn „es wäre illusionär zu glauben, durch die Institutionalisierung von Problemlösungsmechanismen auf einer Ebene ließen sich die Formen der Problemlösung auf anderen Ebenen eindeutig festlegen."[55] Zur Verdeutlichung sei hier auf die inhaltlich-wissenschaftliche Ebene hingewiesen; bei ihr

> „geht es um die Veränderung von Zielen, Inhalten und Arbeitsformen des Studiums. Hier wird entschieden, ob es möglich ist, durch Reflexion und Politik die zukünftige Berufssituation der Studenten und ihren Status als lohnabhänige Intelligenz zum Ausgangspunkt von Lehre und Forschung zu machen und dadurch kapitalkonforme Ideologien und Verhaltensformen aufzulösen."[56]

Für die Mehrzahl der heutigen universitären Studiengänge gilt, daß sie wesentlich mehr darauf angelegt sind, wissenschaftlichen Nachwuchs zu produzieren, als kritisch auf die spätere Berufs- und Verwendungssituation hinzuweisen. Das Selbstverständnis der Mehrzahl der Professoren sieht offenkundig noch immer so aus, als würden sie an einer „Bildungseinrichtung" tätig sein, ein Selbstverständnis, das seine Entsprechung darin findet, daß viele Studierende der Universitäten es rational noch nicht erfaßt haben, daß sie an der Universität eine *Aus*bildungssituation durchlaufen. Beide Einschätzungen werden produziert oder gefördert durch die inhaltliche Beschaffenheit fast aller Studiengänge. Daß die berufliche Situation – im Sinne der materiellen und geistigen Reproduktion des erwachsenen Individuums – als zentrale Lebenssituation für den Absolventen gilt, wird in der Regel kaum bedacht. Vielmehr steht dem die feststellbare Selbstinterpretation von Akademikern gegenüber: sie „begreifen sich selbst oft als Idealisten, die – im Gegensatz zur Mehrzahl der übrigen Berufstätigen – nicht ‚um des Geldes willen' arbeiten, sondern zur Erfüllung von – so meinen sie – gesamtgesellschaftlichen Aufgaben."[57] So wie von der festen Integration akademisch Ausgebildeter im gesamten Beschäftigungs- und Erwerbsleben auszugehen ist, so bleibt ebenso festzuhalten, daß eben diese Berufe momentan einem Funktionswandel unterworfen sind. Er ist gekennzeichnet durch eine zunehmende Arbeitsteilung, die sich auszeichnet durch die Reduktion funktional komplexer Tätigkeiten vorwiegend auf Einzeltätigkeiten. Für den einzelnen Positionsinhaber bedeutet diese Funktionsdifferenzierung einerseits sowohl Aufgabenentlastung als auch Kompetenzverlust, andererseits einen steigenden Grad an Über- und Unterordnungsverhältnissen (Krüger/Müller S. 6). Die sachadäquate Einbeziehung derartiger Probleme in den Ausbildungs- und Studiengang könnte da-

---

55 Vgl. *ders.* a.a.O., S. 120 f, Zitat S. 121

56 *Ders.*, a.a.O., S. 120 f.

57 Helga *Kruger* / Winfried *Müller*, Berufsvorbereitung an der Universität? – Zur Ambivalenz einer berufspraxisorientierten Ausbildungsreform, in: *Berufsfeldanalysen* I (= *Hochschuldidaktische Arbeitspapiere* Nr. 3), IZHD Hamburg 1974, S. 4. Dieser Abschnitt stützt sich weitgehend auf diesen Aufsatz, Seitenverweise finden sich deshalb (in Klammern) im Text.

durch geschehen, daß eine Vermittlungsebene „eingeschoben" wird, die „die strukturellen Zusammenhänge zwischen beobachteten Phänomenen, erfahrenen Alltagskonflikten, unmittelbaren Interessen und strukturellen gesellschaftlichen Bedingungen und Voraussetzungen des eigenen Handelns" erkennbar machen (Krüger/Müller S. 9). Ferner hätte im Ausbildungsgang eine theoretisch und möglichst auch praktische Auseinandersetzung „mit den konkret vorfindlichen Berufsfunktionen" stattzufinden (Krüger/Müller S. 9).

Der ambivalente Charakter derartiger Aussagen erfährt seine Relativierung im Sinne der oben wiedergegebenen Becker'schen Präzisierung. Als traditionelles Selbstverständnis deutscher Universitäten und ihrer Studiengänge ist die „prinzipielle Distanz vom Alltagsgeschehen als Grundbedingung für die Erfassung gesellschaftlicher Strukturmerkmale" und daraus folgend die „prinzipielle Trennung von Wissenschaft und außeruniversitärer Praxis" zu nennen (Krüger/Müller S. 12). Demnach war diese Produktion von Wissenschaft und Wissenschaftlern darauf ausgerichtet, „daß auch die Universität, die sich explizit *nicht* um die Berufsfunktion ihrer Absolventen kümmerte, auf diese de facto vorbereitete" (Krüger/Müller S. 15). Dieser Vorbereitungsprozeß ist in der Funktionalisierung von Wissenschaft in der überkommenen Verfaßtheit deutscher Universitäten zu sehen, die sozioökonomischen Erfordernissen des sich emanzipierenden Bürgertums notwendig entsprach. Gestützt auf B. Lutz/I. Krings[58] kann gesagt werden, daß die Realitätsdistanz notwendig zur Verinnerlichung von Werthaltungen prinzipieller Art war, und diese wiederum notwendig für die „Entwicklung des am Rentabilitätsprinzips ausgerichteten Kapitalismus." – Die ehedem gegebene „Funktionalität scheint heute verloren gegangen" (Krüger/Müller S. 15), was auch deutlich wird an der inhaltlichen wie quantitativen Unfähigkeit der Universitäten, „Eigenreformen" durchzuführen, ein Problem, das auch nach der von Becker formulierten Interdependenz der vier Ebenen, bzw. deren aktueller Inkongruenz oder zumindest Dissonanz adhoc nicht lösbar ist.

Der nun an die Universitäten herangetragene Funktionswandel zeichnet sich deutlich in dem – von Staat und Unternehmern vorgetragenen – Verlangen einer stärkeren Ausrichtung der Studieninhalte an der Berufspraxis ab. Zumindest formal ist dieses Verlangen nicht dissonant zu der Kritik vieler Studenten an den Studiengängen, „daß das vermittelte Ausmaß an theoretischen Kenntnissen an den Anforderungen der Berufspraxis vorbeigeht" (Krüger/Müller S. 18). Als Lösungsmöglichkeit bietet sich an, „Fähigkeiten in der Ausbildung zu vermitteln, die eine schnelle Anpassung der Qualifikationsträger an die jeweils vorfindbaren Anforderungen des Beschäftigungssystems ermöglichen." (Krüger/Müller S. 21) Das bedeutet: Zurückdrängung isolierter Fachkenntnisse und spezialisierter Fertigkeiten zugunsten von Methodenkenntnissen, Überblicks- und Zusammenhangswissen. Die Forderung nach Berufspraxisnähe impliziert auch die Frage, „wie Universitätsabsolventen auf die ihnen angetragenen Berufsfunktionen reagieren". (Krüger/Müller S. 23)

58 B. *Lutz* / I. *Krings*, Überlegungen zur sozioökonomischen Rolle akademischer Qualifikation, in: *HIS-Brief* 18, München, Sept. 1971, zitiert nach Krüger/Müller, a.a.O. (s. Anm. 57) S. 13

Untersuchungen zur Berufsrollenübernahme nach dem Universitätsabgang lassen erkennen, daß von Studienabgängern die nur vage vermittelten Vorstellungen über den späteren Beruf bemängelt werden. Dieser Mangel stellt sich dann beim Berufseintritt als „Realitätsschock" (K. Lüscher) individuell her. – Die stärkere wissenschaftliche Ausrichtung herkömmlicher Studiengänge bedingt etwa bei Lehramtskandidaten eine professionalisierte Dichotomie zwischen Fachmann und Pädagogen mit Präferenz des Fachmannes.[59] Die fachwissenschaftlich immanente Studiengangsausrichtung ohne Angaben über die spätere Verwendungs- und Verwertungssituation führt zu einer Diskrepanz zwischen dem „Idealisten der Studienjahre" aus dem der „Anpassungsvirtuose der Praxis" wird.[60]

Das „Konservatismus-Syndrom" (J.J. Koch) beschreibt, unabhängig von Variablen wie Fachwahl, Alter, Schichtzugehörigkeit etc. eine Einstellungsänderung in Richtung auf angepaßtes bis opportunistisches Verhalten, die bei Studienabgängern nach empirischen Befunden innerhalb von 6 bis 24 Monaten nach Berufseintritt abgeschlossen ist.

Bezogen auf den herkömmlichen Studiengang heißt dies: „Durch die Ausklammerung der möglichen emanzipatorischen Reflexion über spätere Berufssituationen wird keine situative Vorbereitung geleistet, die die erste Verunsicherung auffangen könnte." (Krüger/Müller S. 30) Die latente Funktion des „Berufsschocks" „zu Beginn des Berufslebens ... besteht ... zweifellos darin, zu verhindern, daß die fachliche Autonomie und Selbständigkeit bestimmter Qualifikationsträger zur Grundlage einer autonomen Haltung gegenüber den Anforderungen der Organisation wird." (Krüger/Müller S. 35) Krüger und Müller stellen die These auf, daß

> „die mangelnde Adäquanz zwischen den an der Universität erworbenen Kenntnissen und dem späteren Beruf durch Anpassungstechniken kompensiert werden kann, die für eine Entsprechung zwischen den beruflich verlangten Fähigkeiten und Verhaltensweisen und den zu Berufsbeginn vorhandenen Qualifikationen sorgen. ... Die Autonomiephase ist insofern funktional, als sie dem Universitätsabsolventen kaum eine Möglichkeit läßt, seine bisherigen Einstellungen und Verhaltenweisen aufrecht zu erhalten." (Krüger/Müller S. 38)

5. *Zu den Studiengängen der Bundeswehrhochschulen*

Acht Studiengänge bieten die beiden Bundeswehrhochschulen in Hamburg und München an. Formal sind die Studiengänge nach drei Studienjahren mit dem Diplomexamen der jeweiligen Fachrichtung abzuschließen; ein Studienjahr gliedert sich in drei Trimester. Angeboten werden folgende Studiengänge: Pädagogik, Wirtschafts- und Organisationswissenschaften, Maschinenbau, Elektrotechnik, Informatik, Luft- und Raumfahrttechnik, Bauingenieurwesen.[61] Den Curricula der Fachstudiengänge

---

59 Als Beleg geben *Krüger/Müller* an: J.J. *Koch*, Lehrerstudium und Beruf – Einstellungswandel in den beiden Phasen der Ausbildung, Ulm 1972

60 Übernahme der Begrifflichkeit durch Krüger/Müller von *Fürstenberg*, in: *Luckmann/Sprondel* (Hg.), Berufssoziologie, Köln 1972, S. 285

61 Vgl. Studien- und Berufswahl 1974, Entscheidungshilfen für Abiturienten und Absolventen der Fachhochschulen; hrsg. von der *Bund-Länder-Kommission für Bildungsplanung* und der *Bundesanstalt für Arbeit*, Bad Honnef 1973, S. 389–392.

(= „Besonderer Teil") ist ein „Allgemeiner Teil" vorgeschaltet, der sich auf alle Studiengänge bezieht. Diesem allgemeinen Teil kommt insofern besondere Bedeutung zu, als er ein Novum in der Konzeption für alle Studiengänge einer Hochschuleinrichtung darstellt. Er soll ausdrücklich mehr als ein Nebenstudium von der Art eines Studium generale sein, und „schon die Bildungskommission brachte deshalb ausdrücklich zum Ausdruck, daß nicht an ein Nebeneinander von Fach- und Begleitstudium gedacht ist, sondern sich beide Elemente des Studiums gegenseitig durchdringen müssen. Dabei soll das *erziehungs- und gesellschaftswissenschaftliche Element* für alle Studierenden zunächst gleich sein ..."[62] – Hinter solchen Aussagen steht der Anspruch des Allgemeinen Teils des Rahmencurriculums, eine kurze Gesellschaftsanalyse vorzustellen. Von daher gebührt ihm besondere Aufmerksamkeit.

Unter der Überschrift: „Gesellschaftliche Entwicklung" „sollen diejenigen gesellschaftlichen Strukturen, Trends und Probleme benannt werden, die für die Entwicklung der Rahmencurricula unbedingt bedeutsam waren"[63]. Daran schließt sich die Feststellung an: „Die moderne Gesellschaft gilt ganz allgemein als komplexer und vielschichtiger als frühere Gesellschaften."[64] Man fragt sich, welche Gesellschaft da gemeint sei, die als eine moderne gekennzeichnet ist, welche zentralen Sozialbereiche kennzeichnen diese Gesellschaft hinreichend? Das Rahmencurriculum verweist auf die Geschichte; Komplexität hat es offenkundig vor Anbruch des 19. Jahrhunderts noch nicht gegeben, denn: „Die soziale Position des Einzelnen (war) weitgehend bereits mit seiner Geburt festgelegt und eindeutig umrissen." Wer Bauernsohn war, wurde also wieder im Agrarsektor tätig. Man fragt sich, wie die Söldner beispielsweise im Dreißigjähigen Krieg rekrutiert wurden, waren deren Väter auch schon Militärs, oder war da die soziale Positon des Einzelnen bei seiner Geburt noch nicht so fest umrissen wie behauptet? „Im Verlauf der industriellen Revolution", so weiter das Curriculum, „kam es zu einer Trennung von Familie und Arbeit bzw. Produktion." Die Großfamilie verliert ihre soziale Funktion, Kleinfamilie und Rollendifferenzierung sind die Folgen. Gab es, so möchte man fragen, auch Ausnahmen von dieser Regel, wenn ja, wo und welche Gründe sind dafür zu nennen; war die Kleinfamilie der städtischen Bourgeoisie der des Proletariats vergleichbar? Immerhin, die Rollendifferenzierung bringt gesellschaftliche und berufliche Mobilität mit sich („Wechsel des Wohnorts, des Arbeitsplatzes, des ganzen Berufsfeldes oder auch der konkreten sozialen Kontakte"), neben negativen gibt es dabei auch positive Aspekte: der einzelne erwirbt damit größere soziale Chancen.

Ihren stärksten Ausdruck finden „Rollendifferenzierung und Mobilität in der modernen Gesellschaft" in der „Trennung von Wohnung und Arbeitsplatz" und in „Arbeitsteilung und Spezialisierung"; kurzum auch das „Arbeitsethos" ist anders geworden. „Entfremdung" greift um sich und da ist es nicht verwunderlich, daß der

---

62 Curricula für die Hochschulen der Bundeswehr, Sozialwissenschaftliches Insitut der Bundeswehr, a.a.O., (s. Anm. 41) S. 5

63 Bundeswehrhochschulen: Integration der Bundeswehr in die Gesellschaft oder Militarisierung der Gesellschaft?, in: *Im Brennpunkt*, hrsg. von der GEW, Frankfurt, Juli 1973, S. 3

64 Ebd. Wenn nicht anders vermerkt, beziehen sich die folgenden Zitate auf diesen Fundort, bzw. die folgenden Seiten.

individuelle Konsum Ersatzfunktion für „individuelle und schöpferische Tugenden" übernimmt: „Da Arbeit und Beruf das Leben nicht mehr so wie früher ausfüllen, hat der Konsum eine wesentliche Bedeutung dafür, wie der Einzelne zu sich selbst findet und damit seinen Platz in der Gesellschaft bestimmt." Auch hier sei die Randbemerkung erlaubt, nach welchem Mechanismus denn der Selbstlauf dieser modernen Gesellschaft ausgerichtet ist? Aber bleiben wir beim Konsum; zuviel ist offenbar schädlich. Probleme tauchen auf: „zum einen unterwerfen sie den Einzelnen allzu sehr dem Konsumzwang", andererseits bringen „verbreitete Konsumorientierung und ungehemmtes Wirtschaftswachstum ... soziale Folgelasten" mit sich. „Im Zusammenhang mit der Umweltgefährdung rückt dieses Problem als bedeutende gesellschaftspolitische Frage in den letzten Jahren immer mehr ins Bewußtsein." Wer könnte benannt werden, wenn es um die Ermittlung ginge, wie es dazu kam, daß der Rhein biologisch tot ist – Konsumorientierung und ungehemmtes wirtschaftliches Wachstum, beide zu gleichen Teilen? „Politik", so kann man erfahren, „soll die Verhältnisse bessern." – Welche Politik denn bitte, jegliche? Machte Hitler keine Politik? Und da alles komplex, bürokratisiert ist, „das spontane menschliche Handeln an Gewicht" verloren hat, die Nationalstaaten auch nicht mehr die Funktion wie im 19. Jahrhundert haben, läßt sich sagen: „Die gegenwärtige Gesellschaft kann darum ihre wesentlichen Probleme kaum noch im nationalen Rahmen lösen."

Die Benennung von Strukturen, Trends und Problemen, welche die gesellschaftliche Entwicklung aufhellen sollte, hat eher zu ihrer Verdüsterung – was den Erkenntnisprozeß betrifft – beigetragen. Neben Stammtischplatitüden (wie „Politik soll die Verhältnisse bessern") wird eine gesellschaftliche Entwicklung gezeichnet, die historisch offenbar ohne soziale Auseinandersetzungen während der letzten 150 Jahre abgelaufen ist, die trotz ihres verkürzten und simplifizierenden historischen Rückgriffs in der historischen Betrachtung befangen ist („die moderne Gesellschaft") und die schließlich im privaten Mikrokosmos mit Konsumattributen und andererseits psychologisierter Entfremdung stehen und stecken bleibt.

Der allgemeine Teil des Rahmencurriculums formuliert unter der Rubrik „Auswirkungen der allgemeinen Wissenschaftssituation": „Wissenschaft hat mannigfaltige Funktionen in der Grundlagenforschung, in der angewandten Forschung, in der Zweck- und Auftragsforschung, in der Beratung von Politik und Wirtschaft übernommen. Das konnte kein einseitiger Prozeß bleiben, in dem Wissenschaft nur gibt und lediglich die materiellen Voraussetzungen für ihre Tätigkeit nimmt. Die Forschung bedurfte vielmehr einer besonderen Ausstattung und Organisation. Wissenschaft wurde damit funktionalisiert." Auf diese Funktionalisierung reagiert die Wissenschaft mit der Analyse der Bedingungen ihrer eigenen Möglichkeit; die Einheitlichkeit von Wissenschaft geht verloren, es kommt zu Gruppenbildungen, es schließt sich letztendlich die Frage an, „welche Verantwortung die Wissenschaft eigentlich trägt und wie sich diese Verantwortung über den bloß moralischen Appell hinaus auch konkretisieren läßt." Für die Curriculumentwicklung ergeben sich mithin vier Kriterien:

a) die Wissenschaftsexplosion bedingt exemplarisches Lernen,
b) die wissenschaftliche Arbeitsteilung muß sich im Studium wiederspiegeln,

c) der Lernprozeß muß die Begegnung mit der Forschung einschließen, „um später Forschungsergebnisse verarbeiten zu können",
d) Wissenschaftstheorie muß zur Relativierung gesellschaftlicher Relevanz von Wissenschaft in den Lernprozeß eingebaut werden.

Auch zu diesem Abschnitt des Allgemeinen Teils des Rahmencurriculums seien einige Bemerkungen notiert. Die Tatsache, daß wir im wissenschaftlichen Zeitalter leben, dürfte den Studierenden bekannt sein, die Charakterisierung der Funktionalisierung von Wissenschaft jedoch nicht unbedingt. Die oben schon bemerkte ahistorische Einschätzung der Gesellschaft wird ähnlich blaß auf die Wissenschaft übertragen. Schulen- oder Gruppenbildung gehören im wissenschaftlichen Raum nicht erst der Entwicklung der letzten 80 Jahre an, sie gab es auch in den Universitäten des Mittelalters, und sie waren – wie heute auch – recht eng mit herrschaftspolitischen Aspekten verzahnt. – Schwerer wiegt jedoch, daß in diesem Abschnitt dem Aspekt der Orientierung auf die Berufspraxis so gut wie nicht Rechnung getragen wird. Wissenschaft und Forschung vollziehen sich hierzulande in einem Raum, der in der Regel alles andere als herrschaftsfrei ist. Zu fragen wäre etwa, welchen Raum die wissenschaftlichen Gesellschaften, die Industrie und andere dem Herrschaftssystem verbundene Gruppen im Forschungsprozeß einnehmen, oder noch banaler, welche Abhängigkeiten ergeben sich für den wissenschaftlichen Lohnarbeiter in Drittmittelprojekten? Die vier genannten Kriterien für die Curriculumentwicklung belassen den Absolventen in der gleichen Hilflosigkeit, wie die hinlänglich bekannte Universitätsausbildung.

Der Abschnitt „Entwicklung in der Berufsstruktur" skizziert den Trend von sich ständig wandelnden Anforderungen des Berufslebens an das Individium. Die traditionelle Berufsvorstellung einer lebenslang gleichen oder ähnlichen Tätigkeit weicht, „die Grenzen zwischen traditionellen Berufen werden fließend, neue Berufe entstehen und rechtfertigen sich nach außen durch tatsächliche Spezialisierung". Lernfähigkeit wird deshalb als unerläßlich erkannt, sei es „daß der Beschäftigte lebenslang in einem Berufsfeld tätig ist", sei es, daß ein Berufswechsel stattfindet. Die Konsequenzen für die Curriculumentwicklung: a) die Ausbildung soll „nicht schon Spezialisierung bedeute(n), sie aber ermögliche(n)," b) die Ausbildung hat Grundlagenvermittlung, Methoden- und Verfahrenskenntnisse einzuüben, c) die Ausbildung hat zu einem Fachgebiet zu führen, Kooperations- und Kommunikationsmöglichkeiten zu Nachbargebieten offenzulassen.

Es drängt sich der Eindruck auf, daß auch hier mehr eine dynamische Idylle beschrieben, als eine reale Einschätzung des Wandels wissenschaftlicher Berufstätigkeit vermittelt wird. Die Änderung in der Berufs- und Arbeitsstruktur ist ja nicht nur von höheren Fluktuationsraten gekennzeichnet, Freisetzung von Arbeitskraft – auch wissenschaftlich qualifizierter – gehört mit zu diesem Erscheinungsbild, ebenso wie soziale und materielle Disziplinierung gegenüber nicht konformen Wissenschaftlern. Aber offenbar sollen die mit diesem Curriculum konfrontierten Studierenden gleich so unterwiesen werden, daß ihre Qualifikation und soziale Disposition ewige Erwerbstätigkeit mit Gütesiegel garantiert.

Analog zu den „Entwicklungen in der Berufsstruktur" schließt sich der Abschnitt

„Entwicklungen im Berufsfeld des Offiziers" an. – Das Tätigkeitsfeld des Offiziers wird gekennzeichnet durch den Kontakt mit Wehrpflichtigen und allgemein formuliert „durch seinen militärischen Auftrag und sein Aufgabenfeld", normativ vorgegebene Richtschnur ist das Grundgesetz und die Wehrverfassung. Weiterhin ist eine Verwissenschaftlichung des Tätigkeitsbereiches feststellbar, schließlich ist der gesamte bundesdeutsche Militärapparat bündnismäßig gebunden, erforderlich sind also „Kenntnisse über Faktoren und Zusammenhänge internationaler Sicherheitspolitik". Schließlich ergibt sich die „scheinbare Paradoxie", daß sich „in der Gesellschaft und in all ihren Subsystemen ... die Frage nach den übergeordneten Zweck- und Sinnzusammenhängen" aufdrängt. Dem darf gerade in den Streitkräften nicht ausgewichen werden: „Im Rahmen der erziehungs- und geisteswissenschaftlichen Anleitung der wissenschaftlichen Fachstudien haben gerade auch solche Ausbildungsergebnisse thematisiert und reflektiert zu werden." Denn: „Die Gegebenheit der Zeit und die Lage unseres Volkes erfordern zur Sicherheit des Friedens einsatzbereite Streitkräfte." Der sonst übliche Verweis auf die Ableitung der Curriculum-Entwicklung muß in diesem Abschnitt unterbleiben, die Lernziele ergeben sich aus dem Soldatengesetz: treues Dienen, Gehorsam, Tapferkeit und Kameradschaft. Ein Kommentar erübrigt sich.

Gehen wir zu den letzten Passagen des allgemeinen Teils, den „Fachübergreifenden Zielen und gesellschaftswissenschaftlichen Grundlagen der Fachstudiengänge." Mittels der fachübergreifenden „Anleitung soll versucht werden, dem Einzelnen diejenigen Kenntnisse und Fähigkeiten zu vermitteln, die ihn instand setzen, seine jeweilige berufliche Situation einschließlich der Situation des Studiums im Sinne fachübergreifender Ziele zu bewältigen." Die Zielsetzung läßt sich konkretisieren als „Partizipation des Einzelnen an politischen und gesellschaftlichen Prozessen". Als Voraussetzung wird nun ein Katalog benannt, der weitgehend auch als extrafunktionale Fähigkeiten verstanden wurde, nämlich: Selbständigkeit, Flexibilität, Kritikfähigkeit etc. All dies soll „mit dem Beginn des Studiums unmittelbar praktische Bedeutung besitzen."

Bezogen auf die Anforderungen an ein berufspraxisbezogenes Studium im dargestellten Sinne und bezogen auf die ebenfalls vorgestellte Charakterisierung von Studienreformen befriedigt der Allgemeine Teil in fast keinem Punkt. Vielmehr ist mit Karl Schmitz von einer „naiven Technokratie" zu sprechen, die den Einsatz strukturiert; Schmitz schreibt in seiner Kritik:

> „Was der Bildungsplanung bisher erklärtermaßen in keiner kapitalistischen Gesellschaft gelungen ist, nämlich die Planung der Qualifikationsstruktur für eine nach Marktprinzipien über Konkurrenz- und Tauschprozesse geregelten, also nicht geplanten und nicht planbaren Produktionsstruktur, erscheint hier als keiner weiteren Diskussion bedürfenden Selbstverständlichkeit."[65]

Dem ist nichts hinzuzufügen.

Man darf erwarten, daß die Phase der Curriculum-Revision nicht spurlos an dem eben betrachteten Abschnitt vorbeigeht. – Wir wollen im folgenden versuchen, etwas näher auf die Äußerungen der Konstrukteure und bundeswehrimmanenter sowie anderer Kritiker einzugehen.

65 Karl *Schmitz*, Zusammenfassung und Kritik, in: *Im Brennpunkt*, a.a.O. (s. Anm. 63) S. 13.

„Eine besondere Schwierigkeit bestand in der Bestimmung der allgemeinen Lernziele, in ihrer übergreifenden Bedeutung für die gesamte Curriculumentwicklung und den daraus resultierenden Konflikten wie etwa zwischen den Rahmenbedingungen und, inhaltlich betrachtet, den partizipatorischen Erfordernissen. Zu klären war vor allem, ob die relativ strengen Vorgaben nicht einzig vom Bedarfsträger her gesehen verwertbare Ausbildungselemente erzwingen und eine auf Partizipation in Wirtschaft, Politik und Gesellschaft angelegte Konzeption von vornherein unmöglich machen. Aber auch dieser der Gesellschaftsreform verpflichtete Ansatz war wegen der Notwendigkeit, sowohl bei den Konstrukteuren der Curricula, wie bei den verschiedenen Betroffenen und Zuständigen einen wenigstens minimalen Konsens über die konkrete Bedeutung des allgemeinen Lernziels Partizipation äußerst schwierig zu entwickeln und durchzuhalten. Damit sind auch jene zum Teil widerstreitenden Interessen angesprochen, die das bildungspolitische Feld insgesamt bestimmen und die natürlich auch bei den Curricula für die Hochschulen der Bundeswehr ihren Einfluß geltend zu machen suchten. Dieser Einfluß wirkte sich aber keineswegs nur als Widerstand gegen reformerische Ziele aus, sondern lieferte durchaus auch Schützenhilfe, vor allem gegenüber Tendenzen, die Studiengänge primär auf eine Art technokratische Effizienz hin zu gestalten."[66]

Markiert diese Positionsbeschreibung ganz gut den Rahmen des Arbeitsfeldes der Curriculum-Konstrukteure, so ergaben sich in ihm als oberste Zielbestimmung für die Entwicklung der Studiengänge auch nach der Diskussion im Gründungsausschuß der Hamburger Bundeswehrhochschule:

„Wichtigstes und oberstes Lernziel des Studiums, wie es an der Hochschule der Bundeswehr in Hamburg angeboten werden soll, ist nach einhelliger Auffassung ihres Gründungsausschusses die jedem einzelnen Studenten notwendige Entwicklung der Fähigkeit zur Partizipation, d.h.: zur verantwortlichen Mitwirkung des Einzelnen an den für die Gesamtheit wichtigen Entscheidungen in geistiger Freiheit."[67]

Das eigentliche Fachstudium soll zwei Komponenten umfassen:

„Zunächst jene(r), die allgemein und für alle Studiensituationen gleichermaßen gültig, sich von dem Tatbestand leiten läßt, daß jedes Studienfach mit seinen theoretischen und praktischen Leistungen in dialektischer Vermittlung zur Gesamtgesellschaft steht. Zum anderen ging es darum, das Studium so weit wie möglich auf die besonderen Lernziele seiner Studentenschaft einzurichten, vor allem auf deren spätere Aufgaben als Vorgesetzte und Ausbilder."[68]
„Nimmt somit zwar das jeweilige Fachcurriculum in seiner Gesamtheit Rücksicht auf die militärischen Verwendungsmöglichkeiten, so orientiert sich doch sein fachspezifischer Teil eindeutig an den vergleichbaren Lernzielen für das Studienfach, wie sie an den öffentlichen Hochschulen getrieben werden ... Die Erlernbarkeit des Lernens, dessen ... Übertragbarkeit auf andere, außerwissenschaftliche Lebensverhältnisse, Fragen und Aspekte des wissenschaftlichen Methodenspektrums überhaupt zum Gegenstand eines curricular bestimmten Studienplanes gemacht zu haben, muß ... zunächst als Verdienst angesehen werden."[69]

Sicherlich sollte man den Versuch nicht ungewürdigt lassen, aber

„was im Curriculum als Inhalte bezeichnet wird und ausführlich in langen Listen vorgestellt wird, sind Themen und Überschriften, deren wirkliche Inhalte erst in der konkreten Lehre sichtbar werden können. Dort erst wird es sich erweisen, welches wissenschaftliche Selbstverständnis welcher Lehre vorherrscht, inwieweit der vorgetäuschte Pluralismus tatsächlich besteht."[70]

---

66 Ralf *Zoll*, Curriculum Vermessungswesen, in: Th. *Ellwein* / A. *v. Müller* / H. *Plander* (Hg.) a.a.O. (s. Anm. 1) S. 128

67 Th. *Ellwein* / A. *v. Müller* / H. *Plander* (Hg.), a.a.O. (s. Anm. 1) S. 24.

68 A.a.O., S. 25

69 A.a.O., S. 26

70 Horst *Bethge*, Das Curriculum „Pädagogik", in: *Im Brennpunkt*, a.a.O. (s. Anm. 63) S. 15

Der Oberstleutnant i. G. Hackel sah die Gefahr, gegeben „durch die Verengung des Studiums auf zumeist technische Fächer",

> „daß das Denken der künftigen Offiziere sich zu einseitig im instrumental-materiellen Bereich bewegen wird ... (was) auch durch die erziehungs- und gesellschaftswissenschaftliche Anleitung des Studiums nicht ausgeglichen werden kann ..." Sollte es nicht möglich sein, im Studium die Orientierung auf das militärische und zivile Tätigkeitsfeld zu verwirklichen, „sollte den militärischen Belangen die Priorität eingeräumt werden."[71]

Ähnlich äußert sich auch Starkulla, wenn er davon spricht, es sei „zwar ein erstrebenswertes Ziel, ausscheidenden Zeitoffizieren lukrative Zivilberufe zu ermöglichen, doch ist die primäre Frage, was vorher die Bundeswehr an ihnen hatte."[72] Die Tendenz, künftige Curriculumrevisionen auf eine eindeutig festgelegte militärische Komponente auszurichten, zeichnet sich bereits ab. Ob die von den Studiengangsplanern intendierte Konzeption

> „indessen auch auf der Grundlage der vorliegenden Curricula tatsächlich möglich ist und ob es auch dann noch möglich wäre, wenn man die zum Teil progessiv klingenden, aber doch auch wieder vieldeutigen Leitziele tatsächlich in progressivem Sinne verstünde und ernst nähme, ist mangels jeglicher Erprobung zumindest zweifelhaft, wenn nicht schon jetzt zu verneinen."[73]

Angesichts dieser Entwicklung scheint es nötig, die Gruppe, welche maßgeblich an der Erarbeitung der Curricula beteiligt gewesen war, kurz einzuschätzen. Die Mitarbeiter des von Ellwein geleiteten „Instituts für Erziehung und Bildung in den Streitkräften" (jetzt: Sozialwissenschaftliches Institut der Bundeswehr) in München

> „verstand(en) sich durchaus als progressiv: Ihr Ziel dürfte es sein zu versuchen, durch eine wissenschaftliche Ausbildung für Offiziere die konservativ-traditionalistische Sozialisation der Offiziere innerhalb der Bundeswehr auf längere Sicht aufzubrechen und die überwiegend konservative Grundeinstellung des Offizierkorps an die – eher progressiv-technokratischen – Einstellungen vergleichbarer Sozialschichten anzugleichen. Insofern verstehen sich die Promoter der Bundeswehrhochschulen offenbar durchaus als Reformer, und sie durften ihr Konzept auch als Einbruch in einen bisher ausschließlich traditionalistisch geprägten gesellschaftlichen Bereich begreifen."[74]

Klüver und Plander formulieren im Zusammenhang mit ihrer eigenen Tätigkeit im Gründungsausschuß der Bundeswehrhochschule Hamburg,

> „daß ein Dilemma der Technokratie (Offe) darin besteht, daß sie einerseits genötigt ist, Ausbildungsprozesse in Gang zu setzen und zu planen, andererseits deren tatsächlichen Ablauf und Wirkung aber nur begrenzt planen und beeinflussen kann, so konnte indessen auch eine derart begrenzte Einflußnahme sinnvoll erscheinen."[75]

Diese Aussage kann ebenso auf die Arbeit des Münchener Planungsinstituts ausgeweitet werden.

---

71 Othmar *Hackel*, Die Bedeutung der geisteswissenschaftlichen Fächer für ein Studium an den Hochschulen der Bundeswehr, in: *Politische Studien*, Sonderheft 1 / 1973, S. 81

72 Heinz *Starkulla*, a.a.O. (s. Anm. 18) S. 85

73 Jürgen *Klüver* / Harro *Plander*, a.a.O. (s. Anm. 43) S. 211

74 *Dies.*, a.a.O., S. 207

75 *Dies.*, a.a.O., S. 211

6. Modell oder Sonderfall?

Die Frage nach dem Modellcharakter der bundeswehreigenen Hochschulen für den zivilen Bereich setzt zunächst daran an, Ausschau zu halten, inwieweit die konzeptionellen Vorstellungen, mit denen die Planer antraten, auch im Bundeswehrbereich zu verwirklichen sind. Dabei spielt die Studiengestaltung eine zentrale Rolle, die Tendenz, eventuell Modifikationen in Richtung auf einen stärker militärischen Akzent zu legen, wurde schon angedeutet; zu diesem Bereich gehört auch die Bereitschaft der angeworbenen Hochschullehrer, sich selbst verpflichtend (in Lehre und Forschung) an dem vorgegebenen Rahmen zu orientieren. Auf die ersten Stellenausschreibungen – zu besetzen waren rund 90 Stellen in Hamburg und München – meldeten sich ca. 1.700 Bewerber,

> „unter ihnen nicht wenige Ordinarien, die der herkömmlichen Hochschulen überdrüssig sind. Einer von ihnen, ein gewiß typisches Beispiel, Professor Sanmann – Gründungsmitglied und Vorsitzender der Hamburger Sektion des Bundes Freiheit der Wissenschaft – räumte freimütig gegenüber dem ARD-Magazin „Titel, Thesen, Temperamente" ein, er sei „ein wenig müde von der Massenuniversität, hoffe an der Bundeswehrhochschule auf hinreichend „motivierte" Studenten und erwarte, daß er an dieser überschaubaren Hochschule endlich „seine" Vorstellungen von Hochschulreform und Wissenschaftsfreiheit durchsetzen könne."[76]

Neben den Bewerbern, „die den Auseinandersetzungen an den allgemeinen Hochschulen zu entfliehen trachteten", stellten Klüver und Plander auch solche fest,

> „die wegen der günstigen finanziellen Ausstattung der BWH auf einen angenehmen Arbeitsplatz hoffen, daneben überraschend viele Bewerber aus dem Mittelbau der Hochschulen. ... Die Frage, ob gesichert sei, daß die berufenden Hochschullehrer auch bereit und in der Lage seien, Studium und Lehre an den Entwürfen der Curricula zu orientieren, pflegten die Berufungsausschüsse durchweg zu bejahen – wie sich bei der ersten Begegnung der Bewerber mit dem Gründungsausschuß indessen herausstellte: für viele Fälle zu Unrecht. Nicht wenige der Berufenden kannten die Curricula bis dahin nicht einmal oder weisen unter Berufung auf das von ihnen insoweit in Anspruch genommene Recht auf Freiheit der Lehre eine Orientierung daran für ihre Person ab ... Mitglieder des Lehrkörpers sind durchweg zivile Hochschullehrer, zumindest zu einem Teil eher vergangenen Hochschultraditionen anhängend, denen es schwerfallen wird, auch nur solche Curricula als Maßgabe anzunehmen, und mit Leben zu erfüllen."[77]

Für Skeptiker à la Karst dürfte es also keinen allzugroßen Anlaß zu Besorgnis geben, der forderte, daß die Auswahl der Dozenten „mindestens von ihrer Loyalität zur Verfassung und vom verfassungsmäßigen Auftrag des Soldaten ausgehen müßte."[78] Demgegenüber steht die Aussage, die für den Hamburger Gründungsausschuß zumindest gelten darf:

> „Für die Hochschule der Bundeswehr gilt daher – wie für andere Hochschulen auch – die Notwendigkeit des persönlichen, also von den einzelnen Mitgliedern des Lehrkörpers getragenen Willen zum Pluralismus sowie der dafür erforderlichen Wissenschaftsorganisatorischen Offenheit, die sich in der Behandlung von Berufungen und der Möglichkeit, interdisziplinär arbeiten zu können, zeigen muß."[79]

---

76 Holger H. *Lübrig*, a.a.O. (s. Anm. 21) S. 6
77 Jürgen *Klüver* / Harro *Plander*, a.a.O. (s. Anm. 43) S. 269
78 Heinz *Karst*, a.a.O. (s. Anm. 34) S. 29
79 Th. *Ellwein* / A. *v. Müller* / H. *Plander*, a.a.O. (s. Anm. 1) S. 25

Die bei den Studiengängen bemerkten Bedenken werden also auch für Teile des Lehrkörpers zu erweitern sein, so daß also über wesentliche Aspekte der Realisierung der Konzeption des angestrebten Bundeswehrhochschulstudiums vorerst keine garantierenden Aussagen gemacht werden können.

Wieweit das Modell eventuell zum Sonderfall werden kann, zeichnet sich aus der Behandlung des Themas Personalstruktur an der Bundeswehrhochschule Hamburg ab.

> „Zum ersten sah sich der Gründungsausschuß nicht in der Lage, die vorgegebene Stellenrelation zwischen Assistenzprofessoren und Professoren nachzuvollziehen. (Bezug ist die geplante C-Besoldung, d. Verf.) ... Der Gründungsausschuß konnte das Problem nicht ausdiskutieren, drängte jedoch darauf, daß generell im Stellenkegel ein Verhältnis von drei Professoren zu einem Assistenzprofessor eingeführt wird, um zumindest für die Hälfte der Assistenzprofessoren die Chance einer endgültigen Hochschullehrerlaufbahn offenzuhalten."[80]

Interessant ist die Tatsache, daß hier ein Stellenkegel vorgeschlagen wird, der sich noch ungefähr an der Relation anlehnt, wie sie 1969/70 von der Bundesassistentenkonferenz öffentlich gefordert wurde (in der Anfangsphase, Nachholbedarf, 1 : 4, später 1 : 5).[81] Mit dieser Relation will der Gründungsausschuß offenkundig Mißständen vorbeugen, wie sie etwa an den Berliner Universitäten aufgrund vollkommener staatlicher Fehlplanung im Sommer 1973 auftraten, als mehreren hundert Assistenzprofessoren gekündigt wurde, dies auf der Basis eines Stellenkegels von 1 Professor : 1,7 Assistenzprofessoren (FU) und 1 : 2,7 an der TU. Ob die Hamburger Bundeswehrhochschule mit diesem Ansinnen reüssieren wird, ist auch noch nicht abzusehen, da die entsprechenden Bundesgesetze noch in der parlamentarischen Beratung stecken, aber es wäre immerhin denkbar, daß hier eine Ausnahmeregelung vorgenommen wird, wenn nicht gar der Assistenzprofessor endgültig aus den anstehenden Gesetzeswerken gestrichen wird. „Zum zweiten hatte der Gründungsausschuß Mühe, die Überlegungen nachzuvollziehen, die eine höchst unterschiedliche Regellehrverpflichtung für Professoren vorsehen, je nachdem, ob diese nach der Gruppe C 2, C 3 oder C 4 besoldet werden." Die Bestrebungen im Gründungsausschuß gingen dahin, „in potentia jedes vierte Jahr voll für die Forschung zur Verfügung" zu stellen. Der Ausschuß empfahl schließlich „ein wöchentliches Deputat von acht Stunden". –

> „Zum dritten hielt es der Ausschuß nur bedingt für möglich, die in Bonn erwogene grundsätzliche Unterscheidung zwischen Professoren, die überwiegend in der Forschung, und solchen, die entweder hälftig in Lehre und Forschung oder überwiegend in der Lehre tätig sind, nachzuvollziehen."[82]

Auch hier setzt sich der Gründungsausschuß distanzierend von den Lösungsvorschlägen der Kultusbürokratie ab, momentan scheint es äußerst ungewiß, ob man derartige Vorschläge seitens der Exekutive und Legislative dem allgemeinen Hochschulbereich zubilligen wird, aber für die Bundeswehrhochschulen mag man legalistisch abgesicherte Ausnahmestrategien finden.

---

80 *Dies.*, a.a.O., S. 47

81 Vgl. Bundesassistentenkonferenz, Reform der Lehrkörper und Personalstruktur, Bonn 1970, S. 20 f., Nr. 30, 35

82 Th. *Ellwein* / A. *v. Müller* / H. *Plander*, a.a.O. (s. Anm. 1) S. 48

Möglicherweise mag sich also die Personalkörperstruktur und sicherlich die Strukturierung der Studiengänge von denen im allgemeinen Hochschulbereich unterscheiden, diese Problembereiche werden sich aber erst nach einer Einlaufphase und genügender Offenlegung der Informationsbasis genauer beurteilen lassen. Ganz sicher ist jedoch festzuhalten, daß die Situation der Studierenden selbst sich erheblich unterscheidet von der aller Studenten im allgemeinen Hochschulbereich. Die Bundeswehrhochschulstudenten sind – so Dietrich Urbach – „Erster-Klasse-Studenten":

> „Während des Studiums wird – wie es die Studentenverbände seit Jahren für Studenten an öffentlichen Hochschulen gefordert haben – ein Gehalt bezahlt; die sonst für ein Stipendium erforderlichen Leistungsprüfungen brauchen nicht abgelegt zu werden. Wohnungsfragen sind voraus geklärt. Probleme des Studentenwerks erübrigen sich."[83]

Die materielle Privilegierung, angefangen bei monatlichen Bezügen zwischen 1200 und 1800 DM, über die großzügige Wohnraumbeschaffung bis hin zur beträchtlichen Abfindungssumme nach Ende der Dienstzeit steht in so krassem Mißverhältnis zu den Schwierigkeiten, mit denen der Normalstudent konfrontiert ist, daß es sich verbietet, hier Modellcharakter reklamieren zu wollen. Nun mag es Sachzwangargumente geben, die formal belegen, daß es notwendig sei, bei der Bundeswehr praktisch rückzahlungsfreie Stipendien von der fast dreifachen Höhe des BAFöG-Höchstsatzes zu gewähren, teilweise wird auch argumentiert, daß hiermit eine Kompensation für einen äußerst strapaziösen Studienverlauf in Gestalt des Studienjahres legitim sei. Und eben der Konzeption des Studienjahres wird in diesem Zusammenhang mit großer Skepsis begegnet.[84] Halten wir uns deshalb das Problem noch einmal vor Augen.

> „Vor dem Hintergrund dieses Funktionswandels (des Wandels von der „Elite-Universität" zur Ausbildungsstätte mit Tätigkeits- und Berufspraxisbezug, d. Verf.) und der daraus folgenden Notwendigkeit inhaltlicher und struktureller Reformen ist der zunächst vor allem vom Wissenschaftsrat propagierte dreijährige Studiengang zu sehen, den die Bundeswehr verwirklichen will."[85]

Dagegen äußert sich D. Urbach:

> „Die Vorstellungen einzelner Bildungspolitiker, daß ein normales Studium, etwa in Technikwissenschaften oder in Erziehungswissenschaften, in drei Jahren zum Abschluß führen sollte, werden voraussichtlich an den Bundeswehrhochschulen ihre Bestätigung finden. Jedoch ... unter Bedingungen, die ein Student an einer öffentlichen Hochschule wohl kaum akzeptieren wird."[86]

Daß allerdings in der Frage Regelstudienzeiten die Bundeswehrhochschule doch Modellcharakter haben kann, darauf verwiesen Hirsch und Leibfried bereits, und die Gesetzesinitiativen scheinen ihre These eher zu belegen, als Klaus von Schubert es eingestanden wissen möchte.

> „Diese Bundeswehrhochschulen können hierdurch das Modell für rigide organisierte, reflexionsarme, hochkontrollierte Kurzstudiengänge werden – für Kurzstudiengänge also, die im öffentlichen Universitätsbereich in größerem Umfang erst noch institutionalisiert werden müssen."[87]

83 Dietrich *Urbach*, Militärische Ausbildung an der Universität?, in: DUZ 3 / 1972, S. 109
84 Anne *Heyne* / Volker *Möhle*, a.a.O. (s. Anm. 48) S. 102
85 Klaus *v. Schubert*, a.a.O. (s. Anm. 50) S. 370
86 Dietrich *Urbach*, a.a.O. (s. Anm. 83) S. 106
87 Joachim *Hirsch* / Stephan *Leibfried*, a.a.O. (s. Anm. 47) S. 108

Modellfall für die noch gesetzlich vorzugebende Regelung des Studienganges nach dem Muster von Regelstudienzeiten könnte die Bundeswehrhochschule durchaus auf zweierlei Ebene werden: zum einen durch entsprechende Propagierung der sich zuständig fühlenden Politiker, zum zweiten durch die angestrebte Integration der Bundeswehrhochschulen in den bestehenden allgemeinen Hochschulbetrieb. Denn Integration muß zwangsläufig in ihrem letzten Stadium heißen, daß die Lehrveranstaltungen der studierenden Soldaten und Zivilisten gleichzeitig und am gleichen Ort ablaufen, Prüfungen ebenfalls, kurzum, eine Synchronisation und Integration gegeben ist.

„Es könnte eine straff reglementierte Hochschule als Konkurrenz zu den bisherigen Hochschulen geschaffen werden, die aufgrund ihrer Struktur und ihrer Einbindung – inhaltlich wie finanziell – in kontrollierbare soziale Kontexte als ideologisch sicherer und loyaler Raum angesehen werden kann; langfristig könnte daran gedacht werden, dieses Modell sukzessive auf die herkömmlichen Hochschulstrukturen zu übertragen. Außerdem können die Absolventen solcher ideologisch im wesentlichen abgesicherten Ausbildung bevorzugt für Spitzenpositionen in Bürokratie und Industrie vorgesehen werden."[88]

Integrationsvorstellungen können – auf beiden Seiten – Alibifunktion haben, sich später als nicht realisierbar herausstellen, aber vorerst stehen sie als Drohpotentiale gegenüber den allgemeinen Hochschulen und ihrem inhaltlichen wie formalen Studienbetrieb. Zumindest für die Hamburger Situation sind die ersten Schritte, die über eine reine Absichtserklärung zur Integration hinausgehen, bereits getan worden. Gemeinsam schlugen die Präsidenten der Universität und der Hochschule der Bundeswehr vor, für Promotions- und Habilitationsverfahren eine einheitliche Regelung zu vereinbaren, als Lösungsmöglichkeit wird eine gemeinsame paritätisch besetzte Kommission beider Hochschulen vorgeschlagen, die unter dem Vorsitz des Universitäts-Präsidenten arbeiten soll.

„Auf diese Weise wäre das Interesse der Hochschule (der Bundeswehr, d. Verf.) auf dem Gebiet der Nachwuchsförderung befriedigt, sogleich aber den Weg der Kooperation von vornherein eingeschlagen, auf dem sich später integrierte Studiengänge ebenso entwickeln lassen wie nach der vollen Integration auch Grundsätze der Arbeitsteilung."[89]

Weitere Verfahrensregelungen auf diesem Weg waren bislang noch nicht in Erfahrung zu bringen; deshalb beziehen wir uns in der vorläufigen Einschätzung auf Klüver und Plander, die allerdings auch nur für die Hamburger Entwicklung gilt.

„Speziell in Hamburg wird entscheidend sein, ob die Zusage des Verteidigungsministeriums, die BWH in die zukünftige integrierte Gesamthochschule Hamburg einzugliedern, Lippenbekenntnis bleibt, ob der isolierte Status der BWH also beibehalten wird und ob darüber hinaus vielleicht sogar die Gesamthochschule nach dem Modell der BWH strukuriert werden wird, ... oder ob es gelingen wird, die BWH in eine demokratisch konzipierte Gesamthochschule zu integrieren."[90]

Und als Gefahrenmoment läßt sich ausmachen,

„daß die ideelle Ausrichtung und die Strukturen der BWH im Zuge ihrer möglichen Integration in die zu schaffende Hamburger Gesamthochschule deren ideelle Ausrichtung und

---

88 Jürgen *Klüver* / Harro *Plander*, a.a.O. (s. Anm. 43) S. 207 f.
89 Th. *Ellwein* / A. *v. Müller* / H. *Plander* (Hg.) a.a.O. (s. Anm. 1) S. 43
90 Jürgen *Klüver* / Harro *Plander*, a.a.O. (s. Anm. 43) S. 208

Struktur vorprägen könne. Man hatte zum anderen ebenfalls zu Recht auf die Möglichkeit verwiesen, daß die BWH auch sonst als Modellfall für die künftige Ausrichtung und Ausgestaltung des Hochschulwesens dienen sollen oder können."[91]

Selbst wenn die Integration der Bundeswehrhochschulen nicht in absehbarer Zeit stattfinden wird, setzt ein Anpassungsdruck gegenüber dem allgemeinen Hochschulbereich ein, wenn sich herausstellt, daß Absolventen der Bundeswehrhochschulen angesichts anders ausgerichteter Qualifikationsprozesse bevorzugt Verwendung finden werden. – Für den öffentlichen Dienst ist ohnedies durch Zulassungs- bzw. Eingliederungsschein eine Übernahme bei finanzieller Besitzstandswahrung auf zehn Jahre im Rahmen des Berufsförderungsdienstes garantiert[92]. Überdies wird an dem Problem Bundeswehrhochschule auch die Widersprüchlichkeit bundesdeutscher Kultuspolitik deutlich. Aus finanzpolitischen Erwägungen werden die Lehrerplanstellen nicht in dem notwendigen Umfang ausgebaut, potentielle Lehrer, die formal die Zahl ausgebildeter Pädagogen auffüllen, werden aber in nicht unerheblichem Maße an den Bundeswehrhochschulen ausgebildet.

Unter Berücksichtigung des materiellen Rahmens, in dem die Bundeswehrhochschulen arbeiten, kann man nicht unbedingt eine Übertragbarkeit aus dem bisher vorliegenden Datenkranz erschließen.

„Mit Blick auf die allgemeine Hochschulentwicklung sei hinzugefügt, daß angesichts einer wirtschaftlich und auch sonst wohl versorgten Studentenschaft der Hochschule der Bundeswehr diesem Experiment der Studienzeitverkürzung mit Sicherheit kein repräsentativer Charakter zukommt."[93]

Aber die Eigendynamik des Beispiels wird sich vor der argumentativen Rationalität der Konzeptemacher in Teilbereichen lösen und sich paaren mit Überlegungen, die seit Jahren für den reduzierten Aktions- und Arbeitsrahmen im Hochschulbereich maßgeblich sind. Sicherlich ist die Kurzformel, „eine Funktion der Bundeswehr bestehe darin, exemplarisches Vorbild für die Ziele kapitalistischer Hochschulreform zu sein"[94], zu undifferenziert und realitätsvernebelnd. Aber die folgende Erwartung beschreibt den Trend und das Übergreifen in die allgemeine Hochschul- und Gesellschaftsentwicklung nicht unzutreffend.

„Nach Realisierung der Reformvorschläge wird die Bundeswehr noch stärker als bisher zum zweiten Bildungsweg und zum Kanal für sozialen Aufstieg. Alles in allem macht die Expansion der militärischen Ausbildung die Bundeswehr zu einem wichtigen Faktor der Wirtschafts- und Gesellschaftspolitik. Es entsteht ein Erziehungsinstrument, das scharf kontrolliert werden muß, soll es nicht in die falschen Hände geraten und gesellschaftsfeindlichen Zwecken dienen."[95]

Modellcharakter kommt den Bundeswehrhochschulen im engen Sinne nicht zu, aber sie fügen sich nur zu gut in die bildungspolitische Landschaft.

---

91 *Dies.*, a.a.O., S. 210

92 Vgl. Weißbuch 1970, S. 136, Ziff. 184

93 Th. *Ellwein* / A. *v. Müller* / H. *Plander*, a.a.O. (s. Anm. 1) S. 24

94 *Evangelische Studentengemeinde* (Hg.), Das Studium von morgen schon heute bei der Bundeswehr, Kassel (1973), S. 21

95 Major Heinz *Kluss*, 13. 8. 1971, in: *Die Zeit*, zitiert nach: Dietrich *Urbach*, a.a.O. (s. Anm. 83) S. 108

GPSR Compliance

The European Union's (EU) General Product Safety Regulation (GPSR) is a set of rules that requires consumer products to be safe and our obligations to ensure this.

If you have any concerns about our products, you can contact us on ProductSafety@springernature.com

In case Publisher is established outside the EU, the EU authorized representative is:

Springer Nature Customer Service Center GmbH
Europaplatz 3
69115 Heidelberg, Germany

Batch number: 10809468

Printed by Printforce, the Netherlands